औषधीय एवं सुगंधित पौधों की उन्नत खेती

लेखकों का परिचय

कमलेश मीना, वर्तमान में विषय वस्तु विशेषज्ञ सस्य विज्ञान के पद पर कृषि विज्ञान केन्द्र (भारतीय कृषि अनुसंधान परिषद–भारतीय सब्जी अनुसंधान संस्थान), देवरिया, उत्तर प्रदेश में अगस्त 2009 से कार्यरत हैं। आपने स्नातक (कृषि) की उपाधि स्वामी केशवानन्द राजस्थान कृषि विश्वविद्यालय, बीकानेर, राजस्थान जबकि स्नातकोत्तर (सस्य विज्ञान) की उपाधि गोविन्द बल्लभ पंत कृषि एवं प्रौद्योगिक विश्वविद्यालय, पंतनगर, उत्तराखण्ड से प्राप्त की है। आपने कृषि वैज्ञानिक चयन बोर्ड, नई दिल्ली से नेट की परीक्षा उत्तीर्ण की हैं। वर्तमान में विषय वस्तु विशेषज्ञ के पद पर रहते हुए सस्य विज्ञान विभाग, कृषि विज्ञान संस्थान, काशी हिन्दू विश्वविद्यालय, वाराणसी से विद्या वाचस्पति कर रहे है। आपके अनेक शोध पत्र, चर्चित लेख, सफलता की गाथाएँ, तकनिकी पुस्तिका एवं पुस्तके प्रकाशित हो चुकी हैं। आपने विषय से संबंधित अनेक प्रशिक्षण, संगोष्ठी तथा राष्ट्रीय एवं अंतर्राष्ट्रीय सम्मेलनों में सक्रिय भाग लिया है।

अश्विन कुमार मीना, आपने स्नातक (कृषि) की उपाधि स्वामी केशवानन्द राजस्थान कृषि विश्वविद्यालय, बीकानेर, राजस्थान जबकि स्नातकोत्तर (सस्य विज्ञान) की उपाधि गोविन्द बल्लभ पंत कृषि एवं प्रौद्योगिक विश्वविद्यालय, पंतनगर, उत्तराखण्ड से प्राप्त की है। वर्तमान में आप सस्य विज्ञान विभाग, कृषि विज्ञान संस्थान, काशी हिन्दू विश्वविद्यालय, वाराणसी से विद्या वाचस्पति कर रहे है। आपने आई.सी.ए.आर. नेट, जे.आर.एफ., एस.आर.एफ. एवं उच्च शिक्षा हेतु राष्ट्रीय छात्रवृति प्राप्त की हैं। आपके अनेक शोध पत्र, चर्चित लेख एवं पुस्तक प्रकाशित हो चुके हैं। आपने विषय से संबंधित अनेक प्रशिक्षण, संगोष्ठी तथा राष्ट्रीय एवं अंतर्राष्ट्रीय सम्मेलनों में सक्रिय भाग लिया है।

कार्तिकेय चौधरी, आपने स्नातक (कृषि) की उपाधि महात्मा ज्योतिराव फूले विश्वविद्यालय जयपुर, राजस्थान जबकि स्नातकोत्तर (सस्य विज्ञान) की उपाधि शेरे कश्मीर कृषि एवं प्रौद्योगिकी विश्वविद्यालय, जम्मू, जंम्मू एवं कश्मीर से प्राप्त की हैं। वर्तमान में आप सस्य विज्ञान विभाग, कृषि विज्ञान संस्थान, काशी हिन्दू विश्वविद्यालय, वाराणसी से विद्या वाचस्पति कर रहे है। आपने उच्च शिक्षा हेतु यू.जी.सी. छात्रवृति प्राप्त की हैं। आपके अनेक शोध पत्र, चर्चित लेख एवं पुस्तक प्रकाशित हो चुके हैं। आपने विषय से संबंधित अनेक प्रशिक्षण, संगोष्ठी तथा राष्ट्रीय एवं अंतर्राष्ट्रीय सम्मेलनों में सक्रिय भाग लिया है।

अनूप कुमार द्विवेदी, आपने स्नातक (कृषि) की उपाधि बसंत राव नाईक मराठवाडा कृषि विद्यापीठ, परभनी, महाराष्ट्र जबकि स्नातकोत्तर (सस्य विज्ञान) की उपाधि सस्य विज्ञान विभाग, कृषि विज्ञान संस्थान, काशी हिन्दू विश्वविद्यालय, वाराणसी से प्राप्त की है। वर्तमान में आप सस्य विज्ञान विभाग, कृषि विज्ञान संस्थान, काशी हिन्दू विश्वविद्यालय, वाराणसी से विद्या वाचस्पति कर रहे है। आपने आई.सी.ए.आर. नेट, मेरिट छात्रवृति एवं उच्च शिक्षा हेतु यू.जी.सी. छात्रवृति प्राप्त की हैं। आपके अनेक शोध पत्र, चर्चित लेख एवं पुस्तक प्रकाशित हो चुके हैं। आपने विषय से संबंधित अनेक प्रशिक्षण, संगोष्ठी तथा राष्ट्रीय एवं अंतर्राष्ट्रीय सम्मेलनों में सक्रिय भाग लिया है।

औषधीय एवं सुगंधित पौधों की उन्नत खेती

लेखक:
कमलेश मीना
अश्विन कुमार मीना
कार्तिकेय चौधरी
अनूप कुमार द्विवेदी

BIOTECH
2021
BIOTECH BOOKS

प्रकाशन एवम् वितरक

बायोटेक बुक्स

4762–63 / 23, अंसारी रोड़, दरियागंज
नई दिल्ली–110002
दूरभाषः +91-11-43003222, +91-9899295259
E-mail: biotechbooks@yahoo.co.in
www.biotechbooks.in

ISBN: 978-81-7622-471-0

भारत में मुद्रित।

विषय सूची

सुगंधित पौधे

प्रस्तावना

प्राचीनकाल से ही औषधीय एवं सुगंधित पौधों का उपयोग रोगनाशक और स्वास्थ्यवर्धक के रूप में भारत ही नही अपितु सम्पूर्ण विश्व में होता रहा हैं। इसलिए मनुष्य को स्वस्थ एवं बलवर्धक बनाए रखने की आधारशिला के रूप में औषधीय एवं सुगंधित पौधों का महत्व सर्वविदित हैं। एशिया में आयुर्वेद, यूनानी, चीनी तथा तिब्बती चिकित्सा की विभिन्न पारपंरिक प्रणालिया विश्व में सर्वमान्य हैं। विश्व स्वास्थ्य सगंठन ने भी विश्व के विकासशील देशों की लगभग 80 प्रतिशत आबादी की चिकित्सा एवं स्वास्थ्य रक्षा हेतु औषधीय पौधो के महत्व को स्वीकार किया हैं। भारत में अनेक प्रकार के औषधीय पौधे बहुतायत में पाए जाते है। इसीलिए भारत को विश्व का "वानस्पतिक उद्यान" कहा जाता है। वर्तमान में भारत औषधीय पौधों का दूसरा सबसे बड़ा निर्यातक देश हैं। यही कारण है कि आज भारत में औषधीय पौधों का महत्व और अधिक बढ़ गया हैं। हमारे देश में औषधीय पौधों का व्यवसाय देशवासियों के लिए जीवनयापन का एक महत्वपर्णू साधन रहा हैं। औषधीय पौधों का सग्रंह और प्रसस्करण भारत के विभिन्न क्षेत्रों में रहने वाले लागों को प्रतिवर्ष 350 लाख कार्य दिवस के बराबर रोजगार उपलब्ध कराता हैं। समुचित निगरानी और नियत्रंण के अभाव में वनीय क्षेत्रों से औषधीय पौधों के निरतंर दोहन के कारण अधिकाशं पौधे विलुप्त होते जा रहे हैं। एक अनुमान है कि औषधीय पौधों की लगभग 200 प्रजातियाँ भारत में पहले से ही विलुप्तप्राय होने की श्रेणी में आ चुकी हैं। राष्ट्रीय और अन्तर्राष्ट्रीय स्तर पर किए गए विभिन्न कानूनी प्रावधानों के बावजूद औषधीय पौधों का विलुप्त होना जारी है। इससे यह स्पष्ट है कि वन्यजीवों और वनों के सरंक्षण हेतु बनाए गए "वन्यजीव सरंक्षण अधिनियम, 1972" के प्रावधान वनोत्पाद एवं औषधीय पौधों के सरंक्षण के लिए पर्याप्त नहीं हैं। अतः हमारे देश में पाए जाने वाले विभिन्न औषधीय पौधों के

संरक्षण, सुरक्षा, कृषि, प्रचार–प्रसार, उपज संवर्धन तथा संग्रह की उपयुक्त विधियों की तत्काल आवश्यकता हैं और इस दिशा में निरन्तर प्रयास किए जा रहे हैं। इसी उद्देश्य के लिए स्वास्थ्य एवं परिवार कल्याण मंत्रालय द्वारा "आयुर्वेद, यूनानी, सिद्ध तथा होम्योपैथी (आयुष)" नामक एक अलग विभाग की स्थापना की गई हैं। औषधीय पौधों के संरक्षण तथा संबंधित कार्यो के लिए "नेशनल मेडीसिनल प्लांट बोर्ड" की स्थापना की गई है जो देश के विभिन्न भागों में औषधीय पौधों के संरक्षण, संग्रहण, व्यापार, पेटेन्ट तथा प्रचार–प्रसार के क्षेत्र में कार्य कर रहा हैं। देश की औषधीय वानस्पतिक धरोहर के संरक्षण हेतु विभिन्न प्रदेशों में 84 औषधीय वनस्पति संरक्षण क्षेत्रों (एमपीसीए) की स्थापना की गई हैं। औषधीय फसलें अन्य फसलों की तुलना में बेकार, बंजर, कृषि के लिए अनुपयुक्त भूमि, समस्याग्रस्त भूमि, जल अभाव वाले क्षेत्र तथा विपरीत मौसम में भी किसानों के लिए लाभदायक हैं। ग्रामीण युवाओं को स्वरोजगार एवं अधिक आय के अवसर औषधीय खेती से प्राप्त हो रही हैं। हम आशा करते हैं की इस पुस्तक के माध्यम से छात्र एवं युवा किसानों को महत्वपूर्ण औषधीय एवं सुगंधीय फसलों के महत्व एवं सस्य क्रियाओं के बारे में आवश्यक जानकारी उपलब्ध करवा पायेगें।

परिचय

विश्व स्वास्थ्य सगंठन ने विकासशील देशों की लगभग 80 प्रतिशत आबादी की चिकित्सा एवं स्वास्थ्य रक्षा हेतु औषधीय एवं सुगंधित पौधो के महत्व को स्वीकार किया हैं। भारत में अनेक प्रकार के औषधीय एवं सुगंधित पौधे बहुतायत में पाए जाते हैं। इसलिए भारत को विश्व का "वानस्पतिक उद्यान" कहा जाता हैं। सम्पूर्ण विश्व में पौधों की लगभग 4,50,000 प्रजातियाँ पाई जाती हैं। जिनमें से लगभग 50,000 औषधीय पौधों की प्रजातियाँ हैं। हमारे देश में औषधीय पौधों की लगभग 8,000 प्रजातियाँ पाई जाती हैं। इनमें से 90 प्रतिशत प्रजातियाँ विभिन्न प्रकार के प्राकृतिक वनों में पाई जाती हैं। इनमें से 800 प्रजातियाँ व्यावसायिक उपयोग में लाई जाती हैं। हमारे देश में 100 प्रजातियों की बड़े पैमाने एवं 300 प्रजातियों की सीमित क्षेत्र में खेती की जाती हैं। इसी प्रकार सुगंधित पौधों के लगभग 60 कुल में 2000 पौधें पाए जाते हैं। जिनका प्रयोग सुगंधित तेल निकालने एवं औषधीय रूप में किया जाता हैं। वर्तमान समय में समुचित निगरानी और नियत्रंण के अभाव में वनीय क्षेत्रों से निरंतर औषधीय पौधों के दोहन से अधिकाशं पौधे विलुप्त होने की कगार पर हैं। एक अनुमान के अनुसार औषधीय पौधों की 200 प्रजातियाँ भारत में विलुप्त होने की श्रेणी में आ चुकी हैं। राष्ट्रीय और अन्तर्राष्ट्रीय स्तर पर किए गए विभिन्न कानूनी प्रावधानों के बावजूद भी औषधीय पौधों का विलुप्त होना जारी हैं। इससे यह स्पष्ट है कि वन्यजीवों और वनों के सरंक्षण हेतु बनाए गए "वन्यजीव सरंक्षण अधिनियम, 1972" का प्रावधान वनोत्पाद एवं औषधीय पौधों के सरंक्षण के लिए पर्याप्त नहीं हैं। इसलिए हमारे देश में पाए जाने वाले विभिन्न औषधीय पौधों के संरक्षण, सुरक्षा, कृषि, प्रचार–प्रसार, उपज संवर्धन तथा संग्रह की उपयुक्त विधियों को तत्काल प्रभाव से अपनाये जाने की आवश्यकता हैं। इस दिशा में अनेक प्रयास किए जा रहे हैं। इसके लिए स्वास्थ्य

एवं परिवार कल्याण मंत्रालय द्वारा "आयुर्वेद, यूनानी, सिद्ध तथा होम्यापैथी (आयुष)" नामक एक अलग विभाग की स्थापना की गई हैं। औषधीय पौधों के संरक्षण तथा संबंधित कार्यो के लिए "नेशनल मेडीसिनल प्लांट बोर्ड" की स्थापना की गई है जो देश के विभिन्न भागों में औषधीय पौधों के संरक्षण, संग्रहण, व्यापार, पेटेन्ट तथा प्रचार–प्रसार के क्षेत्र में कार्य कर रहा हैं। देश की औषधीय वानस्पतिक धरोहर के संरक्षण हेतु विभिन्न प्रदेशों में 84 औषधीय वनस्पति संरक्षण क्षेत्रों (एम.पी.सी.ए.) की स्थापना की गई हैं। जो निरंतर कार्यरत हैं।

प्राचीनकाल से ही औषधीय एवं सुगंधीत पौधों का उपयोग रोगनाशक और स्वास्थ्यवर्धक के रूप में भारत ही नही अपितु सम्पूर्ण विश्व में हो रहा हैं। मनुष्य को स्वस्थ एवं बलवर्धक बनाए रखने के लिए आधारशिला के रूप में औषधीय एवं सुगंधित पौधों का महत्व सर्वविदित हैं। एशिया में आयुर्वेद, यूनानी, चीनी तथा तिब्बती चिकित्सा की विभिन्न पारपंरिक प्रणालिया विश्व में सर्वमान्य हैं। वर्तमान समय में भारत औषधीय पौधों का दूसरा सबसे बड़ा निर्यातक देश हैं। यही कारण है कि आज भारत में औषधीय पौधों का महत्व ओर अधिक बढ़ गया हैं। हमारे देश में औषधीय पौधों का व्यवसाय देशवासियों के लिए जीवनयापन का एक महत्वपर्णू साधन रहा हैं। औषधीय पौधों का सग्रंह एवं प्रसस्ंकरण भारत के विभिन्न क्षेत्रों में रहने वाले लोगों को प्रतिवर्ष रोजगार के अवसर उपलब्ध करवाता हैं। भारतवर्ष में औषधीय एवं सुगंधित पौधों का उपयोग मानव स्वास्थ्य में प्राचीन काल से होता आ रहा हैं। विश्व स्वास्थ्य संगठन के अनुसार औषधीय पौधे से तात्पर्य पौधों के किसी भाग का सीधा या उनसे निकलने वाले पदार्थ से दवा बनाकर रोगो के उपचार में प्रयोग किया जाता हो, औषधीय पौधे कहलाते हैं। कुदरत के दिये गये वरदानों में पेड़–पौधों का महत्वपूर्ण स्थान है क्योंकी पेड़–पौधे मानवीय जीवन में महत्वपूर्ण भूमिका निभाते हैं। इनसे न केवल भोजन संबंधी आवश्यकताओं की पूर्ति होती हैं बल्कि जैविक संतुलन बनाने में भी इनका अहम योगदान रहता हैं। साथ ही साथ कार्बन चक्र एवं भोजन श्रृंखला के पिरामिड में भी सर्वोच्च स्थान रखते हैं। इनकी उपयोगिता को देखते हुए इन्हे अनेक वर्गों में विभाजित किया गया हैं। इनमें औषधीय पौधे न केवल औषधीय महत्व रखते हैं बल्कि अच्छी आय के भी अच्छे स्त्रोत हैं। हमारे शरीर को निरोगी बनाये रखने में औषधीय पौधों का अत्यधिक महत्व हैं। यही वजह है कि भारतीय पुराणों, उपनिषदों, रामायण एवं महाभारत जैसे प्रमाणिक ग्रंथों में इनके उपयोग के अनेक साक्ष्य मिलते हैं। इनसे प्राप्त होने वाली जड़ी–बूटियों के माध्यम से न केवल हनुमान ने भगवान लक्ष्मण की जान बचाई बल्कि आज के वैज्ञानिक युग में भी चिकित्सकों द्वारा

मानव रोगोपचार हेतु इनको अमल में लाया जा रहा हैं। यही नही जंगलों में अपने आप उगने वाले अधिकांश औषधीय पौधों के अद्भुत गुणों के कारण लोगों द्वारा इनकी पूजा–अर्चना तक की जाती हैं। जिनमें तुलसी, बरगद, नीम इत्यादि प्रमुख हैं। प्रसिद्व विद्वान चरक ने विभिन्न प्रकार के औषधीय पौधों का विश्लेषण कर बीमारियों के निदान हेतु कई अनमोल किताबों की रचना की थी। जिसका प्रयोग आजकल मनुष्य के शरीर में होने वाली विभिन्न बिमारीयों का उपचार करने के लिए किया जाता हैं। भारत एवं पूरे विश्व में औषधीय एवं सुगंधित पौधों की मांग निरंतर बढ़ रही है और इस विषय पर कार्य कर रहे दुनिया भर के वैज्ञानिकों के अनुसार यह माँग निरंतर बढने की सम्भावना हैं। भारत में लगभग 8 हजार करोड़ रुपयों के औषधीय पौधों से बनी दवाओं का बाजार है। अभी लगभग 80 प्रतिशत औषधीय पौधे प्राकृतिक स्त्रोतो से प्राप्त किये जा रहे हैं। परन्तु जंगलों को काटने एवं बढ़ती हुई मांग के कारण प्राकृतिक स्त्रोतो से औषधीय पौधों की मांग को पूरा करना कठिन ही नही बल्कि इनका मिलना भी दुर्लभ हो गया हैं। इन कठिनाईयों से उभरने के लिए औषधीय पौधों की खेती करना आवश्यक हो गया हैं। भारत की जलवायु एवं मृदाओं में विभिन्नता औषधीय पौधों की खेती के लिए अत्यंत उपयुक्त हैं। भारत में औषधीय पौधों की खेती को बढ़ावा देने के लिए केंद्र एवं विभिन्न राज्य सरकारों द्वारा अनेक कार्यक्रम चलाए जा रहे हैं। कुछ राज्यों में छोटे स्तर पर औषधीय पौधों की खेती की जाने लगी हैं। परन्तु इन फसलों से संबंधित उत्पादन की उन्नत तकनिकीयों की सही जानकारियों के अभाव में इस दिशा में अधिक प्रगति नहीं हो पा रही हैं।

औषधीय फसलें अन्य फसलों की तुलना में बेकार, बंजर, कृषि के लिए अनुपयुक्त भूमि, समस्याग्रस्त भूमि, जल अभाव वाले क्षेत्र तथा विपरीत मौसम में भी किसानों के लिए लाभदायक हैं। औषधीय एवं सुगंधित पौधों की खेती के संबंध में हमारे देश के किसानों को अभी सम्पूर्ण तकनिकी जानकारी का अभाव हैं। जिसके कारण किसान परंपरागत खेती करने को मजबूर हैं। परंपरागत खेती की अपेक्षा औषधीय एवं सुगंधित पौधों की खेती अधिक लाभकारी एवं टिकाऊ हैं। क्योंकि इन फसलों को परंपरागत फसलों की अपेक्षा बहुत कम खाद–पानी और कम देख–रेख की आवश्यकता होती हैं। साथ ही औषधीय एवं सुगंधित फसलों में कीटों व बीमारियों का प्रकोप अन्य फसलों की अपेक्षा बहुत कम होता हैं। सुगंधिय पौधों से प्राप्त होने वाले उच्च गुणवत्तायुक्त तेल की देशी बाजार एवं अंतर्राष्ट्रीय स्तर पर माँग बढ़ रही हैं। इसी दिशा में औषधीय एवं सुगंधित पौधों पर भारत सरकार की वैज्ञानिक तथा औद्योगिक अनुसंधान परिषद (सी.एस.आई.

आर.) के अंतर्गत केन्द्रीय औषधीय एवं सगंधिय पौधा संस्थान (सीमैप) लखनऊ और इससे संबंधित अनुसंधान केन्द्रों (सी.एस.आई.आर., सीमैप– अनुसंधान केन्द्र पंतनगर, सी.एस.आई.आर., सीमैप–अनुसंधान केन्द्र पुरारा, सी.एस.आई.आर., सीमैप–अनुसंधान केन्द्र बैंगलौर और सी.एस.आई.आर., सीमैप–अनुसंधान केन्द्र हैदराबाद) के अनुसंधान और विकास के द्वारा एवं घरेलू और ग्रामीण विकास कार्यक्रम के तहत जारी प्रयासों के कारण औषधीय एवं सुगंधित फसलों की खेती पर ध्यान आकर्षित किया जा रहा हैं।

भारत में उत्पादित होने वाले सुगंधिय पौधों का तेल फ्रांस, इटली, जर्मनी एवं संयुक्त राज्य अमेरिका को निर्यात किया जा रहा हैं। आज देश के हजारों किसान औषधीय एवं सुगंधित पौधों की खेती करके अधिक मुनाफा कमा रहे हैं। जिससे उनकी आय में वृद्धि के साथ–साथ उनकी जीवनशैली का भी विकास हुआ हैं। किसान पारंपरिक खेती फल, सब्जी और पशुपालन के साथ ही औषधीय एवं सुगंधित पौधों की खेती की तरफ रुझान तेजी से कर रहे हैं। जिससे इसके सकारात्मक परिणाम सामने आ रहे हैं।

औषधीय एवं सुगंधित पौधों का महत्व

औषधीय एवं सुगंधित पौधें मानव स्वास्थ्य के साथ–साथ जैव विविधता को बनाये रखने में सहायक होते है क्योंकी अन्य पारंपरिक फसलों की तुलना में इन पर कीट एवं रोगों का प्रकोप कम होता हैं। जिससे इन फसलों पर रसायनो का प्रयोग अत्यंत कम मात्रा में किया जाता हैं। इसके अतिरिक्त इनकी खेती कम उपजाऊ और समस्याग्रस्त मृदाओं में भी की जा सकती हैं। यह फसलें और इनकी प्रौद्योगिकीयाँ किसान एवं पर्यावरण अनुकूल होती हैं। औषधीय एवं सुगंधित फसलों पर घरेलू जानवरों और पक्षियों द्वारा कम नुकसान होने के साथ इनके उत्पादो को लंबे समय तक सुरक्षित भी रखा जा सकता हैं।

औषधीय पौधों का महत्व

निरंतर बढ़ती हुई जनसंख्या की आवश्यकताओं की पूर्ति के लिये निरंतर वनों की कटाई और शहरीकरण किया जा रहा हैं। जिससे जैव विविधता एवं इनके प्राकृतिक उत्पति स्थान नष्ट होते जा रहे हैं। जिसके परिणामस्वरुप इनकी उपलब्धता में कमी होने के कारण विशुद्ध एवं प्रमाणिक अवयवों के स्थान पर अपमिश्रको का प्रयोग प्रारम्भ होने लगा हैं। इनसे निर्मित औषधीयों की गुणवत्ता तथा प्रभाव में निरंतर कमी हो रही हैं। इस समस्या के समाधान के लिए औषधीय पौधों की खेती को अपनाना आवश्यक हैं। औषधीय पौधों की खेती करने में सबसे बड़ी समस्या कृषि युक्त भूमी हैं क्योकि कृषि युक्त भूमि पर खाद्यान्न फसलों की बढ़ती आवश्यकता के कारण इसे विस्थापित नहीं किया जा सकता हैं। ऐसी स्थिति में औषधीय पौधों की खेती के लिए ऊसर, बंजर एवं बेकार भूमि का सही ढंग से उपयोग करना ही एक मात्र विकल्प हैं। दुनिया भर में चिकित्सा प्रणाली मुख्य रूप से दो अलग–अलग धाराओं के माध्यम से काम करती हैं। पहली स्थानीय या आदिवासी धारा तथा दूसरी कोडित और संगठित चिकित्सा प्रणाली जैसे–आयुर्वेद,

सिद्ध, यूनानी और अम्ची, तिब्बती औषधीय। औषधीय पौधों को भोजन, औषधीय, खुशबू, स्वाद, रंजक और भारतीय चिकित्सा पद्धतियों में अन्य मदों के रूप में उपयोग किया जाता हैं। इन पौधों का महत्व उसमें पाए जाने वाले रसायन के कारण होता हैं। इनका उपयोग विभिन्न रोगों जैसे मानसिक, मिर्गी, पागलपन, मन्द बुद्धि के उपचार में किया जाता हैं। इसके अतिरिक्त औषधीय पौधें कफ एवं वात का शमन करने, पीलिया, आँव, हैजा, फेफड़ा, अण्डकोष, तंत्रिका विकार, उद्दीपन, पाचन, उन्माद, रक्त शोधक, स्मृति एवं बुद्धि का विकास करने, मधुमेह, मलेरिया, बलवर्धक, त्वचा रोगों एवं ज्वर आदि में लाभकारी हैं।

सुगंधित पौधों का महत्व

भारत में लगभग सभी प्रकार के सुगंधित पौधो की खेती की जाती हैं। जिसमें उच्च गुणवत्तायुक्त तेल की सुगंध अन्य देशो में पाए जाने वाले सुगंधित पौधो की तुलना में अधिक होती हैं। विश्व भर में सुगंधित पौधों से निकलने वाली प्राकृतिक सुगंध की माँग दिन–प्रतिदिन बढ़ती जा रही हैं। क्योंकी यह आसानी से वायुमण्डल में घुल जाती हैं। सुगंधित पौधों से प्राप्त होने वाले आवश्यक तेल का उपयोग आधुनिक सुगंध एवं सौंदर्य प्रसाधन उद्योग में व्यापक रूप से किया जाता हैं। सुगंधित पौधों का तेल मुख्य रूप से इत्र, साबुन, घरेलू शोधित्र तकनीकी उत्पादों तथा कीटनाशक के रूप में होता हैं। साथ ही सुगंध तेल का उपयोग चबाने वाले तंबाकू, मादक द्रवों, पेय पदार्थों, सिगरेट तथा अन्य विभिन्न खाद्य उत्पादों के बनाने में भी किया जाता हैं। पुदीना के तेल का उपयोग च्यूइंगम, दंतमंजन, मिठाई बनाने और भोज्य पदार्थों में किया जाता हैं। खस जैसी सुगंधित फसल से सुगंधित द्रव तथा सुगंध स्थिरक के रूप में प्रयोग होता हैं।

औषधीय एवं सुगंधित पौधों का वर्गीकरण

प्रकृति में औषधीय एवं सुगन्धित पौधें बहुत अधिक संख्या में पाए जाते हैं। इनमे कुछ पौधों का उपयोग दवा बनाने और सुगंध दोनों रूप में होता हैं। कुछ पौधों में उपचार के गुण होते हैं। परन्तु सुगंध नहीं होती हैं। जबकी कुछ पौधों में सुगंध होती है पर उपचार में प्रयोग नहीं किये जा सकते हैं। इसलिए औषधीय और सुगंधित पौधों का वर्गीकरण करना कठिन होता हैं। भारत में लगभग 70 प्रतिशत औषधीय पौधे उष्णकटिबंधीय क्षेत्रों के दक्षिणी एवं पूर्वी घाट, विंध्य क्षेत्र, छोटा नागपुर पठार, अरावली और हिमालय के पहाड़ों की पट्टियों तथा 30 प्रतिशत शीतकटिबन्धीय क्षेत्रों और ऊँची पर्वतीय श्रृंखलाओं में पाए जाते हैं। कुल औषधीय पौधों में 33 प्रतिशत वृक्ष, 32 प्रतिशत शाकीय, 20 प्रतिशत झाडिंया और 12 प्रतिशत लतेदार पौधे हैं। इनमें से केवल 3 प्रतिशत पौधे निम्न कुल जैसे लाइकेन, फर्न एवं शैवाल इत्यादि के अन्तर्गत आते हैं। वनस्पतियो में सबसे अधिक औषधीय पौधे (416) एस्ट्रेसी कुल में पाए जाते हैं जबकि अन्य 386 कुल में 2000 वंशों के अंतर्गत अनेक औषधीय पौधों को रखा गया हैं। मुख्यतः औषधीय एवं सुगंधित पौधें यूफोर्बिएसी, लेमीनेसी, फेबिएसी, रुबिएसी, पोएसी, अकान्थेसी, रोजिऐसी, एपीएसी, इत्यादि कुल के अंतर्गत आते हैं।

औषधीय पौधों का वर्गीकरण

औषधीय पौधों को संरचना के आधार पर मुख्य रूप से चार वर्गो में विभाजित किया गया हैं। जो निम्नलिखित हैं।

1. वृक्ष
2. शाकीय
3. झाड़ी
4. लता या बेल

तालिका संख्या 1:

प्रमुख औषधीय वृक्ष एवं उनके उपयोगी भाग के आधार पर वर्गीकरण

क्रम संख्या	साधारण नाम	वानस्पतिक नाम	कुल	उपयोगी भाग
1.	नीम	*अजाड़िरेक्टा इण्डिका* एल.	मेलिएसी	बीज, पत्तियाँ, फूल, छाल, फल
2.	गुग्गुल	*कॉमीफोरा विग्टी* एल.	बुर्सरेसी	रेजिन, गोंद
3.	सिनकोना	*सिनकोना ऑफिसिनैलिस* एल.	रूबिएसी	छाल
4.	आँवला	*एमब्लिका ऑफिसिनैलिस* एल.	यूफोरबिएसी	फल, बीज, पत्तियाँ
5.	बेल	*ऐगल मार्मेलॉस* एल.	रूटेसी	जड़, पत्तियाँ, फल
6.	कत्था	*अकेशिया कैटेचु* एल.	मिमोसेसी	छाल और तनाकाष्ट
7.	सिरस	*अल्बिजिया लेबेक* एल.	मिमोसेसी	छाल, फूल, बीज
8.	बबूल	*अकेशिया निलोटिका* एल.	मिमोसेसी	फली, छाल, गोंद
9.	चैतिम	*अल्स्टोनिया स्कोलैरिस* एल.	एपोसाइनेसी	छाल, पत्तियाँ
10.	कचनार	*बॉहिनिया वैरीगेटा* एल.	लेग्यूमिनेसी	जड़, छाल
11.	पलाश	*ब्यूटिया मोनोस्पर्मा* एल.	लेग्यूमिनेसी	छाल, पत्तियाँ, फूल, बीज, गोंद
12.	पपीता	*कैरीका पपाया* एल.	कैरिकेसी	फल, लैटेक्स
13.	अमलतास	*कैसिया फिस्चुला* एल.	लेग्यूमिनेसी	सम्पूर्ण पादप
14.	देवदार	*सेड्रस लिबानी* एल.	पायनेसी	तना, तेल
15.	लिसोड़ा	*कॉडिया डाईकोटोमा* एल.	बोराजिनेसी	छाल, बीज
16.	सहजन	*मोरिंगा ओलीफेरा* एल.	मोरिंगंसी	पत्तियाँ, बीज, छाल, जड़

17.	जैतून	*ओलिया थूरोपिया* एल.	ओलियेसी	पत्तियाँ, तेल
18.	अनार	*प्यूनिका ग्रेनेटम* एल.	प्यूनिकेसी	छाल, फल
19.	हरड़	*टर्मिनेलिया चेब्यूला* एल.	कौम्ब्रटेसी	फल
20.	इमली	*टैमेरिन्डस इण्डिका* एल.	फैबेसी	बीज, फूल, जड़
21.	अर्जुन	*टर्मिनेलिया अर्जुन* एल.	कौम्ब्रटेसी	छाल
22.	बहेड़ा	*टर्मिनेलिया बैलेरिका गैरटन* एल.	कौम्ब्रटेसी	छाल, फल

तालिका संख्या 2: प्रमुख शाकीय प्रकार के औषधीय पौधें एवं उनके उपयोगी भाग के आधार पर वर्गीकरण

क्रम संख्या	साधारण नाम	वानस्पतिक नाम	कुल	उपयोगी भाग
1.	रतनजोत	*जेट्रोफा करकस* एल.	यूफोरबियेसी	पत्तियाँ, बीज, तेल
2.	सर्पगंधा	*राउल्फिया सर्पेन्टाइना* एल.	एपोसाइनेसी	जड़
3.	धवना	*अर्टेमीसिया निलाग्रिका* एल.	एस्ट्रेसी	पत्तियाँ, फूल का उपरी भाग
4.	अश्वगंधा	*विथानिया सोम्निफेरा* एल.	सोलेनेसी	जड़
5.	सफेद मूसली	*क्लोरोफाइटम बोरिविलियम रोब्स.* एल.	लिलिएसी	कंदिल जड़
6.	बेलाडोना	*एट्रोपा बेलाडोना* एल.	सोलेनेसी	पत्तियाँ, जड़
7.	करौंदा	*कैरिसा कैरेन्डस* एल.	एपोसाइनेसी	फल, जड़
8.	मेंहदी	*लवसोनिया इनर्मीस* एल.	लाइथ्रेसी	पत्तियाँ, फुल, जड़, बीज
9.	चित्रक	*प्लूमबैगा जेलैनिका* एल.	प्लूमबैजिनेसी	पत्तियाँ, जड़
10.	ललसितरा	*प्लूमबैगो इण्डिका* एल.	प्लूमबैजिनेसी	जड़
11.	लावेन्डर	*लावेन्डुला आफिसिनैलिस* एल.	लैमीएसी	फूल

12.	भृंगराज	*एक्लिप्टा अल्बा* एल.	एस्टरेसी	सम्पूर्ण पादप
13.	मकोय	*सोलेनम नाइग्रम* एल.	सोलेनेसी	तना, पत्तियाँ, फूल, फल

तालिका संख्या 3:

प्रमुख औषधीय झाड़ीयाँ एवं उनके उपयोगी भाग के आधार पर वर्गीकरण

क्रम संख्या	साधारण नाम	वानस्पतिक नाम	कुल	उपयोगी भाग
1.	कालमेघ	*एन्ड्रोग्राफिस पैनकिलाटा* एल.	आकेन्थीएसी	सम्पूर्ण पादप
2.	ब्राह्मी	*बाकोपा मोनिएरी* एल.	सक्रोफुलेरीएसी	सम्पूर्ण पादप
3.	स्टीविया	*स्टीविया रिबोडियाना* एल.	ऐस्टेरेसी	पत्तियाँ,
4.	ईसबगोल	*प्लांटैगो ओवेटो* एल.	प्लांटेजिनसी	हस्क, बीज
5.	तुलसी	*ऑसीमम सैंक्टम* एल.	लेमिएसी	तना, पत्तियाँ, फूल, बीज, जड़
6.	लहसुन	*एलियम सेटाइवम* एल.	लिलिएसी	बल्ब
7.	सनाय	*केसिया अंगुस्टिफोलिया* एल.	लेग्युमिनेसी	फलिया, पत्तियाँ
8.	प्याज	*एलियम सेपा* एल.	लिलिएसी	बल्ब
9.	भांग	*कैनाबिनस सेटाइवा* एल.	कैनाबिनएसी	सूखी पत्तियाँ, तना
10.	आम हल्दी	*करकूमा अमादा* एल.	जिन्जीवरेसी	राइजोम
11.	हल्दी	*करकूमा लोंगा* एल.	जिन्जीवरेसी	राइजोम
12.	धतूरा	*धतूरा स्ट्रैमोनियम* एल.	सेलेनेसी	पत्तियाँ, फूल
13.	फक्स ग्लोव	*डीजीटैलिस परप्यूरिया* एल.	स्क्रोफूलरेसी	पत्तियाँ
14	काला जीरा	*नइजेला सटाइवा* एल.	रैननकूलेसी	बीज
15.	अफ़ीम	*पैपेवर सोमनिफेरम* एल.	पैपेवरेसी	लैटेक्स, बीज
16.	भू अम्लकी	*फाइलेन्थस एमरस* एल.	यूफोरबिएसी	सम्पूर्ण पादप
17.	पीपली	*पाइपर लॉन्गम* एल.	पैपेवरेसी	फल, जड़
18.	मुलेठी	*ग्लीसीर्रहीजा ग्लाब्र* एल.	फेबीएसी	जड़
19.	बाब्ची	*शोरेलिया कोरिलीफोलिया* एल.	फेबीएसी	बीज, फल

तालिका संख्या 4:

प्रमुख औषधीय लताएँ एवं उनके उपयोगी भाग के आधार पर वर्गीकरण

क्रम संख्या	साधारण नाम	वानस्पतिक नाम	कुल	उपयोगी भाग
1.	सतावर	*ऐस्पेरेगस रेसीमोसस* एल.	लिलिएसी	कंदिय जड़
2.	कलिहारी	*ग्लोरिओसा सुपर्बा* एल.	कोलचिकिया	पत्तियाँ, बीज, जड़
3.	काली मिर्च	*पाइपर नाइग्रम* एल.	थ्यपरेसी	फल
4.	गिलोय	*टिनोस्पोरा कॉर्डिफोलिया* एल.	मेनिस्पर्मेसी	तना
5.	गुग्गुल	*अजुगा रेपटेन्स* एल.	लेमिएसी	वायुवीय भाग
6.	खीरा	*कुकूमिस सेटाइवा* एल.	कुकुरबिटेसी	बीज, फल
7.	मलकुंकी	*सेलाष्ट्रस पेनिकुलेटस* एल.	सेलाष्ट्ररेसी	छाल, पत्तियाँ, बीज
8.	हड़जोड़	*साइसस क्वाड्रैन्गुलैरिस* एल.	वीटेसी	सम्पूर्ण पादप
9.	गुड़मार	*जिम्नेमा शिलवेष्ट्री* एल.	एकेल्पिडेसी	छाल, लैटेक्स
10.	मोम का पौधा	*होया आस्ट्रेलिस* एल.	एकेल्पिडेसी	पत्तियाँ

जीवनकाल के आधार पर औषधीय पौधों को तीन भागों में वर्गीकृत किया गया हैं।

1. एकवर्षीय
2. द्विवर्षीय
3. बहुवर्षीय

तालिका संख्या 5: जीवनकाल के आधार पर औषधीय पौधों का वर्गीकरण

क्रम संख्या	एकवर्षीय	द्विवर्षीय	बहुवर्षीय
1.	अश्वगंधा	अफीम	नीम
2.	काली मिर्च	स्टीविया	तुलसी
3.	गोखरू	अजमोद	भू अम्लकी
4.	ईसबगोल	–	मुलेठी
5.	हल्दी	–	सर्पगंधा
6.	मकोय	–	पत्थरचूर
7.	कालमेघ	–	ग्वारपाठा
8.	सतावर	–	बेल
9.	सनाय	–	सफेद मूसली
10.	धतूरा	–	रतनजोत

सुगंधित पौधो का वर्गीकरण

सुगंधित पौधो के विभिन्न भागों को उपयोग एवं जीवनकाल के आधार पर वर्गीकरण किया गया है। जो निम्नप्रकार हैं।

1. पत्तियों के उपयोग वाले पौधें 2. फूलो के उपयोग वाले पौधें
3. जड़ के उपयोग वाले पौधें

तालिका संख्या 1:
पत्तियों का औषधीय उपयोग होने वाले पौधों का जीवनकाल के आधार पर वर्गीकरण

क्रम संख्या	साधारण नाम	वानस्पतिक नाम	कुल	जीवनकाल
1.	पामारोजा	*सिम्बोपोगॉन मार्टिनी* एल.	पोएसी	बहुवर्षीय
2.	जिरेनियम	*पेलरगोनियम ग्रेविओलेंस* एल.	जिरेनेईसी	बहुवर्षीय
3.	लेमन घास	*सिम्बेपोगोन फ्लक्सुओसस* एल.	पोएसी	बहुवर्षीय
4.	मेंथा	*मेंथा आरवैन्सिस* एल.	लेमिएसी	बहुवर्षीय
5.	धवना	*अर्टेमीसिया पालेंस* एल.	एस्ट्रेसी	बहुवर्षीय
6.	पचौली	*पोगोस्टेमोन पचौली* एल.	लैबिएटी	बहुवर्षीय
7.	स्वीट बासील	*अशिमम बैसीलिकम* एल.	लैबिएटी	एकवर्षीय
8.	पिपर मिंट	*मेंथा पाइपरिटा* एल.	लैबिएटी	बहुवर्षीय
9.	सिट्रोनेला	*सिम्बोपोगॉन विन्टेरियेनस* एल.	पोएसी	बहुवर्षीय
10.	गुलमेहंदी	*रोजमेरीनस ओफिसिनेलिस* एल.	लेमिएसी	बहुवर्षीय

तालिका संख्या 2: फूलों का औषधीय उपयोग होने वाले पौधों का जीवनकाल के आधार पर वर्गीकरण

क्रम संख्या	साधारण नाम	वानस्पतिक नाम	कुल	जीवनकाल
1.	चमेली	*जेसमीनम समबैक* एल.	औलिएसी	बहुवर्षीय
2.	गेंदा	*टैगेटस इरेक्टा* एल.	एस्टेरेसी	एकवर्षीय
3.	गुलाब	*रोजा डैमसेना* एल.	रोजिएसी	बहुवर्षीय
4.	रजनीगंधा	*पोलिएन्थस टयूबरोजा* एल.	अमरैलिडेसी	एकवर्षीय
5.	चैमोमाइल	*मेंथा चैमोलिया* एल.	रोजिएसी	एकवर्षीय

तालिका संख्या 3: जड़ का औषधीय उपयोग होने वाले पौधों का जीवनकाल के आधार पर वर्गीकरण

क्रम संख्या	साधारण नाम	वानस्पतिक नाम	कुल	जीवनकाल
1.	खस घास	*वेटिवरिया जिजानियोइड्स* एल.	पोएसी	बहुवर्षीय

तालिका संख्या 4: पर्यावरण की दशाओं के आधार पर औषधीय एवं सुगंधित पौधों का वर्गीकरण

पर्यावणीय दशा	परिस्थिति	औषधीय पौधें	सुंगधित पौधें
नमी की कमी	मध्यम	चैमोमाइल, सदाबहार, हरा चिरेटा, जंगली गेंदा, अश्वगंधा	लेमन घास
	अधिक	ग्वारपाठा, सनाय, ईसबगोल	पामारोजा, लेमन घास, खस घास
लवणीयता	मध्यम	चैमोमाइल, ईसबगोल	पामारोजा, जापानी पुदीना, खस घास
	अधिक	अजवाईन	लेमन घास
क्षारियता	मध्यम	ईसबगोल	गेंदा, फ्रेंच गेंदा, लेमन घास,
	अधिक	तुलसी	खस घास, पामारोजा, लेमन घास
अनुपयोगी भूमि	बीहड	सनाय	लेमन घास, खस घास
	दलदली भूमि	ब्रह्मी	खस घास, बच
	लवणीय भूमि	–	लेमन घास, खस घास, पामारोजा
	औधोगिक एवं खनन प्रभावित क्षेत्र	रादाबहार, चैमोमाइल	लेमन घास, खस घास, पामारोजा

औषधीय पौधें

ईसबगोल

वानस्पतिक नाम – *प्लांटैगो ओवेटो* एल.

कुल – प्लांटेजिनेसी

गुणसूत्र संख्या (2 एन) – 8

परिचय

ईसबगोल एक औषधीय गुणों वाली फसल हैं। फारस एवं पश्चिम एशिया को इसका उत्पति स्थल माना जाता हैं। जो की भारत, मेक्सिको और भूमध्य क्षेत्र के साथ–साथ सतलुज, सिंध और पश्चिम पाकिस्तान तक फैला हुआ हैं। वर्तमान में भारत इसका सबसे बडा उत्पादक एवं निर्यातक देश हैं। भारत में इसकी खेती गुजरात, राजस्थान, पंजाब व उत्तर प्रदेश में बहुतायत से की जाती हैं। हमारें देश से निर्यात होनें वाली औषधीय फसलों में ईसबगोल का प्रमुख स्थान हैं। इसके बीज एवं भूसी का औषधीय महत्व होता हैं। ईसबगोल के बीज पर पाया जाने वाला छिलका ही इसका औषधीय उत्पाद है जिसे ईसबगोल की भूसी के नाम से जाना जाता हैं। भूसी और बीज का अनुपात 25:75 होता हैं। इसकी भूसी में पानी सोखने की अधिक क्षमता होती हैं। इसका उपयोग आयुर्वेदिक दवा के रूप में पेट की सफाई, कब्ज, दस्त, पेचिस, अल्सर, बवासीर जैसी बीमारियों के उपचार में किया जाता हैं। इसके अतिरिक्त आइसक्रीम, रंग रोगन इत्यादि उद्योगों में भी इसका उपयोग किया जाता हैं। इसकी मांग एवं उपयोगिता को ध्यान में रखते हुए इसकी खेती वैज्ञानिक तकनीक से करना आवश्यक हैं।

वानस्पतिक विवरण

ईसबगोल एक 30–45 सेंटीमीटर ऊंचाई का शाकीय पौधा हैं। इसकी पत्तियाँ रेखीय, 7.5 से 20 सेंटीमीटर लम्बी और 0.5 से 0.6 सेंटीमीटर चौड़ी होती हैं। फूल सफेद, छोटे और चार भागों में विभाजित होते हैं। फल अण्डाकार एवं इनकी लम्बाई 8 मिलीमीटर तक होती हैं। बीज 2–3 मिलीमीटर लम्बे चिकने, गुलाबी

भूरे या गुलाबी सफेद रंग के होते हैं। इसके बीज एक पारदर्शी झिल्ली के द्वारा ढ़के रहते है जिसे भूसी कहा जाता हैं। इस प्रकार ढ़के हुए बीज कठोर और गहरे लाल रंग के होते है। 100 बीजों का वजन लगभग 1.5 ग्राम होता हैं।

जलवायु

ईसबगोल के लिए ठंडी एवं शुष्क जलवायु सर्वोत्तम मानी जाती है। फसल पकते समय वर्षा एवं ओंस पड़ने से उत्पादन पर प्रतिकूल प्रभाव पड़ता है जिससे कभी–कभी फसल 100 प्रतिशत तक नष्ट हो जाती हैं। ईसबगोल की खेती के लिए अधिक आर्द्रता एवं नमीयुक्त जलवायु वाले क्षेत्र उपयुक्त नही माने जाते हैं। वैज्ञानिक दृष्टिकोण से इसके अंकुरण के लिए 20–25 डिग्री सेंटीग्रेड़ तथा फसल की परिपक्व अवस्था पर 30–35 डिग्री सेंटीग्रेड़ तापमान इष्टतम माना जाता हैं।

मृदा

ईसबगोल की खेती लगभग सभी प्रकार की मृदाओं में सफलतापूर्वक की जा सकती हैं। लेकिन अच्छे जल निकास वाली दोमट अथवा बलुई दोमट मृदा जिसमें जीवाश्म पदार्थ पर्याप्त मात्रा में विद्यमान हो, उत्तम मानी जाती है। फसल की अच्छी बढ़वार के लिए मृदा का पी.एच. मान 7–8 तक उपयुक्त रहता हैं।

उन्नत किस्में

हमारे देश में ईसबगोल की महत्वता को ध्यान में रखते हुए वैज्ञानिकों द्वारा निम्नलिखित उन्नत किस्मों को विकसित किया गया हैं।

जवाहर ईसबगोल 4

यह किस्म मध्यप्रदेश के लिए अनुमोदित की गई है। इसकी औसत उपज 13–15 कुंटल प्रति हेक्टेयर होती हैं।

गुजरात ईसबगोल 2

यह किस्म 1983 में अखिल भारतीय समन्वित औषधीय एवं सुगन्धित पौध परियोजना, आनन्द, गुजरात से विकसित की गई हैं। इसकी औसत उपज 9–10 कुंटल प्रति हेक्टेयर तक होती हैं।

गुजरात ईसबगोल 3

इस किस्म को गुजरात के विभिन्न क्षेत्रों के लिए विकसित किया गया हैं। इसकी औसत उपज 13 से 15 कुंटल प्रति हेक्टेयर तक होती हैं।

हरियाणा ईसबगोल 5

यह किस्म हरियाणा से विकसित की गई है। जिसकी औसत उपज 10–12 कुंटल प्रति हेक्टेयर होती हैं।

आर. आई. 89

इस किस्म को राजस्थान से विकसित किया गया है। जो 110–115 दिन में पककर तैयार हो जाती है। इससे प्रति हेक्टेयर औसत उपज 12–16 कुंटल होती है।

आर. आई. 1

इस किस्म को शुष्क तथा अर्द्धशुष्क क्षेत्रों के लिए विकसित किया गया हैं। इस किस्म के पौधों की ऊँचाई 29–47 सेंटीमीटर होती हैं। यह किस्म 110–120 दिन में पककर तैयार हो जाती हैं। इसकी औसत उपज 12 से 16 कुंटल प्रति हेक्टेयर हैं।

अन्य किस्में

गुजरात ईसबगोल 1, हरियाणा ईसबगोल–2, ई.सी.–124345, निहारिका, ट्राबे सलेक्शन 1 से 10

खेत की तैयारी

देशी या ट्रैक्टर चालित हल के माध्यम से दो गहरी जुताई एवं अन्त में रोटावेटर की सहायता से मिट्टी भुरभुरी कर लेना चाहिए। जिससे खेत में खरपतवार और ढेलों की समस्या को दूर किया जा सकता हैं। अंतिम जुताई के समय मिट्टी में 10–15 टन अच्छी सड़ी हुई गोबर की खाद मिलाना चाहिए। क्यारियों की लम्बाई–चौड़ाई खेत के ढलान एवं सिंचाई जल की उपलब्धता पर निर्भर करती हैं। क्यारियों की लम्बाई 8 से 12 मीटर एवं चौड़ाई 3 मीटर से अधिक रखने पर अन्त सस्य क्रियाये करने में कठिनाई होती हैं। ईसबगोल के पौधे खेत में जल भराव को सहन करने में सक्षम नही होते है इसलिए जल निकास का उचित प्रबंध होना चाहिए।

बुवाई का समय

ईसबगोल की अगेती बुवाई करने से वानस्पतिक वृद्धि अधिक होती हैं। परन्तु इससे फसल के गिरने एवं मृदु रोमिल आसिता रोग का प्रकोप अधिक होता हैं।

जबकी पछेती बुवाई करने से फसल की अवधि कम हो जाती है तथा साथ ही मानसून के आगमन के कारण बीजो का झड़ना प्रारम्भ हो जाता हैं। इसलिए अक्टूबर के अंतिम सप्ताह से नवंबर के दूसरे पखवाड़े तक ईसबगोल की बुवाई का समय उपयुक्त माना जाता हैं। दिसम्बर माह में बुवाई करने से उपज में भारी कमी आ जाती हैं।

बीजोपचार एवं बुवाई की विधि

ईसबगोल की बुवाई करने के लिए 4 किलोग्राम बीज प्रति हेक्टेयर की दर से प्रयोग कर अच्छा उत्पादन लिया जा सकता हैं। बीज दर अधिक रखने की दशा में मृदुरोमिल आसिता रोग का प्रकोप बढ़ जाता हैं। जिससें उत्पादन प्रभावित हो जाता है। रोगो से बचाव के लिए बीज को मैटालैक्जिल 35 एस.डी. की 5 ग्राम मात्रा प्रति किलोग्राम बीज की दर से बीजोपचार कर बुवाई करना चाहिए। मृदा उपचार हेतु जैविक फफूंदीनाशक ट्राइकोडर्मा विरिडी 2.5 किलोग्राम मात्रा प्रति हेक्टेयर की दर से अच्छी सड़ी हुई गोबर की खाद अथवा वर्मीकम्पोस्ट में मिलाकर नमी युक्त खेत में प्रयोग करना चाहिए। हमारे देश में इसकी बुवाई छिटकाव विधि से की जाती है परंतु इस विधि से बुवाई करने पर अंतःसस्य क्रियाएं करने में कठिनाई होती हैं जिससे उत्पादन प्रभावित होता है। इसलिए इसकी बुवाई कतारों में करना उत्तम रहता है। पौधो की इष्टतम संख्या बनाए रखने के लिए कतार से कतार की दूरी 30 सेंटीमीटर एवं पौधे से पौधे की दूरी 5 सेंटीमीटर रखना चाहिए। जिससे प्रति हेक्टेयर अधिक उत्पादन प्राप्त किया जा सकता हैं। बीजों का आकार छोटा होने के कारण बुवाई करते समय बीज में महीन बालू अथवा छनी हुई गोबर की खाद मिलाकर बुवाई करना चाहिए। बीज की गहराई 2–3 सेंटीमीटर रखनी चाहिए। अधिक गहराई पर बुवाई करने पर अंकुरण पर प्रतिकूल प्रभाव पडता हैं।

खाद एवं उर्वरक

ईसबगोल की अच्छी उपज प्राप्त करने के लिए खेत को तैयार करते समय 10–15 टन अच्छी सड़ी हुई गोबर की खाद प्रति हेक्टेयर की दर से प्रयोग करना चाहिए। इसके अतिरिक्त नत्रजन 30 किलोंग्राम, फास्फोरस 40 किलोंग्राम एवं पोटाश 20 किलोंग्राम प्रति हेक्टेयर की दर से प्रयोग करना चाहिए। नत्रजन को दो बराबर भागो में बांटकर एक भाग नत्रजन, फास्फोरस एवं पोटाश की पूरी मात्रा बुवाई के समय प्रयोग करना चाहिए। नत्रजन की शेष मात्रा का प्रयोग खडी फसल में बुवाई के 40 दिन बाद छिड़काव करने से उपज में अच्छी वृद्धि होती हैं।

सिंचाई प्रबंधन

अच्छे अंकुरण के लिए बुवाई के तुरंत बाद हल्की सिंचाई करना लाभप्रद रहता है लेकिन अंकुरण कम होने की दशा में 5–6 दिन बाद दूसरी सिंचाई करना चाहिए। इसके बाद प्रथम सिंचाई बुवाई के 30 दिन बाद एवं दूसरी सिंचाई 70 दिन बाद करनी चाहिए। फूल निकलते समय एवं दाना भरने की अवस्था पर सिंचाई नहीं देना चाहिए। ईसबगोल में दो से ज्यादा सिंचाई करने पर रोगों का प्रकोप बढ जाता हैं तथा उपज में कमी आ जाती हैं। पुष्पक्रम एवं बाली आने के बाद स्प्रिकंलर विधि से सिंचाई नहीं करना चाहिए।

खरपतवार नियंत्रण

कम उपजाऊ भूमि में खरपतवार का प्रकोप कम होता है। परन्तु समय–समय पर निराई–गुड़ाई करने से खरपतवारो का प्रभावी नियंत्रण किया जा सकता है। बुवाई के 20–25 दिन बाद एक बार निराई–गुड़ाई करके खरपतवारों को निकाल देना चाहिए। खेत में खरपतवारो की समस्या अधिक होने की स्थिति मे सल्फोसल्फ्यूरॉन की 25 ग्राम अथवा आइसोप्रोट्यूरॉन की 500–750 ग्राम सक्रिय तत्व की मात्रा 500 लीटर पानी में घोलकर बुवाई के 20 दिन बाद छिड़काव करने से खरपतवारों का प्रभावी नियत्रण किया जा सकता है। निराई–गुड़ाई के समय अतिरिक्त पौधो को निकाल कर पौधे से पौधे की दूरी 5 सेंटीमीटर रखने से उपज में वांछित वृद्धि प्राप्त की जा सकती हैं।

रोग एवं कीट नियंत्रण

शुष्क क्षेत्रों में प्रायः कीट एव रोगो का प्रकोप कम होता हैं। ईसबगोल में सामान्यतः मृदुरोमिल आसिता, झुलसा एवं चूर्णी फफूंद रोगो का प्रकोप होता हैं। चूर्णी फफूंद की रोकथाम के लिये 50 प्रतिशत घुलनशील गन्धक का 2 ग्राम प्रति लीटर पानी की दर से घोल बनाकर छिड़काव करना चाहिए।

ईसबगोल में लगने वाले प्रमुख कीट एवं रोग निम्नलिखित हैं।

मोयला

माहू/गोयला का प्रकोप सामान्यतः बुवाई के 60–70 बाद होता है। यह सूक्ष्म आकार का कीट पत्तियों, तना एवं बालियों से रस चूसकर नुकसान पहुंचाता है। अधिक प्रकोप होने की स्थिति में पौधे से चिपचिपे रस का स्त्राव होता हैं। जिससे फसल की बढ़वार एव उत्पादन पर प्रतिकूल प्रभाव पड़ता हैं। इसकी रोकथाम हेतु आक्सीमिथाईल डिमेटान 25 प्रतिशत ई.सी. अथवा डाइमिथोएट 30 प्रतिशत

ई. सी. की 1.5 मिलीलीटर मात्रा को प्रति लीटर पानी में घोल कर छिडकाव करना चाहिए। इसके अतिरिक्त इमिडाइक्लोप्रिड 17.8 प्रतिशत एस.एल. अथवा एसिटामिप्रिड 20 प्रतिशत एस.पी. की 5 मिलीग्राम मात्रा को प्रति 15 लीटर पानी में मिलाकर छिड़काव करना भी लाभप्रद रहता हैं। आवश्यकता पडने पर छिड़काव को 15 दिन के अन्तराल पर दोहराया जा सकता हैं।

मृदुरोमिल आसिता

मृदुरोमिल आसिता रोग के लक्षण पौधों में बाली निकलते समय दिखाई देते हैं। सर्वप्रथम पत्तियों की ऊपरी सतह पर सफेद या कत्थई रंग के धब्बे दिखाई देते हैं। इसके बाद पत्ती के निचले भाग में सफेद चूर्ण जैसा कवक जाल दिखाई देता है फलस्वरूप पत्तियां सिकुड़ जाती हैं तथा पौधों की बढ़वार रूक जाती है। इससे डंठल की लम्बाई, बीज बनना एवं बीज की गुणवत्ता प्रभावित होती है। रोग नियंत्रण हेतु स्वस्थ व प्रमाणित बीजो की बुवाई बीजोपचार करने के पश्चात करनी चाहिए। कटाई के बाद फसल अवशेषों को जलाने से रोग के बीजाणुओं को नष्ट किया जा सकता हैं। रोग का अधिक प्रकोप होने पर मैंकोजेब 2–2.5 ग्राम मात्रा अथवा कापर ऑक्सीक्लोराइड 3 ग्राम को प्रति लीटर पानी में मिलाकर छिड़काव करना चाहिए। इसको 10–15 दिन के अंतराल पर दोहराने से प्रभावी नियंत्रण किया जा सकता हैं।

कटाई एवं उपज

ईसबगोल की फसल 110 से 120 दिन में पककर तैयार हो जाती हैं। फसल पकने पर पौधों की ऊपरी पत्तियां पीली पड़ जाती है एवं नीचे की पत्तियां सूख जाती हैं। बालियों को हथेली में रखकर मसलने पर दाने आसानी से निकल जाते हैं। इसी अवस्था पर फसल की कटाई कर लेनी चाहिए। कटाई सुबह के समय करने पर झड़ने की समस्या से बचा जा सकता हैं। फसल की कटाई देर से करने पर दाने झड़ने से उपज बहुत कम मिलती है। मावठ आने की सम्भावना होने पर फसल की कटाई 2–3 दिन जल्दी कर लेनी चाहिए। इस प्रकार उन्नत तकनिक से खेती करने पर 15 से 16 कुंटल प्रति हेक्टेयर तक उपज प्राप्त की जा सकती हैं।

भण्डारण एंव मूल्य परिवर्धन

ईसबगोल के बीजों को अच्छी तरह छानकर साफ करना चाहिए। भूसी को बीज से अलग करने के लिए साफ बीजों को 6–7 बार पीसा जाता है। बीज और भूसी को उष्कृष्टता के आधार पर वर्गीकृत किया जा सकता हैं। उच्चतम गुणवत्ता की

भूसी सफेद रंग की होती हैं। बीज और भूसी को अलग–अलग संग्रहित किया जाना चाहिए। इसके भण्डारण के लिए वायुरोधी थैलो का प्रयोग करना चाहिए। नमी के प्रवेश को रोकने के लिए ईसबगोल के बीजों और भूसी को पॉलीथीन या नायलॉन के थैलो में भी भण्डारित किया जा सकता हैं। बीजों का साधारण विधि से भंडारण करने पर गुणवत्ता मे कमी आ जाती हैं इसीलिए गोदाम/भण्डार ग्रह उपयुक्त रहते हैं। ईसबगोल के बीज एवं भूसी को सीधे अथवा ईसबगोल का चूर्ण बनाकर बाजार में बेचा जा सकता हैं।

सफेद मूसली

वानस्पतिक नाम – *क्लोरोफाइटम बोरिविलियम* एल.

कुल – लिलिएसी

गुणसूत्र संख्या (2 एन) = 14

परिचय

सफेद मूसली एक बहुउपयोगी औषधीय पौधा हैं। यह वर्षभर हराभरा रहने वाला शाकीय पौधा हैं। इसका उत्पत्ति स्थान उष्णकटिबंधीय और समशीतोष्ण अफ्रीका को माना जाता हैं। भारत इसका सबसे बड़ा उत्पादक एवं निर्यातक देश हैं। भारत के अतिरिक्त इसकी खेती यूरोपियन देशों, अमेरिका एवं जापान में की जाती हैं। भारत में सफेद मूसली की खेती गुजरात, राजस्थान, मध्य प्रदेश, उत्तर प्रदेश, उत्तराखंड, तमिलनाडू, केरल एवं पश्चिम बंगाल में की जाती हैं। विश्व भर में सफेद मूसली की 256 प्रजातियां पायी जाती हैं। इनमे से भारत में 17 प्रजातियो की खेती व्यावसायिक स्तर पर की जाती हैं। यह एकवर्षीय पौधा समशीतोष्ण क्षेत्र में प्राकृतिक रूप से पाया जाता हैं। इसकी ऊंचाई 40 से 50 सेंटीमीटर एवं मांसल जड़ों की लंबाई 8 से 10 सेंटीमीटर तक होती हैं। इसकी जड़े पूर्ण विकसित होने पर भूरे रंग की दिखाई देती हैं। जड़ों में 2–15 प्रतिशत सेपोनिन और सेपोजिनिन नामक तत्व पाए जाते हैं। जिसके कारण सफेद मूसली का औषधीय महत्त्व हैं। सफेद मूसली की सूखी जड़ों का उपयोग यौवनवर्धक, शक्तिवर्धक और वीर्यवर्धक औषधीयाँ बनाने में किया जाता हैं। इसका उपयोग खांसी, अस्थमा, बवासीर, चर्मरोगों, पीलिया, पेशाब संबंधी रोगों, ल्यूकोरिया आदि के उपचार हेतु भी किया जाता हैं। इसका प्रयोग स्त्रियों में दूध बढ़ाने, प्रसव के बाद होने वाले रोग, मधुमेह, नपुसंकता आदि बीमारियों में किया जाता हैं। पौष्टिक एवं बलवर्धक होने के कारण इसे "दूसरे शिलाजीत" की संज्ञा दी जाती हैं। आयुर्वेद में सफेद मूसली को सौ से अधिक दवाओ के निर्माण में उपयोग के कारण दिव्य औषधि के नाम से जाना जाता हैं।

जलवायु

सफेद मूसली की खेती के लिए गर्म एवं आर्द्र जलवायु सर्वोत्तम मानी जाती हैं। इसके अच्छे वृद्धि एवं विकास के लिए 60 से 115 सेंटीमीटर वार्षिक वर्षा वाले क्षेत्र उपयुक्त रहते हैं। इसकी फसल 35 डिग्री सेंटीग्रेड से अधिक एवं 15 डिग्री सेंटीग्रेड से कम तापमान सहन करने में सक्षम नहीं होती हैं। इसलिए अत्यधिक गर्म एवं अत्यधिक ठण्डें क्षेत्रो में इसकी खेती नहीं करनी चाहिए।

मृदा

सफेद मूसली कंदीय फसल हैं। इसकी बढ़वार मृदा के अन्दर होती हैं। इसलिए खेती के लिए पर्याप्त नमीयुक्त हल्की मृदाए उपयुक्त मानी जाती हैं। उपयुक्त जल निकासी वाली रेतीली दोमट मृदा जिसमें जीवाश्म पदार्थ भरपुर मात्रा में हो इसकी खेती के लिए सर्वश्रेष्ठ मानी जाती हैं। भारी मृदा इसके लिए उपयुक्त नहीं रहती हैं क्योकि इससे कन्द पतले रह जाते हैं। जिससे उत्पादन प्रभावित होता हैं। सफेद मूसली की खेती के लिए 7 से 7.5 पी.एच. मान वाली मृदा जिसमें कैल्शियम कार्बोनेट की मात्रा अधिक हो, सर्वोत्तम रहती हैं।

उन्नत किस्में

सफेद मूसली की अनेक प्रजातियाँ हैं। जिनमें से भारत में क्लोरोफाइटम बोरिविलियम तथा ट्यूबरोजम की व्यावसायिक खेती की जाती हैं। ट्यूबरोजम प्रजाति में क्राउन के साथ एक धागा जैसी संरचना जुड़ी होती हैं। जिससे इसकी मोटाई बढ़ती हैं। साथ ही ट्यूबरोजम का छिलका उतारना कठिन होता है। जिससे यह खेती के लिए उपयुक्त नहीं मानी जाती हैं। लेकिन बोरिविलियम में कंद की मोटाई अधिक होने के कारण इसकी खेती बड़े भू भाग पर की जाती हैं।

एम.सी.टी. – 405

सफेद मूसली की इस किस्म से छिलका उतारना आसान होता हैं। इसकी जड़ों की मोटाई एक समान होती हैं। जिससे फसल का बाजार भाव अधिक प्राप्त होता हैं। इसके एक गुच्छे में लगभग 50 कंद पाए जाते हैं। इस किस्म की प्रति हेक्टेयर औसत पैदावार 10 से 12 कुंटल तक होती हैं।

एम.डी.बी.– 13, 14

सफेद मूसली की इन किस्मों से भी छिलका उतारना आसान होता हैं। इनकी जड़ों की मोटाई एक समान होती हैं। जिससे फसल का बाजार भाव अधिक प्राप्त

होता हैं। इसके एक गुच्छे में लगभग 45–50 कंद पाए जाते हैं। इस किस्म की प्रति हेक्टेयर औसत पैदावार 9 से 12 कुंटल तक होती हैं।

एम.सी.बी. – 405, 412

इन किस्मों की जड़ों की मोटाई अन्य किस्मों की अपेक्षा ज्यादा होती हैं। इनका छिलका भी आसानी से उतारा जा सकता हैं। जिससे इस पर खर्चा कम आता हैं। इनसे प्रति हेक्टेयर औसतन 20 कुंतल सूखी हुई जड़ें प्राप्त होती हैं।

आर.सी–2, 16, 36, 20, 23, 37, सी.टी.–1

उपरोक्त किस्में महाराणा प्रताप कृषि एवं प्रौद्योगिकी विश्वविद्यालय, उदयपुर द्वारा विकसित की गई हैं। इनमे सेपोनिन अधिक मात्रा में पाया जाता हैं।

प्रवर्धन

सफेद मूसली का प्रवर्धन मुख्यत बीज एवं कंदो द्वारा किया जा सकता हैं। बीज द्वारा बुवाई करने पर उपज कम प्राप्त होती हैं। इसलिए कंदो द्वारा रोपाई करना उपयुक्त रहता हैं। इसके लिए 5 से 10 ग्राम वजनी कंदो का प्रयोग करना चाहिए। कंदो द्वारा रोपाई करने के लिए प्रत्येंक कंद पर जड का होना आवश्यक होता हैं। क्योंकि जड़ युक्त कंद के उगने में कम समय लगता हैं।

खेत की तैयारी

सफेद मूसली 8 से 9 माह की फसल हैं। जिसे मानसून में लगाकर फरवरी–मार्च माह में खोद लिया जाता हैं। अच्छी उपज प्राप्त करने के लिए गर्मी में गहरी जुताई कर हरी खाद उगाया जाता हैं। इसके बाद हरी खाद के पौधो में फूल आने पर इन्हे काटकर खेत में मिला देना चाहिए। खेत की दो से तीन गहरी जुताई करने के बाद पाटा लगाकर खेत को समतल बनाना चाहिए। अंतिम जुताई के समय 250 कुंटल गोबर की सड़ी हुई खाद एवं 3 से 4 कुंटल नीम की खली प्रति हेक्टेयर की दर से खेत में मिला देना चाहिए। सफेद मूसली की अच्छी फसल के लिए 6 इंच से 18 इंच ऊँची उठी हुई एवं 1.5 फीट चौड़ी क्यारियाँ बनाना उपयुक्त रहता हैं।

रोपाई का समय एवं विधि

बुवाई करने का सबसे उपयुक्त समय मानसून अर्थात जुलाई से सितम्बर माह होता हैं। बीजो द्वारा बुवाई करने के लिए पौधे से पौधे की दूरी 13 सेंटीमीटर रखते हुए एक स्थान पर 3 से 4 बीजो की बुवाई करनी चाहिए। बीजोपचार के

लिए मेंकोजेब डाइथेन एम–45 की 5 ग्राम दवा को प्रति लीटर पानी में मिलाकर प्रयोग करना चाहिए। बुवाई करने के 13 से 14 दिन बाद बीज अंकुरित हो जाते हैं। कंदो द्वारा रोपाई करने पर 25 से 30 सेंटीमीटर की दूरी पर रोपाई करनी चाहिए। इसके लिए प्रति हेक्टेयर क्षेत्रफल के लिए जड़ युक्त लगभग 80000 कंदो की आवश्यकता होती हैं। जिनका औसत वजन 8 से 10 कुंटल तक होता हैं। रोपाई के लिए रोग एवं बीमारी से मुक्त कंदो का चुनाव करना चाहिए। रोपाई से पूर्व कंदो को 2 मिनट तक बाविस्टीन के घोल अथवा एक घंटा गौमूत्र में डूबोकर रखने से रोगमुक्त किया जा सकता हैं।

खाद एवं उर्वरक

सफेद मूसली का अधिक उत्पादन प्राप्त करने के लिए प्रति हेक्टेयर 25 से 30 टन अच्छी सडी हुई गोबर की खाद जुताई के समय खेत में मिलाना चाहिए। इसके अतिरिक्त 50 किलोंग्राम नत्रजन, 100 किलोंग्राम फास्फोरस एवं 50 किलोंग्राम पोटाश प्रति हेक्टेयर की दर से प्रयोग करना चाहिए। रोपाई के समय फास्फोरस एवं पोटाश की पूरी मात्रा एवं नत्रजन की आधी मात्रा को मृदा में मिलाया जाता हैं। शेष नत्रजन की मात्रा को दो भागों में बांटकर बुवाई के 45 एवं 90 दिन बाद खड़ी फसल में प्रयोग करना चाहिए।

सिंचाई प्रबंधन

सफेद मूसली को वर्षा ऋतु की फसल होने के कारण अधिक सिंचाई की आवश्यकता नहीं होती हैं। सिंचाई जल की आवश्यकता मुख्यत जलवायु, भूमि संरचना, वर्षा की मात्रा एवं पलवार पर निर्भर करती हैं। लेकिन वर्षा के अभाव में 10 से 15 दिन के अंतराल पर सिंचाई करनी चाहिए।

खरपतवार नियन्त्रण

खरपतवारो द्वारा सफेद मूसली के कन्द निर्माण की प्रक्रिया पर प्रतिकूल प्रभाव पड़ता हैं। इसलिए समय–समय पर निराई–गुड़ाई कर खरपतवारों की वृद्वि को रोका जा सकता हैं। इसकी फसल में दो–तीन निराई–गुड़ाई की आवश्यकता होती हैं। प्रथम निराई–गुड़ाई रोपाई के 25–30 दिन बाद तथा द्वितीय रोपाई के 60–65 दिन बाद करनी चाहिए।

कीट एवं रोग नियन्त्रण

सफेद मूसली में मुख्यत किसी भी प्रकार के रोग एवं कीटों का प्रकोप नहीं होता हैं। इसलिए कीटनाशियों का प्रयोग नहीं किया जाता हैं। कभी–कभी इसकी फसल पर सफेद लट एवं पत्ती खाने वाले कीटो का प्रकोप होता हैं। सफेद लट के नियंत्रण के लिए एल्ड्रिन की 25 किलोंग्राम मात्रा को प्रति हेक्टेयर की दर से प्रयोग करना चाहिए। जबकि पत्ती खाने वाले कीटो के नियंत्रण के लिए मेटासिड की 0.2 प्रतिशत दवा का छिड़काव करना चाहिए। पत्ती धब्बा रोग होने पर बाविस्टिन की 1 ग्राम मात्रा को प्रति लीटर पानी में मिलाकर 25 दिन के अंतराल पर छिड़काव करना चाहिए।

जडों की खुदाई

सफेद मूसली की फसल 5–6 माह में खुदाई योग्य हो जाती हैं। फसल के पकने पर पत्तियां पीली पडकर् सूखने लग जाती हैं। पत्तियां सूखने के दो माह बाद तक इन कंदो को मिटटी में ही रहने देते हैं। जिससे पकने पर इनका रंग गहरा हो जाता हैं। खुदाई करने से दो दिन पूर्व फव्वारा विधि द्वारा हल्की सिंचाई करने से खुदाई सरलतापूर्वक हो जाती हैं। खुदाई का सबसे उपयुक्त समय नवंबर–दिसंबर माह होता हैं। इस समय कंद पूर्ण विकसित हो जाते हैं।

उपज

सफेद मूसली के प्रत्येक पौधे से लगभग 8–10 कंद प्राप्त होते हैं। जिनका वजन 40–50 कुंटल प्रति हेक्टेयर होता हैं। सफाई एवं सूखने के बाद प्रति हेक्टेयर लगभग 8–10 कुंटल सूखी सफेद मूसली प्राप्त होती हैं।

खुदाई उपरान्त प्रबंन्धन एवं प्रसंस्करण

खुदाई करने के बाद इन कंदो को साफ पानी में धोकर किसी छायादार स्थान पर एक सप्ताह तक सुखाया जाता हैं। कंदो के पूर्ण रूप से सूखने के बाद इन्हे छोटे–छोटे टुकड़ो में काटकर श्रेणीकरण करने के बाद विक्रय हेतु भेजा जा सकता हैं।

अश्वगंधा

वानस्पतिक नाम – *विथानिया सोम्निफेरा* एल.

कुल – सोलेनेसी

गुणसूत्र संख्या (2 एन) – 48

परिचय

अश्वगंधा औषधीय गुणों से भरपूर एकवर्षीय पौधा हैं। इसे सामान्य भाषा में भारतीय जिनसेंग, असंध, नागौरी असंध, पुनीर आदि नामों से जाना जाता हैं। भूमध्य सागरीय क्षेत्रों (मेडिटेरियन) को इसके उत्पति स्थल के रूप में जाना जाता हैं। वर्तमान में यह दक्षिणी भूमध्य सागरीय क्षेत्रों, कैनेरी द्वीप, उत्तरी–दक्षिण अफ्रीका, कांगो, मगदसागर, जॉर्डन, मिश्र, सूडान, ईरान, अफगानिस्तान, बलूचिस्तान, भारत एवं पाकिस्तान के शुष्क क्षेत्रों में जंगली रूप में पाया जाता हैं। भारत में इसकी व्यावसायिक खेती मध्य प्रदेश, राजस्थान, पंजाब, हरियाणा, उत्तर प्रदेश, गुजरात एवं महाराष्ट्र में की जाती हैं। अश्वगंधा दो शब्दो से मिलकर बना होता हैं। अश्व से तात्पर्य घोडा तथा गंधा से तात्पर्य गंध से हैं। क्योंकि इसकी जड़ो में घोडे के मूत्र की गंध आती हैं। इसलिए इसे अश्वगंधा के नाम से जाना जाता हैं। इसकी जड़ो का प्रयोग भारतीय पारंपरिक पद्धति, आयुर्वेद और यूनानी चिकित्सा पद्धतियों में किया जाता हैं। यह लगभग 1.50 मीटर की ऊँचाई तक बढने वाला शाखिय पौधा है। इसकी जड़ें मांसल, सफेद भूरी तथा पत्तियां और फूल हरे रंग के होते हैं। इसकी जड़ो का उपयोग विभिन्न प्रकार की दवा तथा शक्तिवर्धक टॉनिक तैयार करने में किया जाता हैं। परिपक्व फल नारंगी–लाल रंग के होते हैं।

जलवायु

अश्वगंधा की खेती मुख्यतः शुष्क एवं उपोष्ण कटिबंधीय क्षेत्रों में की जाती हैं। यह कठोर एवं सूखा सहिष्णु प्रवृति का पौधा होता हैं। इसकी खेती खरीफ ऋतु में कम वर्षा या वर्षा के अभाव में देरी से बुवाई की जाती हैं। इसकी खेती अर्ध–उष्णकटिबंधीय क्षेत्र एवं 500 से 750 मिलीमीटर वार्षिक वर्षा वाले क्षेत्रों में

वर्षा आधारित फसल के रूप में की जाती हैं। सर्दियों में एक या दो वर्षा होने पर इसकी जडों का विकास अधिक होता हैं। इसकी अवधि बढ़ने के साथ फसल को अपेक्षाकृत शुष्क मौसम की आवश्यकता होती हैं। अश्वगंधा की फसल न्यूनतम 10 डिग्री एवं अधिकतम 20 से 38 डिग्री सेंटीग्रेड तापमान सहन कर सकती हैं। इसकी खेती समुद्र तल से लगभग 1500 मीटर की ऊंचाई तक सफलतापूर्वक की जा सकती हैं।

मृदा

अश्वगंधा की खेती के लिए 7.5 से 8.0 पी.एच. मान वाली रेतीली दोमट या हल्की लाल मिट्टी सर्वोत्तम होती हैं। इसके लिए मृदा में जल निकास की उचित व्यवस्था होनी चाहिए। इसकी खेती हेतु मृदा में किसी भी प्रकार के कीटनाशक, खरपतवारनाशियों एवं उद्योगों के अपशिष्टों का प्रयोग करने से फसल पर प्रतिकूल प्रभाव पड़ता हैं।

उन्नत किस्में

अश्वगंधा की उन्नत किस्में निम्नलिखित हैं।

जवाहर

यह किस्म जवाहरलाल नेहरू कृषि विश्वविद्यालय, जबलपुर, मध्य प्रदेश द्वारा विकसित की गई हैं। इसकी ऊँचाई कम होने के कारण अधिक घनत्व में रोपाई के लिए अधिक उपयोगी हैं। यह किस्म 180 दिनों में उपज देने योग्य हो जाती हैं। इसकी शुष्क जड़ों में विटेनहाइड्स की मात्रा 0.30 प्रतिशत होती हैं।

पोशिता

इस किस्म का विकास सी.एस.आई.आर. के द्वारा किया गया हैं।

रक्षिता

इस किस्म का विकास सी.आई.एम.ए.पी., लखनऊ द्वारा किया गया हैं। यह अधिक उपज देने वाली किस्म हैं।

डब्ल्यू.एस.आर.

यह किस्म सी.एस.आई.आर.–क्षेत्रीय अनुसंधान प्रयोगशाला, जम्मू द्वारा जारी की गई हैं।

नागोरी स्टार्ची

यह एक स्थानीय किस्म हैं।

अश्वगंधा–20

इस किस्म को कृषि अनुसंधान केन्द्र, मन्दसौर द्वारा जवाहर किस्म से विकसित किया गया है। इस किस्म से प्रति हेक्टेयर 5 कुंटल सूखी जडें प्राप्त होती हैं। जबकि देशी बीज से 2.0–2.5 कुंटल प्रति हेक्टेयर उपज प्राप्त होती हैं।

जवाहर असगंद–20

इस किस्म से प्रति हेक्टेयर 5–6 कुंटल सूखी जडें प्राप्त होती हैं।

जवाहर असगंद–134

इस किस्म से प्रति हेक्टेयर 6–8 कुंटल सूखी जडें प्राप्त होती हैं।

राज विजय अश्वगंधा–100

इस किस्म से प्रति हेक्टेयर 6–7 कुंटल सूखी जडें प्राप्त होती हैं।

खेत की तैयारी

अश्वगंधा की जड़ें औषधीय महत्व की होती हैं। इसलिए भूमि की अच्छी तैयारी करनी चाहिए। जिससे जड़ों के समूचित विकास होने के साथ उत्पाद की गुणवता को बढाया जा सकता हैं। बारिश से पूर्व 2 से 3 जुताई मिट्टी पलटने वाले हल या हैरो द्वारा करनी चाहिए। तत्पश्चात पाटा लगाकर मिट्टी भुरभूरा बना देना चाहिए।

पौध तैयार करना

इसका प्रवर्धन बीज द्वारा किया जाता हैं। ताजा बीजों की बुवाई अच्छी तरह से तैयार नर्सरी में की जाती हैं। बेहतर गुणवत्ता और निर्यात के उद्देश्य से रोपाई विधि को प्राथमिकता दी जाती हैं। नर्सरी आमतौर पर जमीन से ऊँची उठी हुई बनाई जाती हैं। बीजों को बुवाई से पूर्व खाद एवं रेत के मिश्रण को खेत में मिलाना चाहिए। बुवाई के बाद बलुई मिटटी की एक पतली परत बीज पर चढ़ा देने से बीज 5 से 7 दिनों में अंकुरित हो जाते हैं। इस प्रकार लगभग 35 दिन में नर्सरी रोपाई के लिए तैयार हो जाती हैं। एक हेक्टेयर में रोपाई के लिए लगभग 5 किलोंग्राम बीज की आवश्यकता होती हैं। नर्सरी में बुवाई का उपयुक्त समय जून–जुलाई माह होता हैं। बुवाई से पूर्व बीजों को कार्बेन्डाजिम से उपचारित कर जड़ गलन और बीज जनित रोगों से बचाव किया जा सकता हैं।

बुवाई का समय एवं विधि

बीजों द्वारा इसकी सीधी बुवाई भी की जा सकती हैं। अगेती बुवाई के लिए जुलाई माह का अंतिम सप्ताह उपयुक्त रहता हैं। क्योंकि इसमें अंकुरण जल्दी तथा पौधों की मृत्यु दर कम होती हैं। इसकी सामान्य बुवाई अगस्त माह के दूसरे से तीसरे सप्ताह तक की जा सकती हैं। इस फसल की बुवाई अधिकतर क्षेंत्रो में छिडकाव विधि द्वारा ही की जाती हैं। इसके लिए प्रति हेक्टेयर 10–12 किलोंग्राम बीज की आवश्यकता होती हैं।

रोपाई का समय एवं विधि

अश्वगंधा की रोपाई वर्षा ऋतु में की जाती हैं। क्योंकि इस समय मृदा में नमी की मात्रा सर्वाधिक होती हैं। रोपाई हेतु दूरी खेत की मृदा, किस्म, लगाने की विधि एवं क्षेत्रों के आधार पर अलग–अलग रखी जाती हैं। पौधें से पौधें एवं कतार से कतार की दूरी 60 × 30 सेंटीमीटर रखने पर लगभग 55000 पौधों की रोपाई की जा सकती हैं। पौधो की यह संख्या इष्टतम मानी जाती हैं।

खाद एवं उर्वरक

खेत की अन्तिम जुताई के समय लगभग 15 से 20 टन गोबर की अच्छी सडी हुई खाद को मिट्टी में मिलाना चाहिए। इसके अतिरिक्त अमोनियम सल्फेट 30 किलोंग्राम एवं फास्फोरस 60–80 किलोंग्राम प्रति हेक्टेयर की दर से बुवाई के समय प्रयोग करना चाहिए। रबी की फसल में 18–20 किलोंग्राम नत्रजन प्रति हेक्टेयर की दर से प्रयोग करना चाहिए।

निराई–गुडाई

जडों के समुचित विकास के लिये बुवाई के 20–25 दिन बाद निराई–गुडाई करनी चाहिए। इससे पौधों की वानस्पतिक वृद्दि अच्छी होती है। नत्रजन का प्रयोग खडी फसल में निराई से पूर्व करना चाहिए।

सिंचाई प्रबंधन

वर्षा ऋतु की फसल होने के कारण इस फसल में सिंचाई की आवश्यकता नहीं होती हैं। परन्तु सूखा पड़ने की दशा में हल्की सिंचाई करनी चाहिए।

रोग एवं कीट नियंत्रण

इस फसल का मुख्य रोग बीज सडन हैं। फसल में रोग के लक्षण दिखाई देने पर डाइथेन एम–45 नामक फफूंदीनाशक दवा को 2 ग्राम प्रति लीटर पानी मे

घोलकर फसल पर 15 दिन के अंतराल पर छिडकाव करना चाहिए। बुवाई से पूर्व बीजोपचार करने से भी इस रोग से बचाव किया जा सकता हैं। कीटों का प्रकोप होने पर खडी फसल में नीम से बने जैविक कीटनाशकों का प्रयोग किया जा सकता हैं।

जड़ों की खुदाई

यह फसल बुवाई के 150–170 दिन बाद खुदाई योग्य हो जाती हैं। फसल पकने पर पौधों की पत्तियां पीली एवं फल लाल रंग में परिवर्तित हो जाते हैं। इस अवस्था में पौधो की खुदाई कर जड़ों को अलग कर लेना चाहिए।

उपज

इसकी देशी किस्मों से 2.0–2.5 कुंटल प्रति हेक्टेयर सूखी जडें प्राप्त होती है। लेकिन जवाहर अश्वगंधा–20 किस्म से 5–6 कुंटल प्रति हेक्टेयर तक सूखी जडें प्राप्त की जा सकती हैं।

जडों का श्रेणीकरण – सूखी हुई जडों को 4 श्रेणियों मे विभाजित किया गया हैं।

श्रेणी ए – इसमें जडों की लम्बाई 7 सेंटीमीटर, व्यास 1–1.5 सेंटीमीटर, भरी हुई चमकदार और सफेद होनी चाहिए।

श्रेणी बी –इसमें जडों की लम्बाई लगभग 5–6 सेंटीमीटर, व्यास 1 सेंटीमीटर, ठोस चमकदार तथा सफेद होनी चाहिए।

श्रेणी सी–इस श्रेणी मे जडों की लम्बाई 3–4 सेंटीमीटर, व्यास 1 सेंटीमीटर तथा कम ठोस होती हैं।

श्रेणी डी–इसमें निम्न श्रेणी की जडें आती हैं। जिनमें छोटे–छोटे टुकडें, आधी ठोस, पतली त्वचा एवं पीले रंग की जडें होती हैं।

गिलोय

वानस्पतिक नाम – *टिनोस्पोरा कॉर्डिफोलिया* एल.

कुल – मेनिस्पर्मेसी
गुणसूत्र संख्या (2 एन) – 14

परिचय

गिलोय एक सदाबहार, बहुवर्षीय, मांसल एवं आरोही लता हैं। भारत को इसका उत्पत्ति स्थान माना जाता हैं। इसको हिंदी में नीम गिलोय, गुरुच, गुडुची, अमृता तथा अंग्रेजी भाषा में हर्ट लीफ एवं मून सीड आदि नामों से जाना जाता हैं। इसकी खेती मुख्यत मलेशिया, भारत, श्रीलंका, अफ्रीका एवं ऑस्ट्रेलिया में की जाती हैं। भारत में इसकी खेती उत्तराखंड, असम एवं बिहार में की जाती हैं। गिलोय के सभी भागों जड़, तना एवं पत्तियों को औषधीय उपयोग में लिया जाता हैं। परन्तु इसका तना सबसे महत्वूर्ण होता हैं। इसकी पत्तियाँ ह्रदयाकार एवं प्रोटीन से भरपूर होती हैं। इसमें गिलोईन, गिलाइनीन, गिलेस्टोराल आदि तत्व पाये जाते हैं। औषधीय गुणों के आधार पर नीम के वृक्ष पर चढ़ी हुई गिलोय को सर्वोत्तम माना जाता है। क्योंकि गिलोय की बेल जिस वृक्ष पर भी चढ़ती है वह उस वृक्ष के सारे गुण अपने अंदर समाहित कर लेती है। इसलिए नीम के वृक्ष से उतारी गई गिलोय की बेल में नीम के गुण भी शामिल हो जाते हैं। अतः नीम गिलोय सर्वोत्तम होती है। यह मानव शरीर में रक्त शर्करा के स्तर को कम करता है। इसका प्रयोग मधुमेह रोग के उपचार में किया जाता हैं। यह प्रतिरक्षा तंत्र को मजबूत बनाने और संक्रमण के खिलाफ शरीर की प्रतिरोधक क्षमता को बढ़ाने में सहायक होता हैं। यह झुरियों को कम करता हैं। गिलोय कैंसर की तीसरी अवस्था को भी नियंत्रित कर उसे ठीक करने में सहायक होता हैं। गिलोय रक्त में मौजूद कैंसर के कणों और कोशिकाओं को नष्ट करता हैं। गिलोय रक्त में प्लेटलेट के स्तर को बढ़ाने में बहुत मददगार है इसलिए डेंगू और चिकनगुनिया के ईलाज में गिलोय बहुत उपयोगी माना जाता हैं।

जलवायु

गिलोय की खेती सभी प्रकार की जलवायु में की जा सकती हैं क्योकि इसका पौधा प्रतिकूल मौसम को सहन करने की क्षमता रखता हैं। इसके अच्छे वृद्वि एवं विकास के लिए उप उष्णकटिबंधीय जलवायु सर्वोत्तम रहती हैं। यह गर्म और नमीयुक्त मौसम में अधिक वृद्धि करता हैं। इसका पौधा 30 से 35 सेंटीग्रेड तापमान पर अच्छी वृद्वि करता हैं। इसकी खेती के लिए 600 से 1000 मिलीमीटर वार्षिक वर्षा वाले क्षेत्र उपयुक्त रहते हैं।

मृदा

गिलोय की खेती लगभग सभी प्रकार की मृदाओं में की जा सकती हैं। लेकिन इसके अच्छे वृद्वि एवं विकास के लिए जीवाश्म पदार्थ युक्त बलुई दोमट मिट्टी उपयुक्त रहती हैं। मृदा का पी.एच. मान 6 से 7 के मध्य उपयुक्त माना जाता हैं। क्षारीय भूमि इसकी खेती के लिए उपयुक्त नहीं रहती हैं। जैविक खादों का प्रयोग कर कम उपजाऊ मृदा में भी इसकी अच्छी उपज प्राप्त की जा सकती हैं। यह जलभराव की स्थिति के प्रति अत्यंत संवेदनशील होता हैं इसलिए उचित जल निकास की सुविधा होनी चाहिए।

खेत की तैयारी

गिलोय की खेती के लिए खेत को अच्छी प्रकार से तैयार करना आवश्यक होता हैं। इसके लिए एक गहरी जुताई मिट्टी पलटने वाले हल और 3 से 4 जुताई देशी हल या कल्टीवेटर से करने के उपरांत पाटा चलाकर मिट्टी को भुरभुरी बनाना चाहिए। अंतिम जुताई के समय 250 से 300 कुंटल प्रति हेक्टेयर की दर से अच्छी सड़ी हुई गोबर की खाद मृदा में मिलाना उपयुक्त रहता हैं।

उन्नत किस्में

अभी तक गिलोय की बहुत अधिक किस्में विकसित नहीं हो पायी हैं। इसकी प्रमुख किस्मे आई.सी. 281959 एवं आई.सी. 281972 हैं। जिनकी बुवाई सम्पूर्ण भारत वर्ष में की जाती हैं।

पौध तैयार करना

इसका रोपण बीज एवं तना कलम द्वारा किया जा सकता हैं। बीजों की अंकुरण क्षमता कम होने कारण मुख्यतः कलम के माध्यम से ही रोपण कार्य किया जाता हैं। कलम द्वारा रोपण हेतु मई–जून माह में पुराने पौधों के तने से 15 से 20

सेंटीमीटर लम्बी एवं दो आंख युक्त कलमों का चयन किया जाता हैं। इन कलमों को ऊँची उठी हुई क्यारियों अथवा पोलीथीन की थैलियों में मृदा, रेत एवं खाद का संतुलित मिश्रण भरकर लगाया जाता हैं। लगभग ढ़ाई से तीन माह में पौधे मुख्य खेत में लगाने हेतु तैयार हो जाता हैं। अच्छे उत्पादन के लिए प्रति हेक्टेयर लगभग 2500 कलमों का रोपण करना उपयुक्त रहता हैं।

रोपाई का समय एवं विधि

गिलोय का रोपण सामान्यतया वर्षा के प्रारम्भ होने के साथ जून–जुलाई माह में किया जाता हैं। गिलोय की रोपाई के लिए 30 × 30 × 30 सेंटीमीटर आकार का गढ्ढा खोदकर इसमें जड़युक्त कलमों को लगाया जाता हैं। पौधे से पौधे की दूरी 1 × 1 मीटर रखना उपयुक्त रहता हैं। इस प्रकार एक हेक्टेयर भूमि में पौधारोपण के लिए 2500 तना कलमों की आवश्यकता होती हैं। इसके पौधों को वृद्वि करने के लिए लकड़ी की खपच्चियों के सहारे की जरूरत होती हैं। व्यावसायिक खेती के लिए अधिक तेजी से बढने वाले पौधों जैसे अगस्ती, जेट्रोफा, सहजन एवं नीम आदि को सहारा पेड़ों के रूप में उगाया जाता हैं।

खाद एवं उर्वरक

गिलोय की खेती से अधिक उपज प्राप्त करने के लिए 20 से 30 टन अच्छी सड़ी हुई गोबर की खाद या कम्पोस्ट को खेत की तैयारी के समय मिट्टी में मिलाना चाहिए। इसके अतिरिक्त प्रति वर्ष 70 किलोंग्राम नत्रजन, 30 किलोंग्राम फास्फोरस एवं 30 किलोंग्राम पोटाश प्रति हेक्टेयर की दर से प्रयोग करना चाहिए। फास्फोरस एवं पोटाश की पूरी मात्रा एवं नत्रजन की आधी मात्रा खेत की तैयारी के समय मृदा में मिलाया जाता हैं। शेष नत्रजन की मात्रा को दो बराबर भागों में बांटकर खड़ी फसल में प्रयोग करना उपयुक्त रहता हैं।

सिंचाई प्रबंधन

गिलोय के पौधे को अधिक सिंचाई की आवश्यकता नहीं होती हैं। लेकिन रोपण के कुछ समय तक प्रतिदिन पानी देना आवश्यक होता है। जिससे अच्छी बढ़वार होती हैं। इसके बाद वर्षा ऋतु में सिंचाई की आवश्यकता नहीं होती है। अत्यधिक ठण्ड और गर्म मौसम के दौरान जीवन रक्षक सिंचाई देना लाभप्रद रहता हैं।

खरपतवार नियन्त्रण

खेत तैयार करते समय मृदा की अच्छी तरह जुताई करके मृदा को खरपतवार रहित कर देने से खरपतवारो का प्रकोप कम होता है। खरपतवारों का प्रभावी

नियंत्रण करने के लिए समय–समय पर निराई–गुड़ाई करके खरपतवारों को निकालते रहना चाहिए।

कीट एवं रोग नियन्त्रण

गिलोय में सामान्यतः कीट व रोगों का प्रकोप नहीं होता हैं। लेकिन खड़ी फसल में कीट एवं रोग का प्रकोप होने पर जैविक कीटनाशक जैसे नीम से बने उत्पाद एवं गोमूत्र का छिड़काव करना चाहिए।

कटाई एवं उपज

गिलोय के तने को मुख्य रूप से औषधी हेतु उपयुक्त माना जाता हैं। परन्तु इसकी पत्तियों की भी बाजार में भारी मांग रहती हैं। इसकी पत्तियों की तुड़ाई करते समय यह ध्यान रखना चाहिए कि बेल को किसी प्रकार का नुकसान नहीं पहुँचे। पत्तियों की पहली तुड़ाई पौधा रोपण के 3 से 4 माह बाद करना उपयुक्त रहता हैं। इसके बाद 2 माह के अन्तराल पर तुड़ाई करनी चाहिए। हरी पत्तियों को साफ एवं सूखी छत पर एक सप्ताह तक सूखाना चाहिए। सूखी पत्तियों को पालीथिन या लाईनिंग वाली बोरियों में भरकर बाजार विक्रय हेतु भेज दिया जाता हैं। एक हेक्टेयर खेत से प्रतिवर्ष 5000 किलोंग्राम सूखी पत्तियाँ प्राप्त होती हैं। पतझड़ में जब इसकी पत्तियाँ झड़ना शुरु हो जायें तब इसकी पूरी बेल को जमीन से एक फुट ऊपर से काटकर पूरी लता को इकट्ठा कर लिया जाता हैं। गिलोय के तने की मोटाई 3 से 4 इंच की होती हैं। इसे छोटे–छोटे टुकड़ों में काटकर छाया में सूखा लिया जाता हैं। इसका तना ही गिलोय के रूप में बाजार में बिकता हैं। इसलिए एक बार काटने के बाद वर्षा में यह पुन बेल के रूप में उगने लगता हैं। इस प्रकार गिलोय का उत्पादन 8 से 10 कुंटल प्रति हेक्टेयर तक प्राप्त होता हैं।

ग्वारपाठा

वानस्पतिक नाम – *एलो बारबेडेन्सिस* एल.

कुल – ऐस्फोडिलेसी

गुणसूत्र संख्या (2 एन) – 14

परिचय

यह एक औषधीय गुणो से भरपूर पौधा हैं। जिसे स्थानीय भाषा में धृतकुमारी एवं अंग्रेजी भाषा में एलोवेरा के नाम से जाना जाता हैं। घृतकुमारी का उत्पति स्थल दक्षिणी यूरोप, एशिया या अफ्रीका के सूखे क्षेत्रों को माना जाता हैं। इसकी खेती सम्पूर्ण विश्वभर में की जाती हैं। आयुर्वेद में इसकी पत्तियों का प्रयोग प्राचीन काल से ही विभिन्न बीमारियों के ईलाज में किया जाता आ रहा है लेकिन वर्तमान में इसका व्यावसायिक उत्पादन कर सौन्दर्य प्रसाधनो के साथ–साथ दवा, सब्जी और आचार बनाने में भी किया जाता हैं। यह वर्ष भर हरा–भरा रहने वाला पौधा हैं। जिसे एक बार लगाने के बाद निरन्तर तीन से पाँच साल तक उपज प्राप्त की जा सकती हैं। इसके अतिरिक्त ग्वारपाठा को खेत की मेड पर भी लगाया जा सकता हैं क्योकि इसकी पत्तियो के किनारो पर छोटे–छोटे कांटे लगे होने के कारण इसे कोई भी आवारा पशु नही खाते हैं। जिससे इसका उपयोग खेत की मेड बंधी के साथ–साथ अतिरिक्त आमदनी प्राप्त करने में भी किया जा सकता हैं।

जलवायु

घृतकुमारी को मुख्यतः सभी प्रकार की जलवायु में उगाया जा सकता हैं। इसकी व्यावसायिक खेती शुष्क क्षेत्रों से लेकर सिंचित मैदानी क्षेत्रों में सफलतापूर्वक की जा सकती हैं। लेकिन वर्तमान में इसकी खेती लगभग सभी राज्यो में बहुतायत से की जा रही हैं। जिसमें राजस्थान, गुजरात, मध्य प्रदेश तथा महाराष्ट्र प्रमुख हैं। इसे अर्द्ध शुष्क जलवायु तथा असिंचित क्षेत्रो में आसानी से उगाया जा सकता हैं। ग्वारपाठा के पौधों में सूखा सहन करने की असीम क्षमता होने के कारण इसकी

खेती रेगिस्थान में भी सफलतापूर्वक की जा सकती हैं। लेकिन अच्छी वृद्धि और विकास के लिए सबसे उपयुक्त तापमान 20–22 डिग्री सेंटीग्रेड माना जाता हैं।

मृदा

घृतकुमारी की खेती अनुपजाऊ से लेकर उपजाऊ यानि सभी प्रकार की मिट्टीयों में की जा सकती हैं। लेकिन उचित जल निकास वाली बलूई दोमट, पहाड़ी एवं काली उपजाऊ मिट्टीयॉ जिनका पी.एच. मान 8.5 तक हो, इसके लिए अनुकूल मानी जाती हैं।

उन्नत किस्में

हमारे देश में घृतकुमारी को लेकर अभी वैज्ञानिक शोध बहुत कम हो पाये हैं। जिसके कारण बहुत अधिक किस्में विकसित नहीं हो पाई हैं। लेकिन फिर भी आई.सी.–111271, आई.सी.–111280, आई.सी.–111269 एवं आई.सी.–111273 का व्यावसायिक तौर पर उत्पादन किया जा सकता हैं। इसके अतिरिक्त केन्द्रीय औषधीय एवं सगंध पौधा संस्थान के द्वारा सिम–सीतल, एल–1, 2, 5 और 49 किस्में खेतों में परीक्षण के उपरान्त व्यवसायिक खेती के लिए विकसित की गई हैं। जिनसे अधिक मात्रा मे जैल प्राप्त किया जा सकता हैं।

खेत की तैयारी

घृतकुमारी के पौधों की जड़ों का विकास 20–30 सेंटीमीटर की गहराई तक होता हैं। इसलिए खेत की अधिक गहरी जुताई करने की आवश्यकता नही होती हैं। यदि संसाधन प्रर्याप्त मात्रा में उपलब्ध हो तो एक से दो जुताई कल्टीवेटर या डिस्क हैरो की सहायता से करना चाहिए। जुताई के बाद हल्का पाटा लगाकर खेत को समतल बना देना उपयुक्त रहता हैं। खेतों को 15 मीटर × 3 मीटर के आकार में बाँटकर अलग–अलग क्यारियॉ बनानी चाहिए ताकि वर्षा की अधिकता होने पर जल निकास आसानी से किया जा सकता हैं। इससे पानी की कमी होने पर सिंचाई करने में सुविधा रहती हैं।

अच्छी पौध का चयन

व्यावसायिक उत्पादन करने के लिए लगभग चार माह पुरानी 4 से 5 पत्ती वाली एवं 20 से 25 सेंटीमीटर लम्बाई के पौधो का चयन करना चाहिए। एक बार पौधो को उखाड़ने के एक से डेढ माह बाद भी लगाया जाना संभव है क्योंकि इसमे पर्याप्त मात्रा मे नमी होती हैं।

रोपाई का समय

घृतकुमारी की रोपाई का सबसे अनुकूल समय वर्षा ऋतु के आरम्भ से लेकर अगस्त माह के अन्तिम सप्ताह तक होता है क्योकि वर्षा ऋतु में रोपाई करने पर पौधों का विकास तेजी से होता है और साथ ही फुटान की दर भी अधिक होती हैं। सिंचाई की पर्याप्त सुविधा होने की दशा मे इसकी रोपाई वर्ष भर की जा सकती है लेकिन अधिक ठण्ड होने पर पौधे उगने की दर में कमी आ जाती हैं। सिचिंत क्षेत्रो में इसकी रोपाई का उपयुक्त समय फरवरी माह होता हैं।

रोपाई की विधि तथा दूरी

इसकी रोपाई ऊँची उठी हुई क्यारियों में 50 × 50 सेंटीमीटर की दूरी पर करनी चाहिए। पौधों की रोपाई करने के लिए मुख्य पौधों के बगल से निकलने वाले छोटे–छोटे पौधे जिसमें चार–पाँच पत्तियाँ हो, का ही प्रयोग करना चाहिए। पौधों की ईष्टतम संख्या बनाये रखने के लिए कतार से कतार तथा पौधे से पौधे की दूरी 50 सेंटीमीटर रखना चाहिए। इसके लिए लगभग 45,000–50,000 पौधे प्रति हेक्टेयर की आवश्यकता होती हैं। लेकिन पौधे से पौधे की दूरी किस्मों के अनुसार कम या ज्यादा हो सकती हैं।

खाद एवं उर्वरक

साधारणतया घृतकुमारी को कम उपजाऊ भूमियों में लगाया जा सकता हैं। इससे कम खाद एवं उर्वरक से भी अधिक उत्पादन प्राप्त किया जा सकता हैं। लेकिन अच्छी उपज प्राप्त करने के लिए खेत को तैयार करते समय 10–15 टन अच्छी सड़ी हुई गोबर की खाद प्रति हेक्टेयर की दर से प्रयोग करना चाहिए। जिससे उत्पादन में गुणात्मक रूप से वृद्धि होती हैं। गोबर की खाद का प्रयोग करने से पौधों की बढ़वार तेजी से होती हैं। जिससे एक वर्ष में एक से अधिक बार कटाई की जा सकती हैं। इसके अतिरिक्त नत्रजन 120 किलोंग्राम, फास्फोरस 150 किलोंग्राम एवं पोटाश 33 किलोंग्राम प्रति हेक्टेयर की दर से प्रयोग करना चाहिए। नत्रजन को तीन बराबर भागो में बांटकर एक भाग नत्रजन, फास्फोरस एवं पोटाश की पूरी मात्रा अन्तिम जुताई के समय प्रयोग करना चाहिए। नत्रजन की शेष मात्रा का प्रयोग खडी फसल में करने से उपज में अच्छी वृद्धि होती हैं।

सिंचाई प्रबंधन

घृतकुमारी मुख्यतः शुष्क क्षेत्रो के लिए उपयुक्त फसल मानी जाती हैं। यह पानी की कमी को आसानी से सहन कर सकती हैं। लेकिन अधिक उत्पादन प्राप्त

करने के लिए इसकी क्रांतिक अवस्थाओ में सिंचाई करना लाभप्रद होता हैं। पहली सिंचाई पौध लगाने के तुरंत बाद तथा दूसरी और तीसरी सिंचाई आवश्यकतानुसार मृदा में नमी की कमी होने पर करनी चाहिए। सूखा ग्रस्त क्षेत्रो में वर्ष में 2–3 बार जीवन रक्षक सिंचाई करने से भी अच्छी पैदावार प्राप्त हो सकती हैं। लेकिन प्रत्येक कटाई के बाद एक सिंचाई देना लाभदायक होता हैं।

खरपतवार नियंत्रण

कम उपजाऊ भूमि में खरपतवारों का प्रकोप कम होता हैं। समय–समय पर निराई एवं गुड़ाई करने से खरपतवारो का प्रभावी नियंत्रण सम्भव हैं। लेकिन खेत में खरपतवारो की समस्या अधिक होने की स्थिति मे खरपतवारनाशियों का भी प्रयोग किया जा सकता हैं।

रोग एवं कीट नियन्त्रण

ऊँची उठी हुई क्यारियों में समय समय पर मिट्टी चढ़ाते रहने से पौधों की जड़ों के आस–पास पानी के रूकने की सम्भावना कम रहती हैं। जिससे पौधों के गिरने के साथ ही विभिन्न रोगों से भी बचाया जा सकता हैं। इसमें लगातार पानी भरा रहने पर तने, पत्तियों और जड़ के मिलान स्थल पर काला चिकना पदार्थ जमकर गलना शुरू हो जाता हैं। इसके अतिरिक्त नमी होने पर भी फफूंद जनित पत्ती धब्बा एवं तना सडन रोग का प्रकोप होता हैं। इसके नियंत्रण के लिए मैंकोजेब, रिडोमिल, डाइथेन एम–45 की 2.0–2.5 ग्राम मात्रा को प्रति लीटर पानी में मिलाकर छिड़काव करना चाहिए। पहाड़ी क्षेत्रों में दीमक का प्रकोप होने पर क्लोरोपाईरिफास की 5 मिली लीटर मात्रा को प्रति लीटर पानी में मिलाकर छिड़काव करने से प्रभावी नियंत्रण किया जा सकता हैं।

कटाई एवं उपज

घृतकुमारी की पत्तियाँ रोपाई के 10–15 माह में पूर्ण विकसित एवं कटाई योग्य हो जाती हैं। पौधों की ऊपरी एवं नई पत्तियों की कटाई न करके निचली एवं पुरानी 3–4 पत्तियों को पहले काटना चाहिए क्योंकि ऐसा न करने पर पौधों का विकास रूक जाता हैं। इसके बाद लगभग 45 दिन बाद पुनः 3–4 निचली पुरानी पत्तियों की कटाई करनी चाहिए। इस प्रकार यह प्रक्रिया तीन–चार वर्ष तक लगातार दोहराई जा सकती हैं। एक हेक्टेयर क्षेत्रफल से प्रथम वर्ष में लगभग 50–60 टन ताजी पत्तियों की प्राप्ति होती है तथा दूसरे एवं तीसरे वर्ष में 15–20 प्रतिशत तक वृद्धि होती हैं।

कटाई उपरान्त प्रबंन्धन एवं प्रसंस्करण

पूर्ण विकसित पौधों से निकाली गई पत्तियों की सफाई करने के बाद स्वच्छ पानी से अच्छी तरह से धो लिया जाता हैं। जिससे मिट्टी निकल जाती हैं। इन पत्तियों के निचले सिरे पर अनुप्रस्थ काट लगाकर कुछ समय के लिए छोड़ देते हैं। जिससे एक पीले रंग का गाढ़ा रस निकलता हैं। इस गाढ़े रस को किसी पात्र में एकत्रित कर वाष्पीकरण विधि के माध्यम से उबाला जाता हैं। उबालने के बाद संघनन क्रिया से जैल प्राप्त किया जा सकता हैं।

अफीम

वानस्पतिक नाम – *पैपेवर सोमनिफेरम* एल.

कुल – पैपेवरेसी

गुणसूत्र संख्या (2 एन) – 22

परिचय

अफीम एक औषधीय महत्व का पौधा हैं। इसे स्थानीय भाषा में ओपियम पॉपी एवं पॉपी के नाम से जाना जाता हैं। यूरेसिया, अफ्रीका एवं उत्तरी अमेरिका को अफीम के उत्पति स्थल के रूप में जाना जाता हैं। विश्व में औषधीय प्रयोग के लिये इसकी खेती भारत, पूर्व सोवियत सघं, मिश्र, यूगोस्लाविया, चेकास्लोवाकिया, पोलेण्ड, जर्मनी, नीदरलैण्ड, चीन, जापान, अर्जेन्टीना, स्पेन, बुल्गारिया, हंगरी एवं पुर्तगाल में की जाती हैं। भारत में इसकी खेती राजस्थान के झालावाड़, बारां, चित्तौड़गढ़, प्रतापगढ़, भीलवाड़ा, मध्यप्रदेश के नीमच, मन्दसौर, रतलाम क्षेत्र तथा उत्तरप्रदेश के फैजाबाद, बाराबंकी, बरेली, शाहजहाँपुर क्षेत्र में की जाती हैं। हमारे देश में इसकी खेती भारत सरकार के अधीन केन्द्रीय नारकोटिक्स ब्यूरो द्वारा जारी पट्टे के आधार पर की जाती हैं। भारत एकमात्र ऐसा देश हैं जो अफीम गम का उत्पादन करने के लिए नारकोटिक ड्रग्स (1961) पर संयुक्त राष्ट्र एकल सम्मेलन द्वारा अधिकृत किया गया हैं। अफीम का प्रयोग विभिन्न प्रकार की दवाईयां बनाने में किया जाता है। यह एक मादक पदार्थ हैं। इसका प्रयोग नशे के लिए भी किया जाता हैं। अफीम की व्यावसायिक या औषधीय रूप में खेती करने के लिए इसके फल (ड़ोडो) में चीरा लगाकर एक गाढ़ा दूध निकाला जाता हैं। जिसे इक्कठा करके सुखाया जाता हैं। सूखने के बाद अफीम गम का प्रयोग कई प्रकार की दवाईयों मे किया जाता है। अफीम के दूध मे लगभग 40 प्रकार के एल्केलाइड्स पाये जाते हैं। जिनमें मॉर्फिन (7–17 प्रतिशत), कोडिन (2.1–4.4 प्रतिशत), थिबेन (1.0–3.0 प्रतिशत), नारकोटिन (30–10.0 प्रतिशत) एवं पेपवरिन (0.5–3.0 प्रतिशत) प्रमुख हैं। इसका उपयोग रोगियों को नींद के लिये, चित्त को स्थाई

करने, दर्द को कम करने तथा कैंसर एवं सिर में चोट से उत्पन्न दर्द को ठीक करने में प्रयोग किया जाता हैं। इन एल्केलाइड्स का प्रयोग दर्द निवारक, मनुष्यों के खून मे कोलेस्ट्रोल की मात्रा को कम करने एवं विभिन्न प्रकार की दवाइयों के निर्माण में होता हैं। अफीम के दानो में लगभग 42–52 प्रतिशत तेल पाया जाता हैं। जिसमें लिनोलिक अम्ल की मात्रा लगभग 68 प्रतिशत तक होती हैं।

जलवायु

अफीम समशीतोष्ण जलवायु का पौधा हैं। परन्तु अर्द्धउष्ण जलवायु क्षेत्रों में इसे शरद ऋतु में सफलतापूर्वक उगाया जा सकता हैं। इसके पौधों के वृद्धि एवं विकास के लिए हल्की वर्षा एव कोहरे वाली रातें सर्वोत्तम रहती हैं। पुष्पावस्था में वर्षा होने की स्थिति में इसकी उपज एवं गुणवत्ता पर प्रतिकूल प्रभाव पड़ता हैं। अफीम के पौधों में संपुटों (डोडों) पर चीरा लगाते समय तेज एवं गर्म हवा चलने की स्थिति में पौधा सूख जाता हैं। जिससें अफीम के दूध का स्त्राव कम हो जाता हैं। चीरा लगाते समय वर्षा होने पर भी इसके उत्पादन पर विपरीत प्रभाव पड़ता हैं।

मृदा

अफीम की खेती मुख्यत सभी प्रकार की मृदाओं में की जा सकती हैं। लेकिन उचित जल निकास एवं पर्याप्त जीवांश पदार्थ वाली मध्यम से गहरी काली मिट्टी इसकी खेती के लिए सर्वोत्तम रहती हैं। इसके लिए मृदा का पी.एच. मान 7 तथा पिछले 5–6 वर्षों से अफीम की खेती नहीं की गई हों, उपयुक्त मानी जाती है। अफीम की खेती विभिन्न प्रकार की भूमियों जैसे मालवा क्षेत्र की कपासी काली मिट्टी से लेकर उत्तरी भारत की बलुई मिट्टी एवं चिकनी दोमट मिट्टी अफीम की खेती के लिये उपयुक्त हैं। मृदा की उर्वरा शक्ति, संरचना एवं गहराई अधिक होने पर इसके पौधों की जड़ों का विकास अच्छा होता हैं।

खेत की तैयारी

अफीम का बीज बहुत छोटा होता हैं। इसलिए खेत की तैयारी करना अत्यन्त आवश्यक होता हैं। इसकी खेती के लिए मिट्टी भुरभुरी एवं ढ़ेले रहित होनी चाहिए। भूमि को भुरभुरी करने के लिये प्रत्येक जुताई के बाद पाटा लगाना चाहिए जिससे मृदा मे नमी को लम्बे समय तक संरक्षित किया जा सकता हैं। खेत की मिट्टी को अच्छी तरह भूरभूरी करने के लिए 4 से 5 गहरी जुताई करना चाहिए। इसके

उपरांत सुविधानुसार 3 मीटर लम्बी तथा 1 मीटर चौड़ी क्यारियां तैयार की जाती हैं।

उन्नत किस्में

अफीम की विभिन्न किस्मों की उपज बुवाई क्षेत्र की जलवायु, वार्षिक वर्षा, मृदा एवं सिंचाई जल की उपलब्धता पर निर्भर करती हैं। जवाहर अफीम–16, जवाहर अफीम–539 और जवाहर अफीम–540 किस्मों कों मध्यप्रदेश में अधिक मात्रा में उगाया जाता है। एम.ओ.पी.–540, चेतक और आई.सी. 42 किस्मों को राजस्थान और गुजरात में उगाया जाता हैं।

बीज दर तथा बीजोपचार

अफीम की उन्नत खेती करने के लिए कतार में बुवाई करने पर 5–6 किलोंग्राम तथा छिडकाव विधि से बुवाई करने पर 7–8 किलोंग्राम बीज प्रति हेक्टेयर की आवश्यकता होती हैं। बुवाई करने के लिए प्रति किलोंग्राम बीज में 10 ग्राम नीम का तेल मिलाकर उपचारित किया जाता हैं। इस फसल में मृदुरोमिल आसित (कोडियाँ) रोग एवं काली मस्सी का प्रकोप पौधों की छोटी अवस्था अथार्त अंकुरण अवस्था से प्रारम्भ हो जाता हैं। इससे बचाव के लिये बीजों को फफूद नाशक दवा एप्रोन 35 एस.डी. की 8–10 ग्राम प्रति किलोंग्राम बीज या मेंन्कोजेब 4 ग्राम प्रति किलोंग्राम बीज दर से उपचारित करके बुवाई करना चाहिए।

बुवाई का समय एवं विधि

अफीम की खेती मुख्यत रबी में अक्टूबर–नवम्बर से फरवरी–मार्च माह के मध्य की जाती हैं। लेकिन अफीम की अधिक पैदावार लेने के लिये बुवाई का उपयुक्त समय अक्टूबर के अंतिम सप्ताह से नवम्बर के प्रथम सप्ताह तक होता हैं। इसकी बुवाई देरी से करने पर पौधो की बढ़वार कम तथा फरवरी के अंत में तापमान में वृद्धि होने के कारण डोडे छोटे रह जाते हैं। जिससे अफीम का स्त्राव कम होने से उत्पादन में कमी आ जाती हैं। इसलिए अधिक अंकुरण के लिये बुवाई के समय तापमान 20 से 25 डिग्री सेन्टीग्रेड के मध्य होना चाहिए।

अफीम की बुवाई मुख्यतः दो प्रकार से छिड़काव विधि एवं कतारों में की जाती हैं। कतारों में बुवाई करने से निराई–गुड़ाई करने, चीरा लगाने एवं कटाई करने में आसानी रहती हैं। इसमें बीजों का अंकुरण 8 से 10 दिनों में हो जाता हैं। कतारों में बुवाई के लिए बीजों को 0.5–1 सेंटीमीटर गहराई पर 30 सेटीमीटर कतार से कतार तथा 0–9 सेंटीमीटर पौधे से पौधे की दूरी रखते हुए की जाती

हैं। इस विधि में एक हेक्टेयर क्षेत्र के लिये अफीम के पौधो की इष्टतम संख्या 3.33 लाख होनी चाहिए। अंकुरण के 30–35 दिन बाद कमजोर तथा घने पौधों को निकालकर पौधे से पौधे की दूरी 10 सेंटीमीटर कर देनी चाहिए। छिटकवां विधि में बीज को समतल क्यारियों में समान रूप से हाथ द्वारा बिखेरकर मिट्टी में मिला दिया जाता हैं।

खाद एवं उर्वरक

अफीम की फसल से अधिक उत्पादन प्राप्त करने के लिए मृदा परीक्षण के आधार पर खाद एवं उर्वरको की अनुशंसित मात्रा का उपयोग करना चाहिए। हरी खाद के लिए वर्षा ऋतु में लोबिया अथवा सनई की बुवाई की जाती हैं। इसके लिये 10 से 15 टन अच्छी सड़ी हुई गोबर की खाद को अंतिम जुताई के समय मृदा में मिलाना चाहिए। इसके अतिरिक्त 120 किलोंग्राम नत्रजन, 40–50 किलोंग्राम फॉस्फोरस तथा 40 किलोंग्राम पोटाश की प्रति हेक्टेयर आवश्यकता होती हैं। नत्रजन की एक चौथाई तथा फॉस्फोरस एवं पोटाश की पूरी मात्रा बुवाई सें पहले नालियों में प्रयोग करना चाहिए। नत्रजन की शेष मात्रा को दो भागों में बाटकर बुवाई के 40–50 दिन बाद तथा डोडियाँ निकलते प्रयोग करना चाहिए। अधिक मात्रा में नत्रजन देने से पौधों का तना फटने लग जाता हैं। जिससे अफीम की गुणवत्ता में कमी हो जाती हैं।

सिंचाई प्रबंधन

अफीम की बढ़वार के समय खेत में उचित नमी का होना अत्यंत आवश्यक होता हैं। पौधों की बढ़वार एवं पुष्पावस्था पर खेत में नमी की मात्रा कम होने पर अफीम उत्पादन एवं मॉर्फिन की मात्रा पर प्रतिकूल प्रभाव पड़ता हैं। इसकी फसल में भारी मृदाओ मे 8–10 एवं हल्की मृदाओं में 10–12 सिंचाईयों की आवश्यकता होती हैं। प्रथम सिंचाई बुवाई के तुरन्त बाद पानी के कम वेग से करनी चाहिए। क्योंकि बीजों के ऊपर मिट्टी की परत चढ़ने अन्यथा बीज गहरा होने पर अंकुरण में कमी आ जाती है। दूसरी सिचांई पहली सिंचाई के 4–5 दिन बाद हल्की एवं पानी के कम वेग से करनी चाहिए। दूसरी सिंचाई के बाद आवश्यकतानुसार 10–12 दिन के अन्तराल पर सिंचाई करनी चाहिए। अंतिम सिंचाई डोडों पर चीरा लगाने से पूर्व करनी चाहिए। लेकिन हल्की मिट्टी में आवश्यकतानुसार दो चीरे लगाने के बाद एक हल्की सिंचाई करनी चाहिए। चीरा लगाना समाप्त करने के पश्चात् भी एक हल्की सिंचाई करनी चाहिए। जिससे बीज उत्पादन एवं बीज के आकार में बढ़ोतरी की जा सकती हैं।

खरपतवार प्रबन्धन

निराई–गुड़ाई के समय पौधों की छंटाई करके कतारों में पौधे से पौधे की दूरी 10 सेंटीमीटर रखनी चाहिए। रासायनिक खरपतवार नियंत्रण के लिये बुवाई के तुरंत बाद एवं अंकुरण से पहले अर्थात बुवाई के तीसरे–चौथे दिन आइसोप्रोट्यूरोन 0.125 किलोंग्राम सक्रिय तत्व या क्लोरटोलूरोन 1.5 किलोग्राम सक्रिय तत्व का 500 से 600 लीटर पानी में घोल बनाकर छिड़काव करना चाहिए। छिड़काव करते समय मिट्टी में नमी का होना आवश्यक होता हैं।

रोग एवं कीट

रोमिल फफूंद

इस रोग का प्रकोप होने पर खेत में आगामी तीन साल तक अफीम की बुवाई नहीं करनी चाहिए। इसकी रोकथाम के लिए नीम का काढ़ा बनाकर 35–40 मिलीलीटर प्रति पम्प और माइक्रो झाइम 2 मिलीलीटर प्रति लीटर पानी में घोलकर बुवाई के 30, 50 एवं 70 दिन बाद छिड़काव करना चाहिए।

चूर्णी फफूंद

इस रोग का प्रकोप होने पर पौधों पर चूर्ण की परत दिखाई देती हैं। इसके नियंत्रण के लिए फरवरी माह में 1.5 किलोग्राम गंधक के घुलनशील चूर्ण का प्रति हेक्टेयर की दर से छिड़काव करना चाहिए।

डोडा लट

इस कीट के लार्वा पौधों को खाकर नुकसान पहुंचाते हैं। इसके नियंत्रण के लिए फूल आने से पूर्व एवं डोडा लगने के बाद माइक्रो झाइम 500 मिली लीटर प्रति हेक्टेयर की दर से 400–500 लीटर पानी में मिलाकर छिड़काव करना चाहिए।

चीरा लगाना एवं अफीम इकट्ठा करना

अफीम के पौधों के संपुट (डोडे) की बाहरी सतह पर चीरा लगाकर अफीम इकट्ठी की जाती हैं। डोडों में 70 प्रतिशत तक मॉर्फिन एवं अन्य एल्केलाइड्स पाये जाते हैं। फूलों की पखुंडियाँ गिरने के 15 दिन बाद पके हुए हरे डोडों पर चीरा लगाया जाता हैं। चीरा लगाने का कार्य दोपहर बाद (3 बजे बाद) किया जाता हैं। डोडों पर चीरा लगाने के लिये 3–4 नोक युक्त धारदार चाकू का प्रयोग किया हैं। प्रत्येक चीरे की गहराई 0.5 से 1.0 मिलीमीटर तथा प्रत्येक डोडे पर सामान्यतया 3–5 चीरे लगाये जाते हैं। दूसरा चीरा एक दिन छोड़कर अर्थात् प्रथम चीरा लगाने के

बाद करना चाहिए। चीरा लगाने के दूसरे दिन डोड़े से सुबह जल्दी खुरज कर अफीम को इकट्ठा कर लिया जाता हैं। सुबह हवा में अधिक आर्द्रता एवं तापमान कम होने पर अफीम का दूध सूखकर डोडों पर चिपक जाता हैं। जिससे अफीम लून/इकट्ठा करने में कठिनाई होती हैं। प्रत्येक डोडे से प्रथम चीरे में अधिक अफीम का स्त्राव होता हैं। उसके बाद धीरे–धीरे चीरा बढ़ने पर स्त्राव कम होता जाता हैं। डोडों से अफीम इकट्ठा करने के बाद डोडों को पौधों पर 15–20 दिन तक सूखने दिया जाता है।

उपज

अफीम की खेती से औसतन 60–65 किलोंग्राम अफीम (70 प्रतिशत घनता या गाढ़ापन) प्रति हेक्टेयर प्राप्त किया जा सकता हैं। इसके अतिरिक्त 9–12 कुटंल बीज एवं 9–10 कुटंल डोडा पोस्त प्रति हेक्टेयर तक प्राप्त किया जा सकता हैं।

विपणन

अफीम के दूध का मूल्य केन्द्रीय नारकोटिक्स ब्यूरो द्वारा मॉर्फिन की मात्रा के आधार पर तय किया जाता हैं। जो की 1700 से 2900 रूपये प्रति किलोंग्राम तक होता हैं। अफीम पोस्त दाना स्थानीय बाजार मे 400 से 500 रूपये प्रति किलोंग्राम तक बेचा जाता है। अफीम के डोडों का मूल्य आबकारी विभाग द्वारा जारी लाइसेंस द्वारा लाइसेंस धारी ठेकेदार ही खरीद सकते हैं। लेकिन वर्ष 2016 में अफीम के डोडों की खरीद के लाइसेंस खत्म कर दिये गए। अब केन्द्रीय नारकोटिक्स ब्यूरो या आबकारी विभाग द्वारा गठित कमेटी के द्वारा किसानों के अफीम के डोडों को जलाकर नष्ट कर दिया जाता हैं।

तुलसी

वानस्पतिक नाम – *ऑसीमम सैंक्टम* एल.

कुल – लेमिएसी

गुणसूत्र संख्या (2 एन) – 32

परिचय

तुलसी एक धार्मिक एवं औषधीय महत्व का पौधा हैं। इसे हिंदी में तुलसी, संस्कृत में सुलभा, ग्राम्या, बहूभंजरी एवं अंग्रेजी मे होली बेसिल के नाम से जाना जाता हैं। तुलसी का उत्पति स्थल उत्तर–मध्य भारत और पूर्वी दुनिया के उष्ण कटिबंधीय क्षेत्रों को माना जाता हैं। इसकी खेती भारत के अतिरिक्त मिश्र, फ्रांस, हंगरी, इटली, मोरक्को एवं अमेरिका में की जाती हैं। भारत में इसकी खेती बंगाल, बिहार और मध्यप्रदेश में की जा रही हैं। भारत में लेमिएसी कुल के इस पौधे की 150 से ज्यादा प्रजातियाँ पाई जाती हैं। जिसमे ओसिमम प्रजाति को तेल उत्पादन के लिए उगाया जाता हैं। तुलसी की इस प्रजाति की भारत मे बड़े पैमाने पर खेती होती हैं। तुलसी के पौधे के सभी भागों (जड़, पत्ती, तना, फूल, बीज) का प्रयोग किसी ना किसी रूप में किया जाता हैं। इसका प्रयोग पुरानी चिकित्सा पद्धति एवं आधुनिक चिकित्सा पद्धति के साथ–साथ यूनानी और आयुर्वेदिक चिकित्सा पद्धतियों में भी किया जाता हैं। वर्तमान में इसका प्रयोग परफ्यूम एवं कास्मेटिक इंडस्ट्रीज, बुखार, सर्दी–जुकाम, खाँसी की दवा, साबुन, दांतों से संबंधित रोग, श्वास संबंधी रोग, हेयर शैम्पू आदि बनाने मे किया जाता हैं। तुलसी के पौधे में विषाणुओं और जीवाणुओं से लड़ने की प्रबल क्षमता होती है। इस कारण इसके पौधे के आसपास का वातावरण स्वच्छ रहता हैं। हिन्दू समाज में तुलसी के पौधे को माता की संज्ञा दी गई हैं। जिसकी लोग पूजा करते हैं। इसका पौधा तीन से चार फिट लम्बा एवं झाड़ीनुमा होता हैं। इसकी पत्तियों का प्रयोग खाद्य पदार्थो को खुशबूदार बनाने किया जाता हैं। तुलसी की ओसिमम बेसीलीकम प्रजाति को केवल तेल उत्पादन के लिए उगाया जाता हैं।

जलवायु

इसकी खेती उष्ण एवं शीत कटिबंधीय दोनों प्रकार की जलवायु में की जा सकती हैं। भारत में इसकी खेती मानसून के मौसम में की जाती हैं। लेकिन इसके पौधों को अत्यधिक बारिश की आवश्यकता नही होती हैं। इसके पौधों को सामान्य तापमान पर आसानी से उगाया जा सकता हैं। तुलसी के पौधों पर पुष्पन की क्रिया सर्दी के मौसम में होती हैं। लेकिन सर्दियों में पाला पड़ने से इसकी पैदावार पर प्रतिकूल प्रभाव पडता हैं।

मृदा

इसकी खेती उचित जल निकास युक्त कम उपजाऊ भूमि में की जाती हैं। लेकिन बलूई दोमट मिट्टी इसके लिए उपयुक्त होती हैं। तुलसी की खेती के लिए क्षारीय मिट्टी उपयुक्त नही होती हैं। इसके लिए मिट्टी का पी.एच. मान 5.5 से 7 के मध्य होना चाहिए।

उन्नत किस्में

लेमिएसी कुल के इस पौधे की विश्व में 150 से ज्यादा किस्में पाई जाती हैं। इसकी प्रमुख किस्में निम्नलिखित हैं।

कर्पूर तुलसी

यह किस्म अमेरिका में तैयार की गई हैं। इसकी सूखी पत्तियों का प्रयोंग चाय को खुशबूदार एवं कपूर बनाने में किया जाता हैं। इसका पौधा 2 से 3 फुट लम्बा होता हैं। इसकी पत्तियों का रंग हरा और फूलों का रंग बैंगनी भूरा होता हैं।

राम तुलसी

यह तुलसी गर्म मौसम में उगाने के लिए सर्वोत्त्म होती हैं। इसकी खेती दक्षिण भारत में बहुतायत सें की जाती हैं। इसके पौधे 2 से 3 फुट लम्बे होते हैं। इसकी पत्तियों का रंग हल्का हरा और फूलों का रंग सफेद होता हैं। इसके पौधों में खुशबू की मात्रा कम पाई जाती हैं। इसका प्रयोग औषधि बनाने में किया जाता हैं।

श्याम या कृष्ण तुलसी

इसे काली तुलसी के नाम से भी जाना जाता हैं। इस किस्म के पौधों की पत्तियों और तने का रंग हल्का जामुनी होता हैं। इसके फूलों का रंग हल्का बैंगनी तथा

पौधों की लम्बाई 3 फुट तक होती हैं। इसकी पत्तियाँ आयताकार होती हैं। इसका प्रयोग कफ की बीमारी को दूर करने में किया जाता हैं।

बोबई तुलसी

इस किस्म की तुलसी का प्रयोग सब्जियों को खुशबूदार बनाने के लिए किया जाता हैं। इसके पौधे 1 से 2 फुट लम्बे होते हैं। इसकी पत्तियों की लम्बाई सामान्य से ज्यादा एवं नुकीली होती हैं। इसकी खेती बंगाल एवं बिहार में की जाती हैं।

अमृता तुलसी

तुलसी की इस किस्म की खेती लगभग पूरे भारत में की जाती हैं। इसकी पत्तियों का रंग गहरा जामुनी एवं पौधे अधिक शाखाओं वाले होते हैं। इस किस्म का प्रयोग कैंसर, शुगर, पागलपन, दिल की बीमारी और गठिया रोग को दूर करने में किया जाता हैं।

खेत की तैयारी

तुलसी का पौधा एक बार लगाने के बाद निरन्तर तीन साल तक पैदावार देता रहता हैं। इसकी खेती के लिए खेत की तीन से चार गहरी जुताई करने के बाद उसे कुछ समय के लिए छोड़ देते हैं। पहली जुताई मिट्टी पलटने वाले हल से तथा शेष कल्टीवेटर से करनी चाहिए। प्रत्येक जुताई के बाद पाटा लगाकर मिट्टी को भुरभुरी और खेत को समतल बनाया जाता हैं। उसके बाद खेत में गोबर की खाद डालकर उसे रोटावेटर की सहायता से मिट्टी में मिला देना चाहिए। उसके बाद खेत में पानी चलाकर कुछ दिनों बाद रोटावेटर से खेत की मिट्टी को समतल बनाया जाता हैं। इसकी खेती के लिए पौध लगाने से लगभग एक माह पूर्व खेत को तैयार किया जाता हैं। इस समय खेत को क्यारियों में बाँट लिया जाता है। जिससे सिंचाई और निराई–गुड़ाई कार्य में सुविधा रहती हैं।

पौध तैयार करना

तुलसी के बीज अत्यंत छोटे होने के कारण इसकी खेत में सीधी बुवाई नहीं की जा सकती हैं। इसलिए बुवाई से पूर्व पौध तैयार करना आवश्यक होता हैं। पौध तैयार करने का सबसे उपयुक्त समय मध्य अप्रैल से मध्य मई माह होता हैं। तुलसी के पौधे नर्सरी में कोकोपिट ट्रे या क्यारियों में तैयार किए जा सकते हैं। क्यारियों में पौध तैयार करने के लिए मिट्टी की 20 सेंटीमीटर गहरी खुदाई कर खरपतवार मुक्त कर लेना चाहिए। इसके लिए 1 × 1 मीटर आकार की सतह

से ऊँची उठी हुई क्यारियां बनाकर उचित मात्र में कम्पोस्ट एवं उर्वरक मिलाना चाहिए। पौध तैयार करने के लिए 750 ग्राम से 1 किलोंग्राम बीज प्रति हेक्टेयर क्षेत्र के लिए पर्याप्त होता हैं। बीजों को बुवाई से पूर्व मैनकोजेब या गोमूत्र से उपचारित करना चाहिए। बीज की बुवाई 1:10 के अनुपात में रेत या बालू मिलाकर 2–3 सेंटीमीटर की दूरी पर पक्तियों में करनी चाहिए। बीज की बुवाई अधिक गहराई पर नहीं करनी चाहिए। बीज जमाव के 15–20 दिन बाद 20 किलोंग्राम प्रति हेक्टेयर की दर से नत्रजन का प्रयोग करना चाहिए। बीज को लगाने के बाद क्यारियो में हजारे की सहायता से पानी देकर उन्हें अंकुरित होने तक पुलाव या सुखी हुई घास से ढक दिया जाता हैं। बीज के अंकुरित होने के बाद पुलाव को हटाकर पौधों की नियमित सिंचाई की जाती हैं। इस प्रकार 5–6 सप्ताह में पौध रोपाई हेतु तैयार हो जाती हैं।

रोपाई का समय एवं विधि

तुलसी के पौधों को समतल और मेड दोनों सतह पर लगाया जा सकता हैं। मेड पर पौधों को लगाने के लिए खेत में मशीन की सहायता से मेड तैयार की जाती हैं। प्रत्येक मेड से मेड के बीच 30 सेंटीमीटर एवं पौधे से पौधे की दूरी 30 से 40 सेंटीमीटर रखनी चाहिए। जबकि समतल में रोपाई करते समय क्यारियां बनाकर पक्तियों में रोपाई की जाती हैं। प्रत्येक पंक्ति से पंक्ति के बीच 45–60 सेंटीमीटर एवं पौधे से पौधे की दूरी 40 सेंटीमीटर रखनी चाहिए। सूखे मौसम में रोपाई सदैव सायकाल के समय करनी चाहिए। रोपाई करने के तुरन्त बाद खेत में सिंचाई करनी चाहिए। बादल या हल्की वर्षा वाले दिन इसकी रोपाई के लिए उपयुक्त होते हैं।

खाद एवं उर्वरक

तुलसी का औषधीय महत्व होने के कारण इसकी खेती में रासायनिक उर्वरकों का इस्तेमाल कम मात्रा में किया जाता हैं। इसलिए सदैव गोबर की खाद या कम्पोस्ट खाद का प्रयोग करना चाहिए। गोबर की खाद 15 टन प्रति हेक्टेयर की दर से अंतिम जुताई के समय मृदा में प्रयोग करना चाहिए। इसके अतिरिक्त रासायनिक खाद का प्रयोग करने पर 75–80 किलोंग्राम नत्रजन, 40 किलोंग्राम फास्फोरस एवं 40 किलोंग्राम पोटाश की प्रति हेक्टेयर आवश्यकता होती हैं। फास्फोरस एवं पोटाश की पूरी मात्रा तथा नत्रजन की एक तिहाई मात्रा रोपाई के समय प्रयोग करनी चाहिए। शेष नत्रजन की मात्रा को दो बराबर भागों में बाँटकर खड़ी फसल में सिंचाई जल के साथ प्रयोग करना चाहिए।

सिंचाई प्रबंधन

तुलसी का पौधा शुष्क भूमि में लगाया जाता हैं। इसलिए इसकी पहली सिंचाई पौध लगाने के तुरंत बाद करनी चाहिए। अगेती फसल के रूप में खेती करने पर मृदा में नमी बनाए रखने के लिए 4 से 5 दिन के अंतराल में सिंचाई करनी चाहिए। लेकिन वर्षा ऋतु में सिंचाई की आवश्यकता नही होती है। उसके बाद आवश्यकतानुसार सिंचाई करनी चाहिए। इस प्रकार तुलसी के पौधों को वर्ष भर में 10 से 12 सिंचाईयों की आवश्यकता होती हैं।

खरपतवार नियंत्रण

औषधीय पौधा होने के कारण इसकी फसल में रासायनिक खरपतवार नियंत्रण नही करना चाहिए। इसकी खेती में खरपतवार नियंत्रण के लिए निराई–गुड़ाई की आवश्यकता होती हैं। इसकी पहली निराई–गुड़ाई रोपाई के एक माह बाद करनी चाहिए। दूसरी निराई–गुड़ाई पहली निराई के 3–4 सप्ताह बाद करनी चाहिए। इस प्रकार फसल में 2 से 3 गुड़ाई कर अधिक पैदावार प्राप्त की जा सकती हैं।

रोग एवं कीट

पत्ती झुलसा रोग

तुलसी के पौधों पर पत्ती झुलसा रोग गर्मियों के मौसम की शुरुआत में होता है। इस रोग के होने पर प्रभावित पौधों की पतियाँ विकृत आकार ले लेती है। इन पत्तियों पर जले हुए धब्बे दिखाई देने लगते हैं। इस रोग की रोकथाम के लिए खेत की साफ–सफाई कर रोग ग्रसित पौधों को जड़ सहित उखाड़कर नष्ट कर देना चाहिए।

जड़ गलन रोग

तुलसी के पौधे में यह रोग पानी भराव की स्थिति में लगता हैं। इस रोग के होने पर प्रभावित पौधे मुरझाने लगते हैं। उसके बाद पौधे की पत्तियां पीली होकर गिरने लग जाती हैं। इस रोग की रोकथाम के लिए खेत में जल निकास की उचित व्यवस्था करनी चाहिए। पौधों पर इस रोग के लक्षण दिखाई देने पर पौधों की जड़ों में बाविस्टिन की उचित मात्रा में घोल बनाकर छिडकाव करना चाहिए।

रस चूसक कीट

यह कीट पत्तियों का रस चूसकर पौधों को नुकसान पहुँचाता हैं। जिससे पत्तियों का रंग पीला पड़कर पत्तियां मुरझाकर सूख जाती हैं। इसकी रोकथाम के लिए पौधों पर नीम के तेल का छिडकाव करना चाहिए।

कटाई

पौधों पर पूर्ण रूप से फूल आने तथा नीचे की पत्तियाँ पीली पड़कर सूखने की स्थिति में इसकी कटाई कर लेनी चाहिए। इसका पौधा रोपाई के लगभग तीन माह बाद कटाई योग्य हो जाता हैं। इसके पौधे की कटाई तेल निकालने के लिए की जाती हैं। इसके शाकीय भागों की कटाई जमीन की सतह से कुछ ऊंचाई पर 20 से 25 सेंटीमीटर तक करनी चाहिए। जिससे पौधों में नई फसल के लिए फुटान प्रारम्भ हो जाता हैं।

उपज

तुलसी की फसल से प्रति हेक्टेयर 20 से 25 टन तक उपज प्राप्त होती हैं। जिसमें तेल की मात्रा 80 से 100 किलोंग्राम तक पाई जाती हैं।

तेल निस्सारण

तुलसी का तेल पूरे पौधे से आसवन विधि द्वारा प्राप्त किया जा सकता हैं। इसका आसवन जल तथा वाष्प आसवन दोनों विधियों द्वारा किया जा सकता हैं। लेकिन वाष्प आसवन विधि सबसे उपयुक्त होती है। इस विधि में कटाई के बाद तुलसी के पौधों को 4–5 घंटे तक छोड़ दिया जाता हैं। जिससे आसवन में सुविधा रहती है। इसके बाद पौधों से तेल प्राप्त किया जा सकता हैं।

आँवला

वानस्पतिक नाम – *एमब्लिका ऑफिसिनैलिस* एल.

कुल – यूफोरबिएसी

गुणसूत्र संख्या (2 एन) – 26

परिचय

आँवला का फल औषधीय गुणों से भरपूर होने के कारण अमृत फल के नाम से भी जाना जाता है। इसे अंग्रेजी में इंडियन गूजबेरी भी कहा जाता हैं। भारत को इसका उत्पति स्थल माना जाता है। वर्तमान में यह भारत के अतिरिक्त श्रीलंका, क्यूबा, हवाई, फ्लोरिडा, ईरान, पाकिस्तान, मलाया, उजबेकिस्तान, दक्षिण–पूर्वी एशिया एवं चीन में बहुतायत से उगाया जाता हैं। हमारे देश में राजस्थान इसकी खेती में अग्रणीय राज्य हैं। इसकी खेती ऊसर–बंजर एवं बेकार पड़ी भूमि में आसानी से की जा सकती हैं। इसी कारण से इसका क्षेत्रफल अन्य प्रदेशों जैसे– गुजरात, महाराष्ट्र, मध्य प्रदेश एवं आन्ध्र प्रदेश में काफी तेजी के साथ बढ़ रहा हैं। इसके ताजा फल के 100 ग्राम गूदे में 550 से 760 मिलीग्राम विटामिन 'सी' पाई जाती हैं। इसके अतिरिक्त ऑवले में शर्करा एवं लवण–कैल्शियम, फास्फोरस, पोटैशियम एवं आयरन आदि भी प्रचुर मात्रा में पाए जाते हैं। इसके ताजे फलो का उपयोग च्यवनप्राश, आचार, चटनी, मुरब्बा, जैम एंव सूखे फलों का उपयोग त्रिफला चूर्ण तथा शैम्पू आदि बनाने में किया जाता हैं।

औषधीय महत्व

आँवले के पौधों के प्रत्येक भाग का आर्थिक महत्व हैं। इसके फलों में विटामिन 'सी' की अत्यधिक मात्रा पायी जाती हैं। इसके अतिरिक्त इसके फल लवण, कार्बोहाइड्रेट, फास्फोरस, कैल्शियम, लोहा, रेशा एवं अन्य विटामिनों के भी धनी होते हैं। आँवले के फल पाचन तंत्र के संबंधित रोगों को दूर करने मे सहायक होते हैं। पाचन क्रिया अच्छी रहने के कारण व्यक्ति शतायु को प्राप्त करता हैं। आँवले का फल मूत्रल, रक्तशोधक, रूचिकर होनें से यह अतिसार, प्रमेह, रक्तालप्ता,

अम्लपित्त, अर्श, अजीर्ण, अरूचि तथा श्वॉस सम्बन्धित रोगों से मुक्ति प्रदान करता हैं। यह दृष्टि को तेज करता है। यह त्रिदोष को दूर करने तथा ह्रदय को बल देने वाला फल है। इसका प्रयोग नेत्र रोगों, अम्ल पित्त, संग्रहणी, विरेचन, कैंज, पित्त दोष, मंदाग्नि, गठिया, सुजाक तथा विभिन्न प्रकार के ज्वरों को नष्ट करने में किया जाता हैं।

जलवायु

यह उपोष्ण कटिबंधीय एवं शुष्क जलवायु का पौधा हैं। अधिक ठण्डे एवं पाला पड़ने वाले क्षेत्रो में इसकी खेती नहीं की जा सकती है क्योंकि अधिक पाले से इसके पेड़ नष्ट हो जाते है। भारत में इसकी खेती समुद्र तल से 1800 मीटर ऊँचाई वाले क्षेत्रों में सफलतापूर्वक की जा सकती है। इसके पौधे अधिकतम 46 डिग्री सेन्टीग्रेड तापमान को सहन करने में सक्षम होते है। इसकी खेती के लिए औसत 630 से 800 मिलीमीटर वार्षिक वर्षा वाले क्षेत्रो को सर्वोत्तम माना जाता है। पुष्प कलिकाओं के निकलने हेतु गर्म वातावरण सहायक होता है। जबकि जुलाई–अगस्त माह में अधिक आर्द्रता होने के कारण सुसुप्त एवं छोटे फलों की वृद्धि अधिक होती है।

मृदा

आँवले की खेती मुख्यतः उबड़–खाबड़, ऊसर, बंजर एवं कम उपजाऊ भूमियों में की जाती है परन्तु अच्छी उपज के लिए पर्याप्त जीवांश पदार्थ युक्त, अच्छी जल निकास वाली बलुई दोमट एवं मटियारी दोमट भूमि उपयुक्त रहती हैं। बंजर, कम अम्लीय एवं ऊसर भूमि (पी.एच. मान 6.5–9.5, विनियम शील सोडियम 30–35 प्रतिशत एवं विद्युत् चालकता 9.0 म्होज प्रति सेंटीमीटर) में भी इसकी खेती सफलतापूर्वक की जा सकती हैं।

उन्नत किस्में

पुरानी प्रचलित किस्मों में चकैया, बनारसी एवं फ्रान्सिस (हाथी झूल) प्रमुख है। लेकिन कम उपज एवं कीट–रोगो का प्रकोप अधिक होने के कारण इन किस्मों को व्यापारिक दृष्टि से लगाना लाभप्रद नहीं रहता हैं। नरेन्द्र देव कृषि एवं प्रौद्योगिक विश्वविद्यालय, कुमारगंज, फैजाबाद के उद्यान विभाग द्वारा नई प्रजातियों का विकास किया गया है जो निम्नलिखित हैं।

कंचन (एन.ए.–4)

इस किस्म का विकास चकैया किस्म के बीजू पौधें से किया गया हैं। इस किस्म में मादा फूलों की संख्या अधिक (4–7 मादा फूल प्रति शाखा) होने के कारण यह अधिक एवं नियमित फल देती रहती हैं। फल मध्यम आकार के गोल, हल्के पीले रंग एंव अधिक गुदायुक्त होते हैं। रेशेयुक्त होने के कारण यह किस्म गूदा निकालने एवं अन्य परिरक्षित पदार्थ बनाने हेतु औद्योगिक इकाईयों द्वारा पसंद की जाती है। यह मध्यम अवधि में परिपक्व होने वाली किस्म हैं।

कृष्णा (एन.ए.–5)

यह बनारसी किस्म से चयनित एक अगेती किस्म है। जो अक्टूबर से मध्य नवम्बर में पककर तैयार हो जाती है। इस किस्म के फल बड़े आकार के, फल की सतह चिकनी, सफेद हरे पीले तथा लाल धब्बेदार होते हैं। फल का गूदा गुलाबी हरे रंग का, कम रेशे युक्त तथा अत्यधिक कसैला होता है। फल मध्यम भंडारण क्षमता वाले होते हैं। अपेक्षाकृत अधिक मादा फूल आने के कारण, इस किस्म की उत्पादन क्षमता बनारसी किस्म की अपेक्षा अधिक होती हैं। यह किस्म मुरब्बा, कैन्डी एवं ज्यूस बनाने हेतु अत्यंत उपयुक्त हैं।

नरेन्द्र आँवला–6

यह चकैया किस्म से चयनित एवं मध्यम समय (मध्य नवम्बर से मध्य दिसम्बर) में पककर तैयार होने वाली किस्म है। इस किस्म के पेड़ बड़े आकार एवं अधिक उत्पादन देने वाले होते हैं। फलों का आकार मध्यम से बड़ा, गोल, सतह चिकनी, हरी–पीली, चमकदार, आकर्षक तथा गूदा रेशाहीन एवं मुलायम होता है। यह किस्म मुरब्बा, जैम एवं कैन्डी बनाने हेतु उपयुक्त होती हैं।

नरेन्द्र आँवला–7

यह हाथी झूल (फ्रांसिस) किस्म के बीजू पौधों से चयनित की गई किस्म हैं। यह शीघ्र बढने, नियमित एवं अत्यधिक फल देने वाली किस्म है। इस किस्म में प्रत्येक शाखा पर मादा फूलों की संख्या लगभग 9–10 तक होती हैं। इसके फल मध्यम समय (मध्य नवम्बर से मध्य दिसम्बर) में पककर तैयार हो जाते हैं। यह उत्तक क्षय रोगरोधी किस्म हैं। फल मध्यम से बड़े आकार के, ऊपर से तिकोने, सतह चिकनी एवं हल्के पीले रंग के होते हैं। गूदे में रेशे की मात्रा एन.ए.–6 किस्म की अपेक्षा अधिक होती है। अधिक फलत होने के कारण इसकी शाखाएँ टूटने लग जाती हैं। इसलिए फल वृद्धि के समय शाखाओं को सहारा देना आवश्यक

होता हैं। इसका प्रयोग च्यवनप्राश, चटनी, अचार, जैम एवं स्क्वैश बनाने के लिए किया जाता हैं। इस किस्म को राजस्थान, बिहार, मध्य प्रदेश, उत्तराखण्ड तथा तमिलनाडू में उगाया जाता हैं।

नरेन्द्र आँवला–10

इसका चयन बनारसी किस्म के बीजू पौधों से किया गया हैं। यह अधिक फलन देने वाली अगेती किस्म हैं। इस किस्म के पौधें फैलावदार, अधिक बढवार वाले होते हैं। यह किस्म रोपण के तीसरे वर्ष से ही फल देना प्रारम्भ कर देती हैं। फल आकर्षक, मध्यम से बड़े आकार के, गोल चपटे, गूदा सफेद हरा, रेशे की मात्रा अधिक एवं फिनॉल की मात्रा कम होती हैं। इसकी व्यवसायिक खेती अचार बनाने हेतु की जाती हैं। इस किस्म में एकान्तर फलन की समस्या होती हैं।

उपरोक्त किस्मों के अतिरिक्त लक्ष्मी–52, किसान चकला, हार्प–5, भवनी सागर आनंद–1, आनंद–2 एवं आनंद–3 किस्में विभिन्न शोध संस्थाओं द्वारा विकसित की गई हैं।

गड्ढे तैयार करना

सामान्य भूमि में पौधों से पौधों की दूरी 10×10 मीटर तथा ऊसर–बंजर अथवा बेकार भूमियों में 8×8 मीटर की दूरी पर लगाना चाहिए। गड्ढो की खुदाई का कार्य मई–जून माह में करना चाहिए। जिससे भूमिगत कीड़ो एवं रोगो का नियंत्रण हो जाता है। गड्ढो को 1×1×1 घन मीटर आकार मे खोदकर 15–20 दिनों के लिए खुला छोड़ देना चाहिए। सामान्य भूमि में गड्ढो की भराई करते समय प्रत्येक गड्ढे में 2–3 टोकरी गोबर की खाद, 1 से 1.5 किलोंग्राम नीम की खली तथा 500 ग्राम सिंगल सुपर फास्फेट मिलाकर भराई कर देते है। ऊसर–बंजर भूमि में 3–4 टोकरी गोबर की सड़ी खाद, 15 से 20 किलोंग्राम बालू, 1 से 1.5 किलोंग्राम नीम की खली तथा 5 से 8 किलोंग्राम जिप्सम मिलाकर गड्ढों की भराई जमीन की सतह से 10 से 15 सेंटीमीटर की ऊँचाई तक करना चाहिए।

प्रवर्धन

आँवले का व्यावसायिक प्रवर्धन आमतौर पर बीज द्वारा भेंट कलम बंधन द्वारा किया जाता हैं। बीज द्वारा प्रवर्धन आसान एवं सस्ता होता है लेकिन परपरागित होने के कारण बीज द्वारा तैयार पौधे अधिक समय में फल देना प्रारम्भ करते हैं। इसलिए सकर्स द्वारा प्रवर्धन करना उपयुक्त रहता हैं। इसके लिए 5 से 7 सेंटीमीटर लम्बे और 4 से 5 कुंटल सकर्स प्रति हेक्टेयर के लिए पर्याप्त होते है। प्रत्येक सकर्स

के टुकड़े में कम से कम एक आंख (नोड) होनी चाहिए। सकर्स मांसल, रसीले, सफेद तथा रोगमुक्त होने चाहिए। पहले से लगाई गई फसल को उखाड़कर उसके निचले हिस्से से भी सकर्स प्राप्त कर सकते हैं। भेंट कलम विधि से तैयार पौधों की बढ़वार ऊपर की ओर होने से निचली सतह से बहुत कम शाखाएँ निकलती हैं। जिससे भेंट कलम बंधन अधिक सफल नहीं रहता है। वर्तमान समय में आँवले के प्रवर्धन कार्यिक विधियों जैसे पैबंदी चश्मा, विरूपित छल्ला विधि, विनियर कलम एवं कोमल शाखा बंधन द्वारा सफलतापूर्वक किया जा रहा हैं।

बीज द्वारा नर्सरी तैयार करना

मार्च–अप्रैल माह में बीजों की बुवाई से पूर्व 12 घंटे तक पानी में डुबोकर ऊपर तैरने वाले बीजों को अलग कर देना चाहिए। अब इन बीजो की ऊपर उठी हुई क्यारियों में बुवाई कर देनी चाहिए। मार्च–अप्रैल में बोये गये बीज दो सप्ताह में अंकुरित होकर 10 सेंटीमीटर की ऊँचाई या 35–40 दिन बाद रोपाई योग्य हो जाते हैं। पौध रोपण का सबसे उपयुक्त समय जुलाई–अगस्त माह होता हैं। रोपण करते समय एक बाग में कम से कम दो किस्मों का रोपण करना चाहिए।

कलिकायन

छह माह से एक वर्ष की पौध (मूलवृंत) कलिकायन के लिए उपयुक्त होती हैं। शाँकुर शाखा का चुनाव ऐसे मातृवृक्ष से करना चाहिए जो अधिक फलत देने वाला तथा कीड़ों एवं व्याधियों के प्रकोप से मुक्त हो। उत्तर भारत में पैबंदी चश्मा तथा विरूपित छल्ला विधि से मई से सितम्बर माह तक चश्मा लगाने से 60 से 90 प्रतिशत तक सफलता प्राप्त की जा सकती है। जबकि दक्षिण भारतीय दशाओं में ग्रीन हाउस एवं नेट हाउस की सहायता से आँवले का प्रवर्धन साल के आठ से दस माह तक किया जा सकता है। कलिकायन के अतिरिक्त आँवला का प्रवर्धन विनियर कलम, कोमल शाखा बंधन के द्वारा करने पर 70 प्रतिशत तक सफलता प्राप्त होती हैं। इसलिए कलिकायन की सफलता एवं क्षमता को देखते हुए आँवले के प्रवर्धन हेतु यह विधि सर्वोत्तम हैं।

पौध रोपण

कलम बंधन या कलिकायन के द्वारा तैयार पौधों की रोपाई जुलाई–अगस्त या फरवरी के माह में 8–10 मीटर की दूरी पर वर्गाकार या पूरक विधि से करना चाहिए। पौधों की रोपाई पंक्ति से पंक्ति 8 मीटर एवं पौधों से पौधों को 4–5 मीटर की दूरी पर करना चाहिए। आँवले की विभिन्न किस्मों में स्व–बन्ध्यता पाई जाती

है। इसलिए अधिक उत्पादन प्राप्त करने के लिए एकान्तर पंक्ति में दो किस्मों के पौधे लगाना चाहिए।

शिखर रोपण

पुराने, बड़े एवं कम अच्छी किस्मों के पौधों का शिखर रोपण द्वारा जीर्णोद्वार या नयी किस्मों में परिवर्तन किया जा सकता है। इस प्रकार के पौधों को जमीन की सतह से 3–4 मीटर की ऊँचाई पर (दिसम्बर–जनवरी माह में) इस प्रकार से काटा जाता हैं कि चारों दिशाओं में 4–6 मुख्य शाखाएं कटी हुई रहें। इन कटे हुए भागों पर वृक्ष लेप (गाय का गोबर, मिट्टी, पानी) या काली गाय के गोबर का लेप करने से इन भागों में फफूंदी का प्रकोप कम किया जा सकता हैं। इस प्रकार से कटी हुई मुख्य शाखाओं से 4 से 6 प्ररोह बाहर की ओर निकले रहते हैं। जिन्हे बढ़ने दिया जाता है। जून–जुलाई माह में इन्हीं प्ररोहों पर उन्नत किस्म की शांकुर शाखा का कलिकायन कर दिया जाता है। इसके उपरांत कलिका में फुटान होने पर प्ररोह के शीर्ष भाग को ऊपर से काट दिया जाता है। इस प्रकार से तैयार पौधों में कीट, व्याधियों एवं तेज हवा से नुकसान की अधिक सम्भावनाएँ होती हैं।

खाद एवं उर्वरक

ऊसर एवं बंजर भूमि में कार्बनिक पदार्थो एवं पोषक तत्वों की कमी होती हैं। इसलिये पौधों को अधिक मात्रा में पोषक तत्त्वों को उपलब्ध करवाना आवश्यक होता है। एक वर्ष पुराने पौधों को 10 किलोंग्राम गोबर की खाद, 100 ग्राम नाइट्रोजन, 50 ग्राम फास्फोरस तथा 75 ग्राम पोटाश देना चाहिए। अगले दस वर्षो तक उपरोक्त मात्रा को प्रति वर्ष इसी अनुपात में बढ़ाते रहना चाहिए। इस प्रकार दसवें वर्ष में दी जाने वाली खाद एवं उर्वरक की मात्रा 1.0 कुंटल गोबर की खाद, 1000 ग्राम नाइट्रोजन, 500 ग्राम फास्फोरस तथा 750 ग्राम पोटाश प्रति वृक्ष हो जाती हैं। आगे के वर्षो में फरवरी माह में इसी निश्चित मात्रा का प्रयोग प्रति वर्ष किया जाना चाहिए। गोबर की खाद को मई माह के प्रारम्भ में थाले में डालकर गुड़ाई कर देना चाहिए। गोबर की सड़ी खाद एवं पोटाशयुक्त उर्वरकों की पूरी मात्रा तथा नत्रजन की आधी मात्रा जनवरी के अन्त या फरवरी के प्रारम्भ में तथा नत्रजन की शेष मात्रा जुलाई–अगस्त में फल वृद्धि के समय देना चाहिए। क्षारीय मृदाओं में उपरोक्त खाद के मिश्रण के अतिरिक्त 100 ग्राम बोरेक्स (सुहागा), जिंक सल्फेट एवं कॉपर सल्फेट (100 ग्राम प्रत्येक) प्रति पेड़ पौधों की आयु एवं बढ़वार के अनुसार प्रयोग करना चाहिए। इसके अलावा सूक्ष्म तत्व जैसे बोरान, जिंक,

कॉपर (0.4 प्रतिशत) का पर्णीय छिड़काव बुझे हुए चूने मे मिलाकर प्रयोग करने से फलों का गिरना कम तथा फलों की गुणवत्ता में सुधार किया जा सकता है।

सिंचाई प्रबंधन

आँवले के पौधे को कम सिंचाई की आवश्यकता होती हैं। लेकिन सिंचाई जल पर्याप्त मात्रा में उपलब्ध होने पर पहली सिंचाई पौध रोपण के तुरन्त बाद तथा गर्मियों में आवश्यकतानुसार 10–12 दिन के अन्तराल पर सिंचाई करनी चाहिए। फल लगना प्रारम्भ होने पर सुसुप्तावस्था (दिसम्बर–जनवरी) में तथा फूल आने पर मार्च में सिंचाई करने से उपज में कमी आ जाती हैं।

खरपतवार नियंत्रण

पौधों को स्वस्थ रखने एवं खाद तथा उर्वरकों को दुरूपयोग से बचने के लिए समय–समय पर खरपतवार निकालकर थाले की हल्की गुड़ाई कर देनी चाहिए।

कटाई–छंटाई

आँवले के पौधों को मध्यम ऊँचाई तक विकसित करने हेतु कटाई–छंटाई करना आवश्यक हैं। जिससे नई शाखाओ की वृद्धि होने से पुष्पन एवं फल लगने की प्रक्रिया को बढ़ाया जा सकता हैं। नये पौधों को जमीन की सतह से लगभग 75 सेंटीमीटर से एक मीटर तक बढ़ने से पौधों का अच्छा विकास होता हैं। अनावश्यक शाखाओं की समय–समय पर कटाई–छंटाई करते रहना चाहिए। लेकिन फल देने वाले वृक्षों में नियमित काट–छांट की आवश्यकता नहीं होती है। आँवला अपनी वृद्धि के अनुसार प्ररोहों में साल दर साल वृद्धि को प्रोत्साहित करता रहता हैं। कमजोर, सूखी, रोग ग्रस्त, टूटी हुई, आपस में मिली हुई शाखाओं एवं मूलवृत्त से निकली हुई कलिकाओं को समय–समय पर निकालते रहने से अधिक उपज प्राप्त की जा सकती हैं।

कीट एवं रोग नियंत्रण

आँवले मे कीट एवं रोगों का प्रकोप कम होता है लेकिन कीट एवं रोगों का प्रकोप होने पर उपज में कमी आ जाती है। इसलिये इनको नियंत्रित करना अत्यंत आवश्यक है। आँवले की फसल के मुख्य कीट एवं रोग निम्नलिखित हैं।

प्रमुख कीट

छालभक्षी कीट

यह कीट पूरे देश के आँवला बगीचों मे फल, फूल एवं तनो को क्षति पहुँचाता हैं। बगीचों की देख–रेख के अभाव में इस कीट का अधिक प्रकोप होता हैं। अप्रैल माह में इसके लार्वा प्ररोह, शाखाओं एवं मुख्य तने की छाल को छेद कर उत्तको को खाकर नष्ट कर देते हैं। जिससे पेड़ों की वृद्धि, पुष्पन एवं फलत की प्रकिया प्रभावित होती हैं। इसके नियंत्रण के लिए बाग को साफ–सुथरा और स्वस्थ रखना चाहिए। समय–समय पर बागों में जाकर नये सूखे प्ररोहों की जाँच करनी चाहिए ताकि समय रहते इस कीट का नियंत्रण किया जा सकें। इस कीट के प्रकोप के लक्षण दिखाई पड़ने पर कीट के आवासीय छिद्रों में तार डालकर लार्वे को नष्ट कर देना चाहिए। अधिक प्रकोप होने पर सुरंगों एवं आवासीय छिद्रों को साफ कर रुई के फाये को 0.025 प्रतिशत डाइक्लोरवॉल के घोल में भिगोकर छिद्रों में रखकर गीली मिट्टी से बंद कर देना चाहिए।

आँवला एफिड/माहू

इस कीट का प्रकोप नम मौसम तथा बादल छाये रहने की स्थिति मे अधिक होता है। इस कीट का प्रकोप जुलाई से अक्टूबर तक रहता है तथा सितम्बर माह में प्रकोप सबसे अधिक होता हैं। इनका प्रकोप पेड़ों में नयें प्ररोहों के अग्रभाग पर होता हैं। इस कीट के निम्फ एवं वयस्क दोनों पेडों के कोमल भागों एवं छोटे–छोटे फलों के रस को चूसकर कमजोर बना देते हैं। अधिक प्रकोप होने पर पेड़ की वृद्धि पर प्रतिकूल असर पड़ता है जिससे पुष्पन एवं फलत की क्रिया कम हो जाती हैं। प्रभावित पत्तियाँ पीली पड़कर गिरने लग जाती हैं। चीटियों की उपस्थिति में इस कीट के प्रकोप होने की पहचान होती हैं। इसका प्रकोप कम होने पर प्रभावित पत्तियों एवं प्ररोहों को काटकर कीड़ों सहित नष्ट करना चाहिए। लेकिन प्रकोप अधिक होने पर मोनोक्रोटोफॉस कीटनाशी की 1.25 मिली लीटर दवा को प्रति 1 लीटर पानी में घोलकर 15 दिन के अन्तराल पर दो छिडकाव कर देना चाहिए।

प्ररोह गाल कीट

इस कीट का प्रकोप नर्सरीं एवं पुराने फलदार वृक्षों में अधिक होता हैं। यह कीट जून से दिसम्बर माह तक क्रियाशील रहता है। इस कीट का लार्वा तनों, प्ररोहों के आगे वालें भाग में सुरंग बनाकर रहता हैं। जिससे यह भाग फूलकर गॉल (पिटिका) का आकार ले लेता है। लार्वा अंदर क्रियाशील रहने पर इसके एक सिरे

से लाल रंग का बुरादा निकलता दिखाई देता है। नयी पिटिका जून से अगस्त माह में बनती हैं। पूर्ण विकसित पिटिका या गॉल 2.3 से 2.5 सेंटीमीटर लम्बी एवं 1 से 1.5 सेंटीमीटर चौड़ी होती है। गर्मी के मौसम की शुरुआत में यह लार्वा बाहर आकर पर्णकों (लीफलेट) के बीच प्यूपा में परिवर्तित हो जाता है। इसका प्रकोप अधिक होने पर पेड़ की वृद्धि, पुष्पन और फलन की क्रिया रुक जाती है। बचाव के लिए पेडों की कटाई–छंटाई कर गॉल वाले प्ररोहो कों कीटों सहित नष्ट कर देना चाहिए। लेकिन प्रकोप अधिक होने पर 0.05 प्रतिशत मोनोक्रोटोफॉस कीटनाशी का वर्षा के शुरुआत में छिड़काव करना चाहिए। आवश्यकता पड़ने पर 15 दिन के अंतराल पर छिड़काव को दोहराया जा सकता हैं।

मिली बग या चूर्णी बग

इस कीट का प्रकोप मार्च से जुलाई माह के मध्य होता है लेकिन अप्रैल–मई में इनकी संख्या अधिक होती है। इसकी मादा अंडाकार होती हैं। निम्फ पत्तियों, प्ररोहों एवं पुष्प मंजरियों से रस चूसकर नुकसान पहुंचाते हैं जिससे पत्तियाँ और फूल सूखकर गिर जाते हैं। इसके द्वारा काफी मात्रा में मधु का स्राव होता हैं। इसके नियंत्रण के लिए बगीचो को साफ–सुथरा और स्वस्थ रखना चाहिए। प्रभावित पत्तियों एवं प्ररोहों को काटकर कीटों सहित नष्ट कर देना चाहिए जिससे इनकी संख्या को कम किया जा सकता हैं। कीट का प्रकोप अधिक होने पर मोनोक्रोटोफॉस 0.05 प्रतिशत या क्यूनालफॉस के 0.05 प्रतिशत का छिड़काव करना चाहिए।

स्केल कीट

इस कीट का प्रकोप होने पर टहनियॉं, फूल एवं फल आदि प्रभावित होते हैं। जिससें पूरा पेड़ सूख जाता है। इसकी रोकथाम के लिए नुवान 0.05 प्रतिशत/0.5 मिली लीटर दवा प्रति लीटर पानी में घोलकर छिड़काव करना लाभप्रद रहता हैं।

गुठली भेदक

यह कीट जून से जनवरी माह तक क्रियाशील रहता है। इस कीट का वयस्क जून माह में बरसात शुरू होने से लेकर जुलाई–अगस्त माह तक जमीन से बाहर निकलता रहता हैं और फलों की बाहरी सतह पर अण्डे देता हैं। अंडे से लार्वा निकलने के बाद गुठली में छेद कर बीजों को नष्ट कर देता है। इस कीट का प्रकोप देशी एवं बनारसी जाति के आँवलों पर अधिक होता हैं। इसके लार्वा को फल तुड़ाई के तुरन्त बाद जमीन के अंदर प्रवेश किए लार्वा को गहरी जुताई

कर नष्ट करना चाहिए। लेकिन प्रकोप अधिक होने पर कार्बेरिल 0.2 प्रतिशत या मोनोक्रोटोफॉस 0.04 प्रतिशत या क्यूनालफॉस 0.05 प्रतिशत या एन्डोसल्फान 0.07 प्रतिशत कीटनाशी का फलों के मटर के दाने के बराबर की अवस्था में छिड़काव करना चाहिए।

प्रमुख रोग

ऑवला रस्ट

यह एक कवक जनित रोग हैं। इस रोग का प्रकोप होने पर पत्तियों एवं फलों पर लाल रंग के गोल एवं अण्ड़ाकार धब्बे बन जाते हैं। इससे फलों का बाजार मूल्य कम हो जाता हैं। इसकी रोकथाम के लिए नुवान या मैंकोजेब के 0.3 प्रतिशत का दो बार मध्य सितम्बर से अक्टूबर में छिड़काव करना चाहिए।

ऊतक क्षय रोग

इस रोग का प्रकोप मुख्य रूप से फ्रान्सिस किस्म में अधिक होता हैं। इस रोग में फल का 60–80 प्रतिशत भाग काला पड़कर फल झड़ने लग जाते हैं। इसकी रोकथाम के लिए बोरेक्स का 0.6 प्रतिशत घोल बनाकर अप्रैल एवं जुलाई माह मे दो छिड़काव करने चाहिए।

उकठा (विल्ट)

इस रोग का प्रकोप होने पर पौधों में छाल फटने, पत्तियाँ झड़ने तथा पौधे सूखने लग जाते हैं। यह रोग मुख्यतः फ्यूजेरियम फफूंद के कारण होता है। इसके नियंत्रण के लिए पाला पडने पर छोटे पौधों को ढककर सिंचाई की व्यवस्था करनी चाहिए। जिससे पाले के प्रकोप से पौधों को बचाया जा सकता हैं। थालों में घास–फूस या काली पालीथीन बिछाने तथा तने पर गाय के गोबर का लेप लगाने से भी रोग में कमी आ जाती हैं।

काली फफूंद

काली फफूंद का प्रकोप स्केल कीट से प्रभावित पौधों पर होता हैं। इस रोग में पत्तियों, टहनियों तथा फूलों पर मखमली काली फफूंदी (सूटी मोल्ड) विकसित हो जाती है। जो कीट द्वारा निकलने वाले चिपचिपे पदार्थ पर विकसित होती है। यह फफूंद सतह तक ही सीमित रहती हैं। इसका प्रकोप पत्तियों, टहनियों, फूल आदि के अंदर नहीं होता है। इसे 2 प्रतिशत स्टार्च का छिड़काव कर नियंत्रित किया जा

सकता है। लेकिन प्रकोप अधिक होने पर स्टार्च में 0.05 प्रतिशत मोनोक्रोटोफॉस तथा 0.2 प्रतिशत घुलनशील गंधक मिलाकर छिड़काव करना चाहिए।

नीली फफूंद

इस रोग का प्रकोप सभी आँवला उत्पादक क्षेत्रो मे होता हैं। आरम्भ में फलों पर भूरे जलसिक्त धब्बे बनते हैं। जो बाद में बढ़कर बड़े एवं बदबूदार हो जाते हैं। इस रोग के बढने पर पूरा फल दानेदार नीली हरी फफूंद से ढक जाता है। इसके नियंत्रण के लिए फलों को बिना नुकसान पहुचाए तोडना चाहिए। चोट लगने से फलों पर नीली फफूंद का प्रकोप होने की संभावना रहती है। भंडारण में साफ–सफाई का पूरा ध्यान रखना चाहिए तथा भण्डारण स्थल को ओजोन गैस से शोधित करना चाहिए। फलों को बोरेक्स या नमक या कोर्बोन्डाजिम या थायोफनेट मिथाइल 0.1 प्रतिशत से उपचारित कर रोग को नियत्रित किया जा सकता हैं। फलों के ऊपर मेंथा के तेल के हल्के लेप से भी रोग को रोका जा सकता हैं।

एन्थ्रेकनोज

एन्थ्रेकनोज रोग का प्रकोप आँवले की पत्तियों एवं फलों पर अगस्त–सितम्बर माह में दिखाई देता है। इस रोग में फलों पर धंसे हुए भूरे धब्बे दिखाई देते हैं। यह धब्बे विभिन्न आकार के होते हैं। नमी अधिक मात्रा में होने पर धब्बे से बीजाणु निकलते हैं। इस रोग में फल सिकुड़कर सड़ने लग जाते है। जिससे बाजार भाव कम प्राप्त होता हैं।

मृदु सड़न

आँवले में मृदु सड़न रोग का प्रकोप दिसम्बर से फरवरी माह में होता हैं। इस रोग में धुएं से फलों पर 2–3 दिन में भूरे काले एवं गोल धब्बे विकसित हो जाते हैं। यह धब्बे 8–9 दिन में पूरे फल पर फैल जाते हैं। इस रोग का प्रकोप परिपक्व फलों में अधिक होता है। इस रोग से फलो को बचाने के लिए तुड़ाई के बाद फलों को डाइफोलेटान (0.15 प्रतिशत), डाइथेन एम–45 या बाविस्टीन (0.1 प्रतिशत) से उपचारित कर भंडारित किया जा सकता हैं।

फल सड़न

इस रोग का प्रकोप नवम्बर माह में होता हैं। धब्बे अनियमित आकार तथा भूरे रंग के होते हैं। आरम्भ में भूरे रंग के धब्बे बनते हैं। जो धीरे–धीरे बढ़कर सूखे एंव भूरे रंग के हो जाते हैं। इनके किनारे हल्के भूरे तथा ग्रसित भाग पर रुई की

तरह सफेद फफूंद दिखाई देती हैं। संक्रमित फल अंदर से सूखा एवं गहरे भूरे रंग का दिखाई देता हैं।

आँवले के प्रमुख विकार

आंतरिक सड़न

आंतरिक सड़न की समस्या आँवले की फ्रांसिस प्रजाति के फलों में सबसे अधिक होती है। इसमें फल का आंतरिक भाग भूरा एवं काले रंग का हो जाता हैं। यह मुख्यतः सितम्बर में दूसरे से तीसरे सप्ताह में फैलता हैं। इसके बढ़ने पर पौधों से गोंद निकलने लगता हैं। इस रोग को नियंत्रित करने के लिए सितम्बर–अक्टूबर माह में जिंक सल्फेट (0.4 प्रतिशत), कॉपर सल्फेट (0.4 प्रतिशत) तथा बोरेक्स (0.4 प्रतिशत) का छिड़काव करना लाभप्रद रहता हैं।

पुष्पन एवं फलन

आँवले में पुष्पन क्रिया मार्च के अंतिम सप्ताह से शुरू होकर तीन सप्ताह तक चलती हैं। बीजू किस्मों में पुष्पन की क्रिया पहले जबकि व्यावसायिक किस्मों में पुष्पन बाद में होता हैं। दक्षिण भारत में पुष्पन साल में दो बार फरवरी–मार्च तथा जून–जुलाई माह में होता है। पहली बार वाले पुष्प अच्छी फलत परन्तु दूसरी बार के पुष्प कम फलत देते हैं। सीमित शाखाओं के निचले भाग पर पत्तियों के अक्ष से नर पुष्प गुच्छों में और बाद में मादा पुष्प भी इन्हीं शाखाओं पर निकलते है। आँवले की किस्मों में स्व–अनिषेच्यता पायी जाती हैं। इसलिए एक से अधिक किस्मों को एक साथ रोपित करने से पुष्पन क्रिया अधिक होती हैं। आँवले के फलों में सर्वाधिक वृद्धि सितम्बर माह में होती है तथा उत्तर भारत में फल नवम्बर माह तक पककर तैयार हो जाते हैं। फल की गुठली कड़ी, गोल से लेकर त्रिकोणीय आकार की होती हैं। इसमें 6–8 भूरे रंग के बीज की होते हैं।

परिपक्वता

आँवला के फलों की परिपक्वता जलवायु, मृदा के प्रकार, नमी इत्यादि पर निर्भर करती है। आँवले की व्यावसायिक किस्मों में परिपक्वता सूचकांक का निर्धारण फल लगने के उपरांत अवधि, टी. एस. एस., एसिड अनुपात, आपेक्षित घनत्व आदि के अनुसार किया जाता है। बनारसी एवं कृष्णा किस्मों में परिपक्वता फल लगने के 17–18 सप्ताह बाद जबकि कंचन और फ्रांसिस में 20 सप्ताह का समय लगता हैं। चकैया किस्म के फल 23 सप्ताह बाद परिपक्व होते हैं। परिपक्वता के समय आपेक्षित घनत्व सभी किस्मों में 1.0 से अधिक पाया जाता है। आँवले में परिपक्वता

निर्धारण का सबसे अच्छा तरीका फलों के रंग में परिवर्तन (हरे से चमकदार सफेद हरा या पीला हरा) एवं बीज के रंग में परिवर्तन (हल्के पीले सफेद से भूरे रंग में) को देखकर किया जा सकता हैं।

गुणवत्ता वृद्वि

फलों की भण्डारण क्षमता बढ़ाने के लिए कैल्शियम नाइट्रेट के 1 प्रतिशत घोल का फल तोड़ने के 20 एवं 10 दिन पूर्व दो बार छिड़काव करना चाहिए। इसके अतिरिक्त जिंक सल्फेट के 0.5 प्रतिशत एवं थायो यूरिया के 0.1 प्रतिशत का छिड़काव (मध्य मई एवं मध्य जून) दो बार करने से उपज एवं फलों की गुणवत्ता में वृद्वि होती है।

फलों की तुड़ाई

आँवले के फलों की तुड़ाई मुख्यतः हाथ से की जाती हैं। परन्तु बड़े वृक्षों में बांस से बनी सीढ़ियों पर चढ़ कर तुड़ाई की जा सकती हैं। फलों की तुडाई सदैव सुबह के समय करनी चाहिए। फलों को तोड़ते समय चोट लगने से फल पैकिंग एवं भंडारण के समय सड़कर अन्य फलों को भी नुकसान पहुँचाते हैं।

उपज

आँवले के पौधों से प्रतिवर्ष औसतन 150–200 किलोंग्राम फल प्रति पौधा प्राप्त हो जाता है। इस प्रकार प्रतिवर्ष 15–20 टन प्रति हेक्टेयर उपज प्राप्त की जा सकती है।

श्रेणीकरण

आँवले के फलों को तीन श्रेणियों में उनके आकार, भार, रंग एवं पकने के समय के आधार पर बांटकर अधिक आय प्राप्त की जा सकती है। बड़े आकार के फल (व्यास 4 सेटींमीटर से अधिक) को मुरब्बा बनाने हेतु प्रयोग किया जाता है। मध्यम आकार के फलों को अन्य परिरक्षित पदार्थ बनाने एवं छोटे आकार के फलों को औषधीय उत्पाद जैसे च्यवनप्राश, त्रिफला इत्यादि बनाने में प्रयोग किया जाता है।

भण्डारण

आँवले के फलों को भण्डारित करने का मुख्य उद्देश्य विभिन्न संसाधनो हेतु उपलब्धता को बढ़ाना हैं। किस्मों के अनुसार परिपक्व फलों को 6 से 9 दिन तक कम ऊर्जा वाले शीतकक्षों में रखा जा सकता है। इसके अतिरिक्त फलों को शीत तापक्रम (5–7 सेंटीग्रेड) पर दो माह तक रखा जा सकता हैं। फलों को 15

प्रतिशत नमक के घोल में रख कर 75 दिनों तक सामान्य तापक्रम पर भंडारित किया जा सकता हैं।

प्रसंस्करण

आँवले के फल अम्लीय एवं कसैले होने के कारण तुरन्त उपभोग के लिए उपयुक्त नहीं होते हैं। इसलिए फलों को संसाधित पदार्थ बनाने में उपयोग किया जा सकता है। संसाधित पदार्थ बनाने से इसमें विद्यमान विटामिन 'सी' का ह्रास होता है। फलों को खाद्य पदार्थ एवं स्वास्थ्य उत्पाद बनाने में प्रयोग किया जा सकता हैं। आँवले के संसोधित पदार्थो के बनाने की तकनिकीयों का विवरण निम्नलिखित है।

गूदा

आँवले के पूर्ण परिपक्व फलों को गूदा निकालने के लिए प्रयोग किया जाता है। फलों को अच्छी प्रकार से धोकर एवं बीज निकालकर छोटे–छोटे टुकड़ों में विभाजित करके प्रयोग किया जाता हैं। इसके लिए फलों को 6 से 8 मिनट तक पानी में उबालने से फलों की फांके अलग हो जाती हैं। इस प्रकार से अलग हुई फांकों में या कटे हुए टुकड़ों में उतनी ही मात्रा में पानी मिलाकर गूदा निकालने वाली मशीन के द्वारा गूदा निकाल लिया जाता है। निकाले हुए गूदे को 780 डिग्री सेंटीग्रेट तापमान पर गर्म कर 1000 पी.पी.एम. सल्फर डाईआक्साइड या 2 ग्राम पोटेशियम मेटा बाई सल्फाइट प्रति किलोंग्राम की दर से मिलाकर वायु रोधी बर्तनों में भरकर रखा जा सकता हैं।

जूस

आँवले के छोटे–छोटे टुकड़ों को फिल्टर प्रेस के द्वारा दबाकर जूस निकाला जाता है। इसको 780 डिग्री सेंटीग्रेट तापमान पर गर्म कर निर्जीवाणुक या जीवाणु हीन कर दिया जाता है। तैयार जूस को कांच की निर्जमीकृत बोतलों में भर कर 500 पी.पी.एम. सल्फर डाईआक्साइड या 1 ग्राम पोटेशियम मेटा बाई सल्फाइट प्रति लीटर के हिसाब से मिलाकर परिरक्षित किया जा सकता है।

स्कवैश

स्कवैश जूस या गूदा से बनाया जाता है। स्कवैश बनाने के लिए 35 से 40 प्रतिशत जूस में 50 प्रतिशत चीनी, 1.1 प्रतिशत साइट्रिक अम्ल एवं 350 पी.पी.एम. सल्फर डाईआक्साइड (750 मिलीग्राम प्रति किलोंग्राम) मिलाया जाता हैं। अच्छी तरह से

मिलाने के बाद हल्की आंच पर गर्म कर साफ एवं निजर्मीकृत बोतलों में भरकर भंडारित किया जा सकता हैं। इसे प्रयोग करते समय तीन भाग पानी में एक भाग स्कवैश को मिलाना चाहिए।

मुरब्बा

मुरब्बा आँवले का प्रमुख उत्पाद है। मुरब्बा बनाने के लिए गूदे हुए आँवले के फलों को 2–8 प्रतिशत तक नमक के घोल एवं चूने के पानी में 1–1 दिन तक रखते हैं। जिससे फलों का कसैलापन दूर हो जाता हैं। इसके तुरंत बाद फलों को अच्छी प्रकार से धोकर उतनी ही मात्रा में चीनी मिलाकर रात्रि भर के लिए रख दिया जाता हैं। दूसरे दिन चीनी के घोल को 700 ब्रिक्स टी.एस.एस. तक सान्द्रित करके उसमें फलों को डूबोकर रख दिया जाता हैं। इस प्रक्रिया को तीन से चार बार दोहराते हैं। अंत में तैयार मुरब्बे को साफ–सुथरे बर्तनो में 70–720 ब्रिक्स वाली शर्करा के घोल में डिब्बा बंदी कर दिया जाता हैं।

कैंडी

कैंडी बनाने के लिए फलों को अच्छी तरह पानी से धोकर पानी में 6–8 मिनट तक गर्म करते हैं। फिर ठंडा करने के बाद फलों से फाँके अलग कर ली जाती है। इन फांकों को 600 ब्रिक्स एवं 0.7 प्रतिशत अम्लीय घोल (1:1.5) के अनुपात में रात भर डुबोकर रखा जाता हैं ताकि परसरणी विधि द्वारा फांकों में शर्करा तथा अम्ल को प्रवेश करवाया जा सकें। दूसरे दिन फांकों को घोल से निकालकर पुनः घोल को गर्म किया जाता हैं। अब इस घोल में 700 ब्रिक्स शर्करा को मिलाकर इन टुकड़ों को रात भर भिगोकर रख दिया जाता हैं। दूसरे दिन टुकड़ों को घोल से निकालकर गुनगुने पानी से धो लिया जाता हैं। ताकि फांकों की सतह पर लगी शर्करा घुल जाए। इसके बाद फांकों को 600 विद्युत् चालित निर्जलीकरण यंत्र में 8–10 घंटों तक रखकर सुखा लिया जाता हैं। इन सूखी फांकों में जल की मात्रा 10 प्रतिशत तक होनी चाहिए। इस प्रकार तैयार फांके 'कैन्डी' कहलाती हैं। इन्हें पोलीथीन की थैलियों अथवा जार में भरकर भंडारित किया जा सकता है।

चूर्ण

आँवले के फल से अलग की गई फांकों को छोटे–छोटे टुकड़ों में काटकर इन्हें विद्युत् चालित यंत्र में 600 डिग्री सेंटीग्रेट तापमान पर 8–10 घंटे सुखाया जाता हैं। अब इन्हें पीसकर चूर्ण बना लिया जाता हैं। आँवले का चूर्ण बनाने हेतु प्रति 100 ग्राम चूर्ण में 8 ग्राम साधारण नमक, 16 ग्राम काला नमक, 15 ग्राम चीनी,

3 ग्राम साइट्रिक अम्ल, 2 ग्राम पिसी काली मिर्च, 1 ग्राम हींग, 1 ग्राम भुना एवं पिसा जीरा, 1 ग्राम पिसी सौंफ, 1.5 ग्राम सोंठ एवं 0.5 ग्राम अजवायन मिलाया जाता हैं। अजवायन के स्थान पर 2–5 ग्राम पिसे पुदीना की पत्ती को भी मिलाया जा सकता हैं। तैयार चूर्ण को सूखे एवं वायु रोधी बर्तनों में भरकर रखा जा सकता हैं।

सर्पगंधा

वानस्पतिक नाम – *राउल्फिया सर्पेन्टाइना* एल.

कुल – एपोसाइनेसी

गुणसूत्र संख्या (2 एन) – 22

परिचय

यह एक झाड़ीनुमा औषधीय पौधा हैं। सर्पगंधा का उत्पत्ति स्थल उत्तरी–पूर्वी एशिया को माना जाता हैं। सर्पगंधा के मुख्य उत्पादक देश बर्मा, बांग्लादेश, मलेशिया, श्रीलंका, इंण्डोनेशिया और अंडमान द्वीप आदि हैं। भारत में इसकी खेती बिहार, बंगाल, असम एवं उत्तर प्रदेश में बड़े पैमाने पर की जाती हैं। इसकी ऊँचाई 15 से 60 सेंटीमीटर तथा पत्तियाँ 8–15 सेंटीमीटर लम्बी होती हैं। इसमें अप्रैल से नंवबर तक लाल रंग के फूल आते हैं। इसकी जड़े सर्पीलाकार तथा 0.5 से 2.5 सेंटीमीटर व्यास एवं फूल सफेद या गुलाबी, फल जामुनी काले रंग के होते हैं। इसका तना एक मोटी छाल से ढका रहता हैं। इस पौधे की जड़, तना और पत्तियो से औषधियों का निर्माण किया जाता हैं। सर्पगंधा की जड़ों का भारतीय चिकित्सा पद्धति में प्राचीन काल से प्रयोग होता आ रहा हैं। परन्तु वर्तमान समय की औषधीय पद्धतियों में भी इसका अधिक प्रयोग हो रहा हैं। आयुर्वेदिक तथा यूनानी चिकित्सा पद्धति में जड़ों का प्रयोग विभिन्न प्रकार की बीमारियों जैसे मस्तिष्क सम्बन्धी रोगों, मिर्गी, आंत की गड़बड़ी तथा प्रसव आदि के उपचार में उपयोग किया जाता हैं। आधुनिक चिकित्सा पद्धति में सर्पगंधा की जड़ों का उपयोग उच्च रक्तचाप तथा अनिद्रा की औषधीयाँ बनाने में किया जाता हैं। सर्प दंश के उपचार में यह लाभकारी रहता है। क्योंकि इसकी जड़ों में ओक्साइड्स पाया जाता हैं।

जलवायु

सर्पगंधा को विभिन्न प्रकार की जलवायु में उगाया जा सकता हैं। परन्तु इसकी अधिक उपज के लिए गर्म तथा अधिक आर्द्रता वाले क्षेत्र सर्वोत्तम माने जाते हैं।

प्राकृतिक रूप से सर्पगंधा पौधों के नीचे छाया में उगता है। इसलिए इसकी खेती हल्की छाया में भी की जा सकती हैं। इसके उचित वृद्वि एवं विकास के लिए 10 से 38 डिग्री सेन्टीग्रेड तापमान एवं 75 से 100 सेन्टीमीटर वार्षिक वर्षा उपयुक्त मानी जाती हैं।

मृदा

इसकी खेती सभी प्रकार की मिट्टीयों में जैसे लाल लैटेराइट दोमट से रेतीली जलोढ़ मिट्टी में की जा सकती हैं। इसका अच्छा उत्पादन प्राप्त करने के लिए उचित जल निकास युक्त, जीवांश पदार्थ से भरपूर एवं नत्रजन युक्त मिट्टी सर्वोत्तम मानी जाती हैं। इसे चिकनी और चिकनी दोमट मिट्टी में भी उगाया जा सकता हैं। इसकी अच्छी वृद्धि के लिए मिट्टी का पी. एच. मान 4.6–6.5 के मध्य होना चाहिए।

उन्नत किस्में

खेती की दृष्टि से सर्पगंधा की अधिक किस्मों का विकास नही हो पाया हैं। इसकी एक प्रजाति जवाहरलाल नेहरू कृषि विश्वविद्यालय के अधीन इंदौर कृषि महाविद्यालय द्वारा सर्पगंधा–1 (आर.एस.–1) विकसित की गई हैं। यह 18 महीने की प्रजाति हैं। इसकी उपज 25 कुंटल प्रति हेक्टेयर तथा एल्कोलाइड की मात्रा 1.64 से 2.94 प्रतिशत होती हैं।

अन्य किस्में– सिम भील, आर. आई.

खेत की तैयारी

गर्मियों में एक गहरी जुताई मिट्टी पलटने वाले हल के द्वारा करके खेत को खुला छोड़ देना चाहिए। खेत से पुराने पेड़ों की जड़ो या अन्य झाड़ियों आदि को निकाल कर दो हल्की जुताईयाँ कर पाटा लगाना चाहिए। इसके पश्चात खेत में सुविधानुसार क्यारियाँ एवं सिंचाई नालियाँ बनानी चाहिए।

प्रवर्धन

सर्पगंधा का प्रवर्धन बीजों के साथ–साथ तना एवं जड़ कलम द्वारा किया जा सकता हैं।

सीधी बुवाई

इसकी बुवाई मुख्य रूप से छिडकवां विधि के द्वारा की जाती हैं। इसके लिए 6–8 किलोंग्राम बीज प्रति हेक्टेयर की दर से प्रयोग करना चाहिए। बुवाई से पूर्व बीजों

को 5 प्रतिशत नमक के घोल में 24 घण्टें के लिए डूबोकर रखना चाहिए। जिससे खराब बीज ऊपर तैरने लगते हैं एवं अंकुरण भी अच्छा होता हैं।

बीज द्वारा पौध तैयार करना

इसकी नर्सरी में बुवाई मई माह में की जाती हैं। बीज द्वारा पौधे तैयार करने के लिये 500 वर्गमीटर नर्सरी एक हेक्टेयर के लिये पर्याप्त रहती हैं। इसके लिए 5 किलोंग्राम बीज की आवश्यकता होती हैं। उपचारित बीजों को 6 से 7 सेंटीमीटर दूरी तथा 1 से 2 सेंटीमीटर की गहराई पर बुवाई करना चाहिए। बुवाई के लगभग 15 से 20 दिन के बाद अंकुरण शुरू होता हैं। इस प्रकार पौधें 40 से 50 दिन में रोपाई योग्य हो जाते हैं। रोपाई से पूर्व जड़ों को एमिसन नामक फफूंदी नाशक दवा के 0.1 प्रतिशत घोल में डूबोकर उपचारित करना चाहिए।

जड़ों द्वारा पौध तैयार करना

अधिक एल्केलाइड युक्त पौधों की जड़ों का चुनाव पौध तैयार करने के लिए करना चाहिए। इसके लिए 7.5 से 10 सेंटीमीटर लम्बी, 2 गाँठ युक्त जड़े जिनकी मोटाई 12.5 मिलीमीटर से कम हो, उपयुक्त रहती हैं। जड़ों को कूड़ में 5 सेंटीमीटर गहराई पर लगाकर अच्छी तरह मृदा से ढ़क दिया जाता हैं। इस विधि में लगभग 100 किलोंग्राम ताजा जड़ों के टुकड़ों की आवश्यकता होती हैं।

रोपाई का समय एवं विधि

मानसून का समय इसकी रोपाई के लिये उपयुक्त होता हैं। रोपाई के समय पौध की ऊंचाई 7.5 से 12 सेंटीमीटर के मध्य होनी चाहिए। नर्सरी से पौध को सावधानीपूर्वक उखाड़कर मुख्य खेत में कतार से कतार एवं पौध से पौध की दूरी क्रमशः 60 सेंटीमीटर एवं 30 सेंटीमीटर रखकर रोपाई करनी चाहिए।

खाद एवं उर्वरक

खेत की तैयारी के समय 25 से 30 टन प्रति हेक्टेयर गोबर की खाद मिलाना चाहिए। सर्पगंधा की फसल लम्बी अवधि की होने के कारण अधिक मात्रा में पोषक तत्व ग्रहण करती हैं। इसलिए एक निश्चित अंतराल पर गोबर की खाद तथा उर्वरकों का प्रयोग करना चाहिए। इस फसल में 50 किलोंग्राम नत्रजन को दो बराबर भागों में बाटकर खड़ी फसल में अगस्त–सितम्बर तथा फरवरी–मार्च में प्रयोग करना चाहिए। इसके बाद आगामी वर्षों में भी उपरोक्त खाद एवं उर्वरकों की मात्रा का प्रयोग करना चाहिए।

सिंचाई प्रबंधन

सर्पगंधा की खेती मुख्यतः असिंचित क्षेत्रों में की जाती हैं। अधिक उत्पादन प्राप्त करने के लिए गर्मियों में 15 दिन एवं सर्दियों में एक माह के अंतराल पर सिंचाई करनी चाहिए। इसके अतिरिक्त रोपाई के तुरंत बाद सिंचाई की आवश्यकता होती हैं।

खरपतवार नियंत्रण

प्रारंभिक अवस्था में पौधों की वृद्धि कम होने के कारण खेत में खरपतवारों का प्रकोप अधिक होता हैं। जिसकी वजह से पौधों की बढ़वार में कमी आ जाती हैं। इस अवस्था में खरपतवारों को नियंत्रित नहीं करने पर पौधे नष्ट हो जाते हैं। इसलिए रोपाई के 15–20 दिन के बाद खुरपी से निराई–गुडाई करनी चाहिए। इसके बाद आवश्यकतानुसार निराई–गुड़ाई करनी चाहिए।

कीट एवं रोग नियंत्रण

सूत्रकृमि एवं इल्ली का प्रकोप होने पर 20 किलोंग्राम फोरेट 10 जी प्रति हेक्टेयर की दर से प्रयोग करना चाहिए। कैटरपिलर को रोकने के लिये ट्राइकोग्रामा का प्रयोग करना चाहिए। सर्पगंधा की फसल पर उल्टा सूखा एवं पत्ती धब्बा रोगों का प्रकोप होता हैं। उल्टा सूखा एवं पत्ती धब्बा रोग के नियंत्रण के लिए क्रमशः 0.02 प्रतिशत ड़ाईथेन जेड़–78 एवं 0.5 प्रतिशत बोर्डेक्स घोल का दो से तीन बार छिड़कांव करना चाहिए।

फूलों की तुड़ाई

यदि सर्पगंधा की खेती जड़ों के उत्पादन के लिए की जाती है तो फूल निकलते ही उनकी तुड़ाई करनी चाहिए। अन्यथा बीज बनने के बाद पोषक तत्व जड़ों से बीजों की ओर जाने से जड़ों की उपज में कमी आ जाती हैं।

जड़ों की खुदाई, सूखाना तथा भंडारण

सिंचित अवस्था में खेती करने पर जड़ें 2 से 3 वर्ष बाद खुदाई के लिये तैयार हो जाती है। इनकी खुदाई का उचित समय दिसम्बर माह होता हैं। क्योंकि इस समय पौधा सुसुप्तावस्था में रहता है तथा पत्तियाँ भी कम होती हैं। इसकी जड़ें काफी गहराई तक जाती है इन्हें अच्छी तरह खोदकर निकालना चाहिए। उसके बाद जड़ों को पानी में धोकर छायादार स्थान पर सुखाना चाहिए।

उपज

उन्नत तरीकों से खेती करने पर प्रत्येक पौधे से लगभग 100 से 400 ग्राम तक जड़े प्राप्त की जा सकती हैं। इस प्रकार सर्पगंधा की खेती से प्रति हेक्टेयर औसतन 1000 से 1200 किलोग्राम तक सूखी जड़ों की उपज प्राप्त हो जाती हैं।

सनाय

वानस्पतिक नाम – *केसिया अंगुस्टिफोलिया* एल.

कुल – लेग्युमिनेसी

गुणसूत्र संख्या (2 एन) – 28

परिचय

सनाय एक बहुवर्षीय झाड़ीनुमा औषधीय पौधा हैं। इसको सोनामुखी, सेना का पत्ता या सेन्ना के नाम से भी जाना जाता हैं। दक्षिण अरब को सनाय का उद्गम स्थल माना जाता हैं। इसकी खेती भारत के अतिरिक्त सोमालिया, दक्षिणी अरब एंव पाकिस्तान के सिन्ध क्षेत्र में की जाती हैं। वर्तमान में हमारे देश में तमिलनाडू, आंध्र प्रदेश, तेलंगाना, गुजरात एवं राजस्थान इत्यादि में इसकी खेती बड़े पैमाने पर की जा रही हैं। इन राज्यो के द्वारा सालाना औसतन 7500 टन शाक का उत्पादन किया जाता हैं। इसकी खेती छोटे स्तर पर अन्य राज्यों जैसे मध्य प्रदेश, उत्तर प्रदेश और बिहार में भी की जाने लगी हैं। सनाय की पत्तियाँ एवं फलियाँ एक विशेष रेचक गुण का अच्छा स्रोत मानी जाती है जिसके कारण इसकी अंतर्राष्ट्रीय बाजार में अच्छी मांग हैं। इसके पौधे की ऊंचाई लगभग 60 से 100 सेंटीमीटर होती हैं। इसकी फसल को एक बार लगाने के उपरान्त पांच वर्ष तक लगातार उपज देती रहती हैं। इसकी खेती मुख्यतः पत्तियों व फलियों के लिए की जाती है। इसमें सेनोसाइड नामक एल्केलाइड पाया जाता है जिसकी मात्रा फलियों में 3 से 5 एवं पत्तियों में 2.5 से 4 प्रतिशत तक होती हैं।

जलवायु

सनाय की खेती के लिए शुष्क जलवायु वाले क्षेत्र अनुकूल माने जाते हैं। जबकी कम वर्षा वाले क्षेत्रों में भी इसकी खेती आसानी से की जा सकती हैं। ऐसे क्षेत्र जहां वार्षिक वर्षा 30 सेंटीमीटर तक होती हो, इसकी खेती के लिए उपयुक्त होते हैं। यह पौधा न्यूनतम 4 डिग्री तथा अधिकतम 50 डिग्री सेंटीग्रेड तक तापमान

सहन करने की क्षमता रखता हैं। इसलिए भारत के लगभग सभी राज्यों में इसकी खेती सफलतापूर्वक की जा सकती हैं।

मृदा

सनाय एक दलहन फसल है लेकिन वायुमण्डलीय नत्रजन के स्थिरीकरण के लिये इनकी जडों में गांठे नहीं होती है। सनाय को ज्यादा लवणीय भूमियों को छोड़कर सभी प्रकार की भूमियों में उगाया जा सकता है परन्तु अच्छा उत्पादन प्राप्त करने के लिए अच्छे जल निकास युक्त मध्यम उपजाऊ एंव रेतीली दोमट मिट्टी उत्तम मानी जाती हैं। मृदा का पी.एच. मान 7 से 8.5 के मध्य उपयुक्त रहता हैं। इसकी खेती बंजर भूमियों में जहां कभी रसायनिक उर्वरको का उपयोग नही किया गया हो, ऐसे क्षेत्रों में करने से भी गुणवत्ता युक्त उपज प्राप्त की जा सकती हैं।

उन्नत किस्में

हमारे देश में सनाय की अधिक किस्मों का विकास नही हो पाया हैं। उत्पादन की दृष्टि से कुछ किस्मों का विकास किया गया है जो निम्न प्रकार हैं।

ए.एल.एफ.टी.– यह किस्म गुजरात कृषि विश्वविद्यालय, आनंद द्वारा विकसित की गई हैं।

सेना – यह किस्म केन्द्रीय औषधीय व सगंध पौधा अनुसंधान संस्थान, लखनऊ, उत्तर प्रदेश के द्वारा विकसित की गई हैं।

खेत की तैयारी

सनाय की बुवाई करने के लिए खेत की विशेष तैयारी करने की आवश्यकता नहीं होती है। लेकिन कल्टीवेटर या हैरो के द्वारा खेत की एक से दो गहरी जुताई करना लाभप्रद रहता है क्योंकि गहरी जुताई करने से वर्षा जल का पर्याप्त मात्रा में संचय किया जा सकता हैं। इससे खेत में नमी की उपलब्धता बनी रहती है और फसल को कम सिंचाई की आवश्यकता होती हैं। इसके लिए खेत की एक गहरी जुताई करने बाद 2 से 3 जुताई देशी हल या कल्टीवेटर के द्वारा करने के पश्चात पाटा लगाकर खेत को समतल बना देना चाहिए।

बुवाई का समय एवं विधि

सनाय की बुवाई के लिए 15 जुलाई से 15 सितम्बर तक का समय उपयुक्त माना जाता हैं। मानसून की अंतिम वर्षा के तुरन्त बाद खेत में पर्याप्त नमी होने पर इसकी बुवाई करनी चाहिए। इस फसल की बुवाई कतारों में करना लाभदायक

रहता है। इसकी बुवाई छिटकवा विधि द्वारा भी की जा सकती हैं। इसकी बुवाई सीडड्रिल या देशी हल के पीछे पोरा/चोंगा बांधकर भी कर सकते है। एक हेक्टेयर में बुवाई करने के लिए लगभग 10 से 12 किलोंग्राम बीज की आवश्यकता होती है। कतार से कतार की दूरी 30 सेंटीमीटर तथा 1.5 से 2 सेंटीमीटर की गहराई पर बीज की बुवाई करना उत्तम रहता है। इसके बीज 10 से 15 दिनों में अंकुरित हो जाते हैं। इसके बीजों का अंकुरण 60 से 70 प्रतिशत तक ही होता हैं। इसीलिए बुवाई करते समय 30 से 40 प्रतिशत बीज की अधिक मात्रा का प्रयोग करना चाहिए। जिससे अधिक उत्पादन प्राप्त करने के लिए पौधों की इष्टतम संख्या बनी रहती हैं। अंकुरण के उपरान्त पौधे से पौधे की दूरी 30 सेंटीमीटर होनी चाहिए।

खाद एवं उर्वरक

सनाय से अधिक उत्पादन प्राप्त करने के लिए बुवाई से पूर्व 8 से 10 टन अच्छी सडी हुई गोबर की खाद अन्तिम जुताई के समय खेत में मिला देना चाहिए। रासायनिक उर्वरकों में नत्रजन 80 किलोंग्राम, फास्फोरस 40 किलोंग्राम एवं पोटाश 20 किलोंग्राम प्रति हेक्टेयर की दर से प्रयोग करना चाहिए। नत्रजन की आधी मात्रा, फास्फोरस एवं पोटाश की पूरी मात्रा मृदा में बुवाई के समय प्रयोग करना चाहिए। शेष नत्रजन की मात्रा को 2 बराबर भागों में बांटकर तीन–तीन महीने के अन्तराल पर खड़ी फसल (टॉप ड्रेसिंग) में प्रयोग करना चाहिए।

सिंचाई प्रबंधन

सनाय में सूखा सहन करने की असीम क्षमता होती है इसीलिए इसकी खेती वर्षा पर निर्भर हैं। इसकी जड़ें जमीन में काफी गहराई तक जाती है और एक बार उग जाने के उपरान्त पौधा जमीन से ही नमी प्राप्त करता रहता हैं। इसलिए इसमें सिंचाई की अधिक आवश्यकता नही होती है परन्तु सिंचाई के पर्याप्त संसाधन उपलब्ध होने पर नई पत्तियां एवं फूल निकलते समय सिंचाई करना लाभप्रद रहता हैं। इसकी खेती के लिए जल भराव वाले क्षेत्र उपयुक्त नहीं माने जाते हैं। सोनामुखी या सनाय की एक बार बुवाई करने के पश्चात विशेष देखभाल की आवश्यकता नहीं होती हैं। इसलिए इसकी खेती से कम खर्च में अधिक आय प्राप्त की जा सकती हैं।

खरपतवार नियंत्रण

खरपतवार नियंत्रण के लिए बुवाई के एक माह पश्चात खेत में निराई–गुडाई करना चाहिए। ताकि समय पर खरपतवारों का नियंत्रण किया जा सके। जब पौधे बड़े हो जाएं तो खेत में पशु छोड़ देना चाहिए। पशु फसल को छोडकर खरपतवारों को खा जाते हैं जिससे पौधों को कोई नुकसान नहीं होता हैं। इस प्रकार एक बार फसल की वानस्पतिक वृद्वि होने के बाद खरपतवारों के नियंत्रण पर विशेष ध्यान देने की आवश्यकता नहीं होती हैं।

कीट एवं रोग नियंत्रण

इस फसल में बीजों का अंकुरण होने के पश्चात पौध आर्द्र गलन रोग का प्रकोप होता हैं। जिससे फसल को काफी नुकसान होता है। इस रोग से बचाव के लिये थाइरम या केप्टान 2 ग्राम प्रति किलोंग्राम बीज के हिसाब से बीजोपचार करने के पश्चात बुवाई करना चाहिए। फसल की बढ़वार के समय पत्ती धब्बा एवं पत्ती झुलसा रोग का प्रकोप होता है। इस रोग से बचाव के लिये 15 दिन के अंतराल पर डाईथेन एम–45 का 2 ग्राम प्रति लीटर पानी में घोल बनाकर छिडकाव करना चाहिये।

फसल कटाई एवं उपज

इसकी नई पत्तियों में सेनोसाइड की मात्रा अधिक होती हैं। परन्तु इसकी उपज वजन के हिसाब से बाजार में बिकती हैं। इसलिए उपज की मात्रा एवं पत्तियों में सेनोसाइड की मात्रा में सामजंस्य होना चाहिए। फसल की पहली कटाई बुवाई के 80 से 90 दिन बाद करनी चाहिए। पौधों की कटाई जमीन से 3 इंच ऊपर से तेज धार वाले हसिंया के द्वारा करनी चाहिए। कटाई करते समय ध्यान रखना चाहिये कि पौधा जड से नहीं उखडना चाहिए। पहली कटाई के बाद 60 दिन के अंतराल पर कटाई करते रहना चाहिये। सर्दियो में पहली कटाई पाला पड़ने की संभावना होने पर करनी चाहिए। एक वर्ष में चार कटाई से प्रति हेक्टेयर 10 कुटंल सूखी पत्तियों का उत्पादन प्राप्त किया जा सकता हैं। एक बार इस फसल की बुवाई करने पर निरन्तर पांच वर्ष तक उपज प्राप्त होती रहती हैं।

कटाई उपरान्त प्रबंधन व संग्रहण

इस फसल का मुख्य उत्पाद हरी पत्तियां होती हैं। कटी हुई फसल को पतली परत के रूप में खेत में एक दिन के लिए फैला देना चाहिए। ताकि पत्तियों में नमी की मात्रा कम हो जाये। इसके बाद इन पत्तियों को हवादार छाया वाले स्थान

पर सूखाना चाहिए। इसकी पत्तियों को सूखने में 3–5 दिन का समय लगता है। पत्तियों को सूखाने में देरी करने या गलत तरीके से सूखाने पर पत्तियों का रंग काला–भूरा हो जाता हैं। जिससे पत्तियों में सेनोसाइड की मात्रा भी कम हो जाती हैं। जिसके कारण उत्पाद की कीमत कम मिलती है। पत्तियों में नमी की मात्रा 8 प्रतिशत से कम होने पर बोरों में भरकर बिक्री हेतु भेजा जा सकता हैं।

गुग्गुल

वानस्पतिक नाम– ***कॉमीफोरा विग्टी*** **एल.**

कुल – बुर्सरेसी

गुणसूत्र संख्या (2 एन) – 26

परिचय

गुग्गुल एक महत्वपूर्ण बहुउपयोगी औषधीय पौधा हैं। अफ्रीका एवं एशिया को इसके उत्पति स्थल के नाम से जाना जाता हैं। वर्तमान में यह अफ्रीका के सोमालिया, केन्या, उत्तर–पूर्व ईथोपिया, जिम्बाबे, बोत्सवाना, दक्षिण अफ्रीका, पाकिस्तान के सिंध एवं बलूचिस्तान क्षेत्र में पाया जाता हैं। भारत में गुग्गुल का पौधा राजस्थान, गुजरात, मध्यप्रदेश, असम, सिलहट, बंगाल, मैसूर आदि स्थानों पर जंगलो में प्राकतिक रूप में पाया जाता हैं। गुग्गुल एक बहुशाखीय झाड़ीनुमा छोटा वृक्ष हैं। यह मुख्यतः शुष्क क्षेत्रों में पाया जाता हैं। गुग्गल बहुत धीमी गति से बढ़ने वाला पौधा हैं। इसकी उँचाई 3–4 मीटर एवं आयु लगभग 500 वर्ष की होती हैं। इसके पत्तियाँ चिकनी, तीन पत्रक युक्त एवं फल मांसल, लम्बे, छोटे बेर के समान लाल रंग के होते हैं। इसके तने एवं शाखाओं से गोंद के समान निकलने वाला तरल पदार्थ गुग्गुल कहलाता हैं। ताजा गुग्गुल पीले रंग एवं पुराना होने पर काले रंग में परिवर्तित हो जाता हैं। गुग्गुल एक दिव्य औषधि हैं इसका उपयोग एलोपैथिक, यूनानी तथा आयुर्वेदिक दवाओं में बहुतायत में किया जाता हैं। गुग्गल के लोबान के धुआ का प्रयोग क्षय रोग के नियंत्रण में किया जाता हैं। गुग्गल में स्टेरॉयड वर्ग के दो महत्वपूर्ण यौगिक जेड–गुग्गलस्टेरोन तथा ई–गुग्गलस्टेरोन पाये जाते हैं। दिव्य औषधीय गुणों के कारण इसका प्रयोग दवा निर्माता कंपनियों द्वारा विभिन्न व्याधियों के उपचार हेतु किया जाता हैं। वर्तमान में अंतर्राष्ट्रीय बाजार में इसकी बढ़ती मांग के कारण भारतीय जंगलों से इस पौधे का दोहन किया जा रहा हैं। इसलिए इस पौधें को भारतीय वानस्पतिक सर्वेक्षण ने विलुप्त प्रजाति के रूप में सूचीबद्ध किया गया हैं।

जलवायु

गुग्गुल एक उष्ण कटिबंधीय पौधा हैं। लेकिन कम वर्षा, गर्म तथा शुष्क जलवायु इसके वृद्धि एवं विकास के लिए उत्तम मानी जाती हैं। गुग्गुल का पौधा 40 से 50 डिग्री सेंटीग्रेड तापमान सहन करने मे सक्षम होता हैं। 10 से 90 सेंटीमीटर वार्षिक वर्षा वाले क्षेत्र इसकी खेती के लिए उपयुक्त माने जाते हैं। लेकिन जल भराव की समस्या होने पर इसकी खेती पर प्रतिकूल प्रभाव पड़ता हैं। यह मुख्यतः प्राकृतिक रूप में पहाड़ी एवं ढालू भूमि में उगता हैं। सर्दियों में तापमान कम होने पर इसका पौधा सुषुप्तावस्था में चला जाता हैं जिससे इसकी वानस्पतिक वृद्धि में कमी आ जाती हैं।

मृदा

गुग्गुल की खेती करने के लिए अच्छे जल निकास वाली दोमट एवं बलुई दोमट मृदा सर्वोत्तम मानी जाती हैं। 7.5 से 9.0 के मध्य पी.एच. मान वाली मृदाओं में इसकी वृद्धि एवं विकास अधिक होता हैं। जिसके परिणाम स्वरूप अधिक उपज प्राप्त होती हैं। इसके अतिरिक्त समस्याग्रस्त भूमियों जैसे लवणीय एवं क्षारीय मृदाओं में भी इसे उगाया जा सकता हैं। उचित जल निकास वाली काली मिट्टियों, रेतीली एवं पहाड़ी मृदाओं में भी इसे सफलतापूर्वक उगाया जा सकता हैं। इसलिए यह भू–क्षरण या परती भूमि के विकास हेतु उपयुक्त पौधा हैं।

उन्नत किस्में

अभी तक गुग्गुल की बहुत अधिक किस्में विकसित नहीं हो पाई हैं। केन्द्रीय औषधीय एवं सगंध पौधा संस्थान, लखनऊ के द्वारा मरूसुधा नामक किस्म को विकसित किया गया हैं। जिससे प्रति इकाई क्षेत्रफल मे अधिक गुग्गुल गोंद की प्राप्ति होती हैं।

प्रवर्धन

इसका प्रवर्धन मुख्यतः बीज तथा वानस्पतिक दोनों विधियों से किया जा सकता हैं। बीज द्वारा उगाये गये पौधों की बढ़वार और विविधता कम होती हैं। इसलिए वानस्पतिक विधि द्वारा प्रवर्धन करना उपयुक्त रहता हैं। इसका वानस्पतिक प्रवर्धन कलम, गूटी तथा वीनियर ग्राफ्टिग द्वारा किया जाता हैं। इसके लिए मई से जुलाई माह में स्वस्थ पौधों से 20–25 सेंटीमीटर लंबी तथा 1.0 से 1.5 सेंटीमीटर व्यास वाली कलमों का चयन करना चाहिए। इसके बाद कलमों के निचले हिस्से को 100 पी.पी.एम. इण्डोल ब्यूटेरिक अम्ल के घोल में 14 से 16 घंटों तक डुबोकर

रखने के पश्चात रोपण करना उपयुक्त होता हैं। रोपण कार्य सदैव पॉलीथीन बैग या क्यारियों में करना चाहिए। पॉलीथीन बैग में रोपण के लिए मिट्टी और बालू को समान अनुपात के मिश्रण में भरना चाहिए। इन कलमों को 8 से 10 सेंटीमीटर उंची उठी हुई क्यारियों में 15 × 8 सेंटीमीटर की दूरी पर लगाकर नियमित रूप से सिंचाई करते रहना चाहिए। पौधों की अच्छी बढ़वार के लिए क्यारियों में उचित जल निकास की व्यवस्था आवश्यक होती हैं।

रोपाई का समय एंव विधि

पौधों की रोपाई का सबसे अनुकूल समय जुलाई माह होता हैं। रोपाई के लिए सामान्यतः 30×30×30 सेंटीमीटर आकार के गड्ढे 15 जून से पहले तैयार कर लेने चाहिए। गड्ढ़ो को 5 सेंटीमीटर की ऊँचाई तक 3 से 5 किलोग्राम अच्छी सड़ी हुई गोबर की खाद एवं मिट्टी को मिलाकर भरना उपयुक्त रहता हैं। सिंचित परिस्थतियो में रोपाई कार्य फरवरी माह तक किया जा सकता हैं। रोपाई के लिए पौधे से पौधे की दूरी 1 मीटर तथा कतार से कतार की दूरी 2 मीटर रखा जाता हैं। रोपाई के लिए प्रति हेक्टेयर लगभग 5000 पौधों की आवश्यकता होती हैं।

खाद एवं उर्वरक

गुग्गुल के पौधों को रोपाई के समय प्रति पौधा दस किलोंग्राम अच्छी सड़ी हुई गोबर की खाद का प्रयोग किया जाता हैं। प्रति हेक्टेयर रोपाई के लिए 20–25 टन अच्छी सड़ी हुई गोबर की खाद या कम्पोस्ट का प्रयोग करने से पौधों की वृद्धि एवं विकास पर अनुकूल प्रभाव पड़ता हैं। जिससे उपज में वृद्धि होती हैं।

सिंचाई प्रबंधन

गुग्गुल के पौधों को खेत में अच्छी तरह से स्थापित होने के बाद बहुत कम मात्रा में पानी की आवश्यकता होती हैं। पौधे रोपित करने के बाद प्रथम वर्ष में एक डेढ़ माह के अंतर से पानी देना चाहिए। इसके बाद सामान्यतः सिंचाई की आवश्यकता नहीं होती हैं। वर्षा के अभाव में पांच वर्ष की उम्र तक इसके पौधों को शरद ऋतु में एक सिंचाई की आवश्यकता होती हैं। जबकि आठ वर्ष की उम्र के बाद पौधें पूर्ण विकसित होने तक गर्मियों में 2–3 सिंचाई करना पर्याप्त होता हैं।

खरपतवार नियंत्रण

वर्षा ऋतु में मृदा में पर्याप्त नमी होने पर गुग्गुल की फसल में खरपतवार का प्रकोप होता हैं। जिससे इसकी उपज पर प्रतिकूल प्रभाव पड़ता हैं। क्योकि

खरपतवारों की अधिकता से पौधों को पोषक तत्वों एवं पानी की उपलब्धता में कमी आ जाती हैं। इसलिए सितंबर एवं दिसंबर माह में निराई–गुडाई कार्य करने से उपज में वृद्धि होती हैं।

कीट एवं रोग प्रबंधन

कटुवा कीट

यह गुग्गुल का एक बहुमुखी कीट हैं। इस कीट की सुंडियां दिन में मृदा के अंदर रहती हैं तथा रात्रि में पौधों के तनों, शाखाओं तथा मृदा के अंदर कंदों को क्षति पहुंचाती है। इसके नियंत्रण के उपाय निम्नलिखित हैं।

समेकित कीट प्रबंधन

प्रकाश जाल –इस कीट की रोकथाम के लिये प्रकाश जाल का प्रयोग करना चाहिए। इस कीट का व्यस्क रात्रिचर होता हैं। जो प्रकाश की ओर बड़ी संख्या में आकर्षित होते हैं। इस कीट को मार्च से सितम्बर माह तक प्रकाश जाल के माध्यम से एकत्रित कर नष्ट किया जा सकता हैं।

जैविक कीटनाशी – बी.टी. (*बैसिलस थूरिन्जिएन्सिस*) नामक जैविक कीटनाशी बाजार में डाईपेल, डोलफिन, बायोलेप, बायोस्प आदि नामों से उपलब्ध होता हैं। इस जैविक कीटनाशी की 1.0 किलोग्राम मात्रा को प्रति हेक्टेयर की दर से पौधों की रोपाई के पश्चात छिड़काव करना चाहिए।

रासायनिक विधि – क्लोरोपाईरीफॉस नामक कीटनाशी की 2.0 मिलीलीटर दवा को प्रति लीटर पानी में धोलकर छिड़काव करना चाहिए। इसका प्रथम छिड़काव पौधों की रोपाई के 2–3 माह तथा द्वितीय छिड़काव प्रथम छिड़काव के एक सप्ताह बाद करना चाहिए।

दीमक

गर्मी के मौसम में प्रायः गुग्गुल के पौधों पर दीमक का प्रकोप होता हैं। दीमक के प्रकोप से सम्पूर्ण पौधा प्रभावित होता हैं। इसके प्रकोप से संक्रमित पौधों की पत्तियां पीली पडने लगती है जिसके परिणामस्वरूप पौधा मर जाता है। दीमक के नियंत्रण के लिए पौधारोपण करते समय प्रत्येक गड्ढे में दो किलोग्राम नीम की खली का चूर्ण अथवा दो किलोग्राम नीम के पत्ते, दो किलोग्राम धतूरे के पत्ते तथा दो किलोग्राम आक के पत्ते बारीक पीसकर 100 लीटर पानी में घोलकर मिश्रण तैयार किया जाता हैं। इस तैयार मिश्रण को दो–दो लीटर प्रति पौधे की दर से

प्रयोग करना चाहिए। आवश्यकता पड़ने पर इस प्रक्रिया को 15 दिन के अंतराल पर दोहराया जा सकता हैं।

जड गलन

यह गुग्गुल का प्रमुख रोग हैं। इसका प्रकोप सामान्यतः वर्षा ऋतू के बाद होता हैं। मृदा में नमी की मात्रा अधिक होने पर प्रभावित पौधों की जड़े सड़ने लग जाती हैं। जिससे कुछ समय बाद पौधों की पत्तियां पीली पड़कर सम्पूर्ण पौधा सूखने लग जाता हैं। इस रोग की रोकथाम के लिए पौध रोपण के समय कलम के निचले सिरे को टेफसॉन नामक कवकनाशी से उपचारित करना लाभप्रद रहता हैं।

गुग्गुल निकालने की विधि

गुग्गुल का पौधा रोपाई के लगभग 8 वर्ष में पूर्ण परिपक्व होकर गोंद सग्रंह करने योग्य हो जाता हैं। इन परिपक्व पौधों से दिसबंर–फरवरी में गोंद सग्रंहण का कार्य किया जाता हैं। पौधें का व्यास 7.5 सेंटीमीटर होने पर गोंद प्राप्त करने हेतु मुख्य तने एवं शाखाओं पर 1.5 सेंटीमीटर गहरा वृत्ताकार चीरा 30 सेंटीमीटर एवं 60 डिग्री कोण पर समान अन्तराल पर लगाया जाता है। चीरा वाले स्थानों से सफेद पीला सुगंधित गोंद स्त्रावित होता हैं। जो कि धीरे–धीरे कठोर होने लगता हैं। जिसे चाकू की सहायता से एकत्रित कर लिया जाता हैं। यह प्रक्रिया 10–15 दिन के अंतराल पर दोहराते रहते हैं। केम्बियम परत पर चीरे नजदीक एवं गहरे लगााने पर गोंद की उपज अधिक प्राप्त की जा सकती हैं। गोंद सग्रंह में रसायनों का प्रयोग करना लाभकारी रहता हैं। इसके लिए प्रत्येक तीन साल में एक बार इथेफान 400 मिलीलीटर का प्रति पौधें पर छिड़काव करने से गोंद का स्त्राव बढ जाता है। इस विधि द्वारा प्रत्येक पौधें से 500 से 1500 ग्राम तक गुग्गुल प्राप्त किया जा सकता हैं। 6 से 8 साल पुरानी झाड़ियों से औसतन 300 से 400 ग्राम गोंद प्राप्त होता हैं। गुग्गुल निकालने की एक अन्य विधि केन्द्रीय शुष्क क्षेत्र अनुसन्धान संस्थान, जोधपुर द्वारा विकसित की गई है। इस विधि के अनुसार गुग्गुल के पौधें 2 वर्ष के होने पर मुख्य तने तथा शाखाओं को छोंडकर हाथ के अंगुठे से पतली शाखाओं की कटाई कर ली जाती हैं। इस प्रकार काटी गई शाखाओं को इकट्ठा करके कुट्टी करने वाली मशीन से आधा इंच से एक इंच तक काट लेते हैं। इसके बाद धूप में सूखाया जाता हैं। छंटाई करने का सर्वाधिक उपयुक्त समय 14 जनवरी से 14 फरवरी के मध्य का होता हैं। क्योंकि इस समय पौधों में रेजिन की मात्रा सर्वाधिक होती हैं।

श्रेणीकरण

उत्तम श्रेणी का गुग्गुल प्राप्त करने के लिए श्रेणीकरण करना अत्यंत आवश्यक होता हैं। इसके लिए सदैव शाखाओ का चुनाव किया जाता हैं। अच्छी श्रेणी का गोंद अपारदर्शी होता हैं। दूसरी श्रेणी के गुग्गुल में छाल एवं मिट्टी मिली होती है और यह हल्के रंग का होता हैं। तीसरी श्रेणी का गुग्गुल प्रायः भूमि की सतह से इकट्ठा किया जाता हैं। इसमें मिट्टी, पत्थर के टुकडे एवं अन्य पदार्थ मिले होते हैं। हल्की श्रेणी के गुग्गुल के ढेर पर अरण्डी के तेल का छिडकाव करके सुधारा जा सकता हैं। जिससे इसमें चमक आ जाती हैं।

स्टीविया

वानस्पतिक नाम – *स्टीविया रिबोडियाना* एल.

कुल – ऐस्टेरेसी

गुणसूत्र संख्या (2 एन) – 22

परिचय

स्टीविया एक बहुवर्षीय एवं बहुशाखीय झाड़ीनुमा पौधा हैं। इसे साधारण भाषा में मधुपत्र, मधुपर्णी, हनी प्लांट, मीठी तुलसी एवं मीठी पत्ती के नाम से जाना जाता हैं। पैराग्वे तथा दक्षिण अमेरिका को स्टीविया के उत्पति स्थल के नाम से जाना जाता हैं। वर्तमान में इसकी खेती भारत के अतिरिक्त अमेरिका, अर्जेन्टीना, ब्राजील एवं मेक्सिकों में बहुतायत से की जाती हैं। विश्व भर में इसकी 200 से अधिक प्रजातियाँ उपलब्ध हैं। जिनमें से 20 प्रजातियों की खेती व्यावसायिक उत्पादन के लिए की जाती हैं। इसके पौधों की ऊंचाई लगभग 60 से 70 सेंटीमीटर तक होती हैं। स्टीविया की पत्तियाँ इसका मुख्य उत्पाद होती हैं। इनका प्रयोग मुख्यतः सर्करा रहित चीनी बनाने में किया जाता हैं। जिसके कारण इसे मधुमेह रोगियों के लिए उपयोगी माना गया हैं। स्टीविया की पत्तियों में मीठापन स्टेवियोल ग्लाइकोसाइड एवं स्टेवियोसाइड के कारण होता हैं। जो दुनिया का सबसे मीठा प्राकृतिक स्वीटनर हैं। यह चीनी से 250 गुणा और सुक्रोज से 300 गुणा ज्यादा मीठा होता हैं। इसमें इंसुलिन को संतुलित करने के गुण पाए जाते हैं। इसके लिए प्रायः 9 प्रतिशत अथवा इससे अधिक स्टीवियासाईड वाले स्टीविया की पत्तियों को अच्छी गुणवत्ता का माना जाता हैं। स्टीविया की पत्तियों में प्रोटीन, फाइबर, कैल्शियम, फास्फोरस एवं खनिज पदार्थ प्रचुर मात्रा में पाये जाते हैं। मछलियों के भोजन, सौंदर्य प्रसाधन बनाने एवं दवा कंपनियों में इसकी पत्तियों की मांग बड़े पैमाने पर होती हैं। इसके साथ ही मधुमेह रोग से पीड़ितों के लिए बेकरी उत्पाद, सॉफ्ट ड्रिंक और मिठाइयों में भी स्टीविया की सूखी हुई पत्तियों का प्रयोग किया जाता हैं। मधुमेह के उपचार के लिए स्टीविया की पत्तियों की मांग निरंतर

बनी रहती हैं। फफूंदीनाशक एवं जीवाणु रोधी गुण होने के कारण इसका प्रयोग चर्म रोगों, दांतों एवं मसूड़ों से सम्बंधित बीमारियों के उपचार में किया जाता हैं। स्टीविया मानसिक सजगता बढ़ाने के साथ–साथ थकान मिटाने एवं पाचन क्रिया में सहायक होता हैं। यह रक्तदाब को भी ठीक करता है। स्टीविया का इस्तेमाल हर्बल उत्पादों को स्वादिष्ट और खुशबूदार बनाने में भी किया जाता है। इसकी पत्तियों का उपयोग चाय, कॉफी, दूध, कोल्ड ड्रिंक एवं मिठाई आदि को मीठा करने हेतु किया जा सकता है।

जलवायु

स्टीविया की खेती सभी जलवायुवीय क्षेत्रों में वर्षभर की जा सकती है परन्तु तापमान 5 डिग्री सेंटीग्रेड से कम होने पर इसकी बढ़वार रूक जाती हैं। इसके लिये अर्ध आर्द्र एवं अर्ध उष्ण जलवायु अनुकूल पाई जाती है। इसे 11 से 41 डिग्री सेंटीग्रेड तापमान पर आसानी से उगाया जा सकता है। लेकिन इसकी अच्छी वानस्पतिक वृद्धि के लिये 31 डिग्री सेंटीग्रेड तापमान एवं 140 सेंटीमीटर वार्षिक वर्षा वाले क्षेत्र उपयुक्त रहते है। इसके अंकुरण के लिए पर्याप्त प्रकाश एवं उष्ण दशाओं का होना आवश्यक रहता हैं। स्टीविया की पत्तियों का अच्छा उत्पादन प्राप्त करने के लिए पाला रहित, उच्च प्रकाश एवं उष्ण मौसम उपयुक्त रहता हैं।

मृदा

स्टीविया की खेती के लिए उचित जल निकास युक्त, रेतीली दोमट एवं जीवाश्म पदार्थ से भरपूर मृदा सर्वोतम मानी जाती है। जिसका पी.एच. मान 6 से 7 के मध्य होना चाहिए। जल भराव एवं क्षारीय मृदाएँ इसकी खेती के लिए उपयुक्त नहीं होती हैं।

उन्नत किस्में

विश्व भर में स्टीविया की लगभग 90 किस्में विकसित की गई हैं। हमारे देश के दक्षिण भागों में उगाई जाने वाली प्रजातियो में स्टीवियोसाइड की मात्रा लगभग 3.5 प्रतिशत तक होती हैं। स्टीवियोसाइड की मात्रा पर ही स्टीविया का मूल्य निर्धारण होता है अतः ऐसी प्रजातियों को उगाना चाहिए जिसमें स्टीवियोसाइड की मात्रा अधिक से अधिक पाई जाने के साथ–साथ क्षेत्र की जलवायु के भी अनुरूप हो। वर्तमान में इसकी खेती के लिए मुख्यतया तीन किस्में प्रचलित हैं।

एस.आर.बी – 123

स्टीविया की इस किस्म का उदगम स्थल पेरूग्वे हैं। यह भारतवर्ष के दक्षिणी पठारी क्षेत्रों के लिए ज्यादा उपयुक्त मानी जाती हैं। इस प्रजाति की वर्ष भर में 5 कटाई की जा सकती है तथा इस किस्म मे ग्लुकोसाइड की मात्रा 9 से 12 प्रतिशत पाई जाती हैं।

एस.आर.बी. – 512

यह किस्म ऊत्तरी भारत के लिए उपयुक्त मानी जाती हैं। इस किस्म में 9 से 12 प्रतिशत ग्लुकोसाइड पाया जाता हैं तथा वर्ष भर में 5 कटाई ली जा सकती हैं।

एस.आर.बी.– 128

यह स्टीविया की सर्वोत्तम किस्म मानी जाती हैं। इसमें 12 प्रतिशत तक ग्लुकोसाइड पाया जाता हैं। यह किस्म उत्तर एंव दक्षिण भारत के लिए उपयुक्त मानी जाती हैं।

खेत की तैयारी

इसकी खेती के लिए दो से तीन गहरी जुताई करने के पश्चात पाटा लगाकर खेत को समतल कर देना चाहिए। कम उर्वराशक्ति वाली मृदाओं में आखिरी जुताई के समय 10 टन प्रति हेक्टेयर की दर से अच्छी सड़ी हुई गोबर की खाद मिला देनी चाहिए। स्टीविया का रोपण मेड़ो पर या क्यारियों में किया जाता हैं। स्टीविया की रोपाई मेंड़ो पर करना उपयुक्त रहता हैं। क्योंकि मेडों पर रोपाई करने से जल निकास एंव नमी की कमी होने पर सिंचाई करने में भी आसानी रहती हैं। मेड़ो पर रोपाई करने पर जड़ो का विकास अच्छा होता हैं। इसके लिए खेत में 15 सेंटीमीटर ऊँची एवं लगभग 2 फुट चौड़ी मेंड़ बनानी चाहिए। एक बार रोपाई के पश्चात स्टीविया की फसल से पांच वर्ष तक उत्पादन मिलता रहता हैं।

रोपाई का समय एवं दूरी

स्टीविया की रोपाई वर्षभर की जा सकती हैं। परन्तु अधिक तापमान एवं लम्बे दिन अधिक उत्पादन के लिए उपयुक्त रहते हैं। इसकी रोपाई के लिए उपयुक्त समय फरवरी से मार्च माह होता हैं। कतार से कतार की दूरी 40 सेंटीमीटर एवं पौधे में पौधें की दूरी 20–25 सेंटीमीटर रखना चाहिए। स्टीविया की रोपाई के लिए लगभग 85000 से 90000 पौधों की प्रति हेक्टेयर आवश्यकता होती हैं।

खाद एवं उर्वरक

लम्बी अवधि वाली फसल होने के कारण स्टीविया को अधिक मात्रा में पोषक तत्वों की आवश्यकता होती हैं। इस फसल को 200–250 किलोंग्राम नत्रजन, 100 किलोंग्राम फास्फोरस एवं 100 किलोंग्राम पोटाश की प्रति हेक्टेयर आवश्यकता होती हैं। इनकी पूर्ति के लिए 150–200 कुटंल वर्मीकम्पोस्ट या 500 कुटंल अच्छी सड़ी हुई गोबर की खाद प्रति हेक्टेयऱ की दर से प्रयोग करना चाहिए। स्टीविया की पत्तियों का मनुष्य द्वारा सीधा उपयोग किया जाता है इसीलिए इसकी खेती में कार्बनिक खादों के द्वारा ही पोषक तत्वों की पूर्ति करनी चाहिए। इसमें किसी भी प्रकार की रासायनिक खाद या कीटनाशी का प्रयोग नहीं किया जाता हैं।

सिंचाई प्रबंधन

स्टीविया की फसल को वर्षभर सिंचाई की आवश्यकता होती हैं। सर्दी के मौसम में 10 दिन तथा गर्मियों में एक सप्ताह के अन्तराल पर सिंचाई करनी चाहिए। स्टीविया में सिंचाई करने के लिए बूँद–बूँद सिंचाई पद्वति को सबसे उत्तम माना जाता हैं।

खरपतवार नियंत्रण

स्टीविया की फसल को खरपतवार से मुक्त रखने के लिए समय–समय पर निराई–गुड़ाई करते रहना चाहिए। जिससे खरपतवार नियंत्रण के साथ–साथ मृदा में वायु संचार भी अच्छा रहता है। इसमें किसी प्रकार के रासायनिक खरपतवार नाशियों का उपयोग नहीं किया जाता हैं।

कीट एवं रोग नियंत्रण

मृदा जनित रोगों तथा दीमक से पौधों को बचाने के लिए प्रति हेक्टेयऱ 300 से 400 किलोंग्राम नीम की पिसी हुई खली को खेत तैयार करते समय मृदा में मिलाना चाहिए। बोरोन तत्व की कमी के कारण पत्ती धब्बा रोग का प्रकोप हो जाता है। इसके निदान हेतु 6 प्रतिशत बोरेक्स का छिड़काव करना उपयुक्त रहता हैं। इसके अतिरिक्त नियमित अंतराल पर गौमूत्र अथवा नीम के तेल को पानी में मिलाकर छिड़काव करने से फसल पूर्णतया कीट एवं रोगों से मुक्त रहती है। रोग नियंत्रण हेतु किसी भी प्रकार के रासायनिक कीटनाशको का प्रयोग नहीं करना चाहिए।

कटाई

रोपाई के लगभग तीन से चार माह बाद स्टीविया की फसल प्रथम कटाई के लिए तैयार हो जाती है। कटाई का कार्य पौधों पर फूल आने के पूर्व ही कर लिया जाना चाहिए क्योंकि फूल आने से पौधे में स्टिवियोसाइड की मात्रा घटने लगती हैं। जिससे इसका उचित मूल्य नहीं मिल पाता हैं। इस प्रकार प्रथम कटाई चार माह बाद तथा आगे की कटाईयाँ प्रत्येक तीन माह के अंतराल पर करनी चाहिए। इसकी कटाई दो विधियों के द्वारा की जाती हैं। प्रथम विधि में पौधों को जमीन से 5–8 सेंटीमीटर ऊँचाई से काटकर अथवा दूसरी विधि में पत्तियों को चुनकर की जा सकती हैं। पूरा पौधा काटने के उपरान्त भी इसकी पत्तियों को तोड़ा जा सकता हैं। पत्तियों को तोड़ने के उपरान्त उन्हें छायादार स्थान में सूखाना चाहिए। पत्तियों को 3–4 दिन तक छाया में सूखाने पर पूर्णतया नमी रहित हो जाती हैं। इसके बाद इन्हे बोरों में भरकर बिक्री के लिए भेज दिया जाता हैं। इस प्रकार एक वर्ष में स्टीविया की चार कटाई की जा सकती हैं।

उपज

बहुवर्षीय फसल होने के कारण स्टीविया की उपज में प्रत्येक कटाई के साथ निरंतर बढोत्तरी होती जाती है। हालांकि उपज की मात्रा कई कारकों जैसे प्रजाति, फसल की वृद्धि, कटाई का समय आदि पर निर्भर करती है परन्तु चार कटाईयों से 2 से 4 टन तक सूखी पत्तियाँ प्राप्त हो जाती हैं। एक फसल से वर्षभर में औसतन 2.5 टन सूखी पत्तियाँ प्राप्त हो जाती हैं।

नीम

वानस्पतिक नाम– *अजाड़िरेक्टा इण्डिका* एल.

कुल – मेलिएसी

गुणसूत्र संख्या (2 एन) – 28

परिचय

नीम एक तेजी से बढ़ने वाला प्रकृति प्रदत बहुउपयोगी एवं सदाबहार वृक्ष हैं। जिसका उत्पति स्थल भारतीय उप–महाद्वीप (भारत, पाकिस्तान, बांग्लादेश एवं म्यांमार) को माना जाता हैं। इसका वैज्ञानिक नाम *अजाडिरेक्टा इंडिका* फारसी भाषा से लिया गया हैं। फारसी में नीम को आजाद दरख्त–ए–हिन्द के नाम से जाना जाता है जिसका अर्थ है हिन्दुस्तान स्वत्रंत वृक्ष। वर्तमान में इसकी खेती दक्षिण–पूर्वी एशिया, आस्ट्रेलिया, अफ्रीका, मध्य अमेरिका, श्रीलंका, इंडोनेशिया, थाईलैंड, कैरिबियन आदि देशों में की जाती हैं। भारत इसका सबसे बडा उत्पादक एव निर्यातक देश हैं। हमारे देश के विभिन्न राज्यों जैसे उत्तर प्रदेश, तमिलनाडू, कर्नाटक, मध्यप्रदेश, आंध्र प्रदेश, गुजरात, पंजाब, पश्चिम बंगाल, राजस्थान आदि में यह बहुतायत में उगाया जाता है। यह मुख्यतः मैदानी भाग, सड़कों के किनारे, खेतों की मेड़ों पर, गांवों के आसपास एव पड़ती भूमि में प्राकृतिक रूप से पाया जाता हैं।

नीम के प्रत्येक भाग जैसे जड़, तना, छाल, टहनियों, पत्तियों, पुष्प, फल, बीजरस, तेल, अर्क आदि का अपने दैनिक जीवन में औषधीयों, कीटनाशकों एवं उर्वरकों के रूप में उपयोगी हैं। इसलिए इसे प्राकृतिक वैद्य की संज्ञा दी गई हैं। पर्यावरण विशेषज्ञों, प्रकृतिविदों, चिकित्साविदों, कृषि वैज्ञानिकों एवं वन–विशेषज्ञों आदि द्वारा इसके विभिन्न गुणों जैसे विषाणु रोधी, क्षय रोगनाशक, जीवाणु नाशक, फफूंदी नाशक, अमीबा नाशक, फोड़ाध्जहरबाद नाशक, खाज/खुजली नाशक, सूजन विरोधी, पाइरिया नाशक, चर्मरोग नाशक, हृदय संबंधी, कीटनाशक, कृमिनाशक के रूप में प्रयुक्त होने के कारण इसे कल्पवृक्ष या देव वृक्ष भी कहा

जाता है। इसकी बढ़ती उपयोगिता को देखते हुए अब वैज्ञानिक तकनीकी से पौधारोपण करने की दिशा में बल दिया जा रहा हैं।

वानस्पतिक विवरण

नीम वनस्पति जगत के पुष्पबीजी (एन्जियोस्पर्मी) संघ के द्विबीज पत्री वर्ग का पौधा हैं। इसकी भारत में मेलिया अजाडिरेक्ट एवं मेलिया इंडिका नामक प्रजातियाँ पाई जाती हैं। इसमें मूसला जड़ तंत्र पाया जाता है। जो गोल, लंबी एवं गहराई तक जाती है। इसकी मुख्य जड़ से द्वितीयक, तृतीयक जड़ें निकलकर जाल के रूप में फैली रहती हैं। जड़ गंधयुक्त एवं हल्के पीले रंग की होती हैं। नीम का तना, सीधा, एक समान लंबाई एवं मोटाई वाला होता हैं। वृक्ष पुराने होने पर तने का रंग काला–भूरा, मोटा, फटा हुआ एवं खुरदरी छाल युक्त हो जाता है। इसकी लकड़ी मजबूत, गंधयुक्त, हल्के पीले एवं मध्य में गहरे मैरून/कत्थई रंग की होती हैं। मुख्य तने से शाखाएँ एवं टहनियां निकलकर ऊपर की ओर एक छत्र के रूप में विकसित होती हैं। एक लंबी पर्णवृत्त पर पत्तियाँ एकांतर अथवा समांतर क्रम में संयोजित होकर संयुक्त पत्ती कहलाती है। इनके किनारे दांतेदार, रंग गहरा हरा एवं सतह चिकनी होती हैं। मार्च से अप्रैल में नई पत्तियाँ आने लगती है लेकिन शुष्क परिस्थितियों में सभी पत्तियाँ कुछ समय के लिए गिर जाती है जिससे वृक्ष पर्णविहीन हो जाता हैं। पुष्प उभयलिंगी अर्थात नर और मादा जननांग एक ही पुष्प पर होते है। इनमें मकरंद की भीनी सुगंध आती है जो मधुमक्खियों को शहद के लिए आकर्षित करती हैं। यह फूलों में परागण के लिए लाभकारी होती है। पुष्प सफेद रंग, आकार में छोटे तथा गुच्छों में पाए जाते हैं। मध्य व उत्तर भारत में पुष्पकाल मार्च से अप्रैल जबकि मालाबार क्षेत्र में जनवरी, मैसूर व उसके आसपास के क्षेत्रों में फरवरी, हिमालय पर्वत के निचले क्षेत्रों में मई और देश के अन्य भागों में अगस्त–सितंबर माह में भी फूल आते हैं। नीम के फलों को निंबोली कहा जाता हैं जो मई से जून तक आती है। शुरू में निंबोली कच्ची व हरी तथा पकने पर पीले रंग की होकर गिरने लगती है जिसे अगस्त माह तक प्राप्त किया जा सकता हैं। इन पकी हुई निंबोलिया में छिलके के अंदर एक गाढ़ा सफेद तरल चिपचिपा द्रव तथा मध्य में बीज होता हैं। इसके बीजों में 40–50 प्रतिशत तेल पाया जाता हैं।

जलवायु

यह उष्णकटिबंधीय जलवायु का पौधा होने के कारण गर्म व ठंडी दोनों प्रकार की जलवायु में लगाया जा सकता हैं। यह शून्य डिग्री सेंटीग्रेड से 50 डिग्री सेंटीग्रेड तक का तापमान सहन कर सकता हैं। परंतु शून्य डिग्री से नीचे तापमान पर यह

पौधा जीवित नहीं रह पाता हैं। अच्छी वृद्धि के लिए 450 से 1200 मिलीमीटर वार्षिक वर्षा वाले क्षेत्र उपयुक्त माने जाते हैं।

मृदा

उचित जल निकास वाली सभी प्रकार की भूमि जैसे शुष्क पथरीली, रेतीली, उथली, गहरी चिकनी, अम्लीय (5 पी. एच.) एवं क्षारीय (10 पी.एच.) भूमि में आसानी से उगाया जा सकता हैं। आरंभिक अवस्था में नीम के पौधे को पाले का खतरा बना रहता है। इसलिए वृक्षारोपण के बाद एक वर्ष तक पाले से बचाव करना आवश्यक होता हैं। तत्पश्चात पाला सहन करने में यह सक्षम हो जाता हैं।

संवर्धन

वृक्ष उगाने, रख रखाव एवं उपज प्राप्त करने तक की संपूर्ण प्रक्रिया को वृक्ष संवर्धन कहा जाता हैं। नीम के वृक्षों को प्राकृतिक रूप से बीजों द्वारा उगाना सबसे सरल व उपयुक्त रहता हैं। सामान्यतः इसको पौधशाला में बीजों से तैयार पौध रोपण द्वारा अथवा सीधे बीजों से बुवाई करके उगाया जा सकता हैं। नीम का वृक्ष बहुवर्षीय होता हैं। जो कि एक बार लगाने के बाद 60 से 80 वर्ष तक उपज देता रहता हैं।

पौध तैयार करना

पौध तैयार करने हेतु पौधशाला का निर्माण समतल भूमि में करना चाहिए। जहाँ सिंचाई, जल निकास एवं छाया की पर्याप्त सुविधा उपलब्ध हो। पौधशाला में क्यारियां बनाने के लिए 5 से 10 मीटर लंबी, 1 मीटर चौड़ी तथा 15–20 सेंटीमीटर ऊँची क्यारियाँ बनाना चाहिए। क्यारियों में 2.5 से 5 सेंटीमीटर ऊपरी सतह पर उपजाऊ मिट्टी, जैविक खाद एवं बालू 1:1:1 के अनुपात में मिलाकर फैला देना चाहिए। अच्छी गुणवत्ता के बीजों को जून–जुलाई माह में बीज संग्रहण के बाद शीघ्र तैयार क्यारियों में 15–20 सेंटीमीटर गहराई पर बुवाई करना चाहिए। बीजों का अंकुरण 7 से 21 दिनों में हो जाता है जब पौधे लगभग एक माह के हो जाएँ तो इन्हें पॉलीथीन की थैलियों में स्थानांतरित कर देना चाहिए। बीजों को सीधे पॉलीथीन की थैलियों में जैविक खाद, बालू व उपजाऊ मिट्टी का मिश्रण 1:1:1 के अनुपात में भरकर, दो बीज प्रति थैली के हिसाब से भी बुवाई की जा सकती हैं।

पौध रोपण का समय एवं दूरी

अप्रैल–मई माह में पौधारोपण करने के लिए 45×45×45 सेंटीमीटर आकार के गड्ढे खोदकर छोड देना चाहिए। ताकि गर्मी के कारण हानिकारक कीट एव अंडे नष्ट

हो जाएँ। मेड़ों पर वृक्षारोपण करने के लिए गड्ढे से गड्ढे की दूरी 4×4 मीटर एवं कृषि वानिकी हेतु 5×5 मीटर की दूरी पर या सुविधानुसार गड्ढे बनाए जा सकते हैं।

मानसून की प्रथम वर्षा होने पर 8–10 माह आयु के स्वस्थ व निरोगी पौधों को उपर्युक्त विधि से तैयार किए गए गड्ढे में रोपाई कर देना चाहिए। तैयार पौधो को लंबे समय तक नर्सरी में रखने से जड़े मिट्टी में अधिक गहराई तक चली जाती है। जिससे पौधो को नर्सरी से निकालना मुश्किल हो जाता है। पॉलीथीन थैलियों में तैयार पौधों को रोपाई करते समय थैलियों को अलग कर रोपाई करना चाहिए। रोपाई के बाद मिट्टी चढ़ाकर पैरों से भली–भांति दबाने के पश्चात हल्की सिंचाई करनी चाहिए। पौधरोपण स्थान पर पानी का अधिक समय तक भराव नहीं होना चाहिए अन्यथा पौधा नष्ट होने की संभावना रहती हैं।

खाद एवं उर्वरक

पौधरोपण से लेकर दो वर्ष की अवधि तक पौधों को अच्छी वृद्धि के लिए समय–समय पर रासायनिक एवं गोबर की खाद देना आवश्यक हैं। पौध रोपण के समय 5–6 किलोंग्राम जैविक खाद, 20–25 ग्राम कीटनाशक, 10 ग्राम यूरिया, 20 ग्राम सिंगल सुपर फास्फेट, 20 ग्राम म्यूरेट ऑफ पोटाश, 1.2 किलोंग्राम नीम की खली तथा उपजाऊ मिट्टी को मिलाकर प्रति गड्ढे में भरना लाभप्रद रहता हैं। नीम के पौधों की वृद्धि पर रासायनिक तत्वों जैसे पोटैशियम व जस्ते की कमी का असर पड़ता हैं। पोटैशियम की कमी होने पर पत्तियों के किनारे एवं सिरों पर हरे पीले धब्बे उभर आने से पत्तियाँ धीरे–धीरे मरने लगती हैं जिसे नेक्रोसिस कहा जाता हैं। जस्ते की कमी होने पर तने से गोंद का स्राव होने से पत्तियों के किनारे पीले धब्बे स्पष्ट दिखाई देने लगते हैं तथा पुरानी पत्तियाँ तेजी से गिरने लगती हैं।

खरपतवार नियंत्रण

वृक्षारोपण के लगभग 3–4 वर्ष बाद वृक्षों में फल आने आरम्भ हो जाते हैं। इस अवस्था तक पौधों के रखरखाव पर विशेष ध्यान देने की आवश्यकता होती हैं। रोपण से एक माह के भीतर निराई–गुडाई करना आवश्यक हैं। इस समय पौधे के चारों ओर 50 सेंटीमीटर के घेरे से खरपतवार, घास आदि को जड़ से निकाल देना चाहिए। इसके लगभग एक माह बाद दूसरी निराई–गुडाई तथा आवश्यकता पड़ने पर तीसरी निराई अक्टूबर माह के अंत तक करनी चाहिए। निराई–गुडाई करते समय पौधों के चारों ओर थाला बनाना चाहिए। ताकि नमी की कमी होने पर थालों में आवश्यकतानुसार सिंचाई की जा सके।

कीट एवं रोग नियंत्रण

नीम में कीटनाशक के गुण विद्यमान होते है। फिर भी कभी–कभी तना छेदक एवं रस चूसक कीटों का प्रभाव देखा जाता है जो पौधों के कोमल भागो को नष्ट कर देते हैं। इन कीटों की रोकथाम करने के लिए मैलाथियान 0.25 प्रतिशत या डिमेक्रोन 0.02 प्रतिशत घोल का छिड़काव करना लाभकारी होता हैं। इसके अलावा जड़ों एवं तने का सड़ना, शाखाओं एवं पत्तियों में गेरूई (बरमाइट) रोग के धब्बे आदि फफून्दजनित रोगों के लक्षण दिखाई देते हैं। इन रोगों से बचाव के लिए फफूंदीनाशक दवाओं का छिडकाव करना चाहिए।

फलों की तुड़ाई

फल पककर तैयार होने की अवस्था में इनका रंग पीला हो जाता है। इस स्थिति में नीम के प्रमुख गुणकारी तत्व अजाडिरेक्टीन नामक रसायन की मात्रा सर्वाधिक होती हैं। इसके सभी फल एक साथ नही पकते हैं। इसलिए पके हुए फलों की समय–समय पर नीम के पेड़ो से तुड़ाई कर लेनी चाहिए। यदि तुड़ाई करना संभव नही हो तो जमीन पर गिरे फलों को इकट्ठा कर लेना चाहिए। यह आर्थिक दृष्टि से भी अनुकूल रहता हैं। इसके लिए वृक्ष के नीचे जमीन की सतह पर झाड़ू लगाकर फर्श को फल तोड़ने की पूर्व संध्या पर साफ कर देना चाहिए तथा सुबह के समय वृक्ष के नीचे से निंबोलिया को एकत्रित कर सकते हैं। जमीन से एकत्र की गई निंबोलिया में हानिकारक कवको व जीवाणूओं के संक्रमण का खतरा रहता है। जिससे बीज तथा तेल की गुणवत्ता प्रभावित होती हैं। इसलिए वृक्षों के नीचे सूती कपड़े की चादर डालकर बांस इत्यादि से वृक्ष की टहनियों को हिलाकर एक साथ ही वृक्ष से अधिक मात्रा में बीजों को एकत्र करना चाहिए। जमीन से एकत्र की गई निम्बोलियों को पानी से धो लेना चाहिए। इस प्रकार एकत्र किए गए बीजों को साफ एवं सूखे फर्श पर 2–3 दिन तक खुली हवा में गुदा को मुलायम होने के लिए छोड़ देना चाहिए।

बीज निकालना

छिलके एवं गुदा से बीज अलग करने के लिए एकत्रित किए फलों को पानी में डालकर हाथ से रगड़ने पर छिलका, गुदा व बीज अलग–अलग हो जाते हैं। यह कार्य स्क्रबर्स द्वारा भी किया जा सकता हैं। गुदा रहित बीजों को बांस की छलनी या टोकरी में डालकर बहते हुए पानी मे धोने से गूदा व छिलका छूटकर बीज से अलग हो जाता हैं। बीज को पानी में लंबे समय तक डुबाना नहीं चाहिए।

बीज सुखाना

बीज को अधिक गर्म सतह और अधिक धूप में सुखाना उपयुक्त नही होता है। इसलिए बीजो को टाट, बोरा, कपड़ा या चटाई पर बिछाकर हल्की धूप या हवादार कमरे में पंखे से सुखाना उत्तम रहता है। गंदी कच्ची जमीन पर सुखाने से संक्रमण एवं अजाडिरेक्टीन तत्व का ह्रास अधिक होता हैं।

बीज का कवच (गुठली) तोड़ना

सामान्यतः नीम बीजों को छिलका सहित ही विभिन्न प्रयोजनों जैसे नर्सरी, तेल निकालने आदि हेतु प्रयुक्त किया जाता हैं। इसका भंडारण व स्थानांतरण भी छिलका सहित ही होता हैं। परंतु तेल निकालने के उद्देश्य से इकट्ठे किए गये बीजों की गुठली को दाल दड़ने की चक्की में डालकर या ओखली में हल्का सा कूटकर या सीलबट्टे से दड़कर अलग किया जा सकता हैं। इस कार्य के लिए नीम की गुठली तोड़कर गिरी अलग करने वाली मशीन का प्रयोग भी किया जा सकता हैं।

भण्डारण

नीम के बीजों का भंडारण बीजों के उपयोग की दृष्टि से काफी महत्वपूर्ण हैं। नर्सरी लगाने के उद्देश्य से बीज एकत्र करने पर भण्डारण की आवश्यकता नहीं होती है क्योंकि इनकी अंकुरण क्षमता केवल 2–3 सप्ताह की होती हैं। परंतु जब बीज का संग्रह तेल, जैव रसायन, अजाडिरेक्टीन, फैटी एसिड आदि प्राप्त करने के उद्देश्य से किया जाता है तो इसे 6 माह से 1 वर्ष तक का समय लगता हैं। इस दशा मे बीजों को सावधानीपूर्वक भण्डारण की आवश्यकता होती हैं। तापमान तथा नमी भंडारण के दौरान नीम के बीजों की गुणवत्ता को प्रभावित करते हैं। बीजों का भण्डारण नमी रहित जूट के बैग अथवा हवायुक्त कंटेनर में करना चाहिए। बीजों को कमरे के तापमान अथवा 15–25 डिग्री सेंटीग्रेड तापमान पर भंडारण करना लाभप्रद रहता हैं। 30 प्रतिशत से अधिक नमी होने पर बीजों में कवक संक्रमण की आशंका होती है जबकी 20 प्रतिशत से नमी कम होने पर बीज की गुणवत्ता खराब होने लग जाती हैं। बीजो का भंडारण 12 से 14 प्रतिशत नमी पर करने से उसकी अंकुरण क्षमता 3–4 माह तक बनी रहती हैं। बीज का उपयोग जैव रसायन के व्यावसायिक उपयोग के लिए 9 प्रतिशत या इससे कम नमी होने पर भंडारित करना चाहिए। इससे कम नमी होने पर बीज सिकुड़ने लगता है तथा अजाडिरेक्टीन की मात्रा घटने लगती हैं।

उपज

नीम का वृक्ष 5–6 वर्ष की अवस्था से निरन्तर 100 वर्षों तक फल देता रहता हैं। इससे प्रतिवर्ष औसतन 30–50 किलोग्राम निंबोली (नीम का फल) प्रत्येक वृक्ष से प्राप्त किया जा सकता है। एक पेड़ औसतन 350 किलोग्राम पत्तियाँ और 30 किलोंग्राम फल से औसतन 6 किलो नीम का तेल तथा 24 किलोंग्राम खली प्राप्त की जा सकती हैं। नीम के वृक्षों को 5×5 मीटर की दूरी पर लगाने से प्रति हेक्टेयर 400 वृक्ष लगाकर 8 वर्ष बाद 50 से 200 घन मीटर तक लकड़ी प्राप्त की जा सकती हैं।

मुलेठी

वानस्पतिक नाम – *ग्लीसीर्रहीजा ग्लाब्र* एल.

कुल – फेबीएसी

गुणसूत्र संख्या (2 एन) – 16

परिचय

यह एक बहुवर्षीय झाड़ीनुमा औषधीय पौधा हैं। इसे यष्टिमधु, मुलहठी या मीठी जड़ के नाम से भी जाना जाता हैं। इसका उत्पति स्थल एशिया और दक्षिणी यूरोप के कुछ हिस्से माने जाते हैं। यह दुनिया भर में अरब, तुर्किस्तान, अफगानिस्तान, ग्रीक, चीन, मिस्र और भारत में पाया जाता हैं। भारत में इसकी खेती जम्मू–कश्मीर, पंजाब और हिमालय क्षेत्रों में की जाती हैं। इसके पौधो की औसत ऊंचाई 1–2 मीटर तक होती हैं। इसके फूल जामुनी से सफेद नीले रंग के एवं लंबाई 0.8–1.2 सेंटीमीटर तक होती हैं। इसके फलों में बीजों की सख्या काफी अधिक होती हैं। जिनकी लम्बाई 2–3 सेंटीमीटर होती हैं। जड़ें स्वाद में मीठी एवं गंध विहिन होती हैं। इसकी जड़ों का प्रयोग विभिन्न प्रकार की आयुर्वेदिक दवाईयॉ तैयार करने के लिए किया जाता हैं। ताजा मुलहठी में 50 प्रतिशत एवं सुखाने पर 10 प्रतिशत जल पाया जाता हैं। इसके जमीन के ऊपरी भाग ग्लिसराइजिक अम्ल के कारण स्वाद में मीठे होते हैं। यह अम्ल साधारण शक्कर से 50 गुना अधिक मीठा होता हैं। विभिन्न किस्मों में इसकी मात्रा 2 से 14 प्रतिशत तक होती हैं। ग्लिसराइजिन के अतिरिक्त इसमें आएसो लिक्विरिटन (एक प्रकार का ग्लाइकोसाइड स्टेराइड इस्ट्रोजन) (गर्भाशयोत्तेजक हार्मोन), ग्लूकोज (3.5 प्रतिशत), सुक्रोज (3–7 प्रतिशत), रेजीन (2–4 प्रतिशत), स्टार्च (40 प्रतिशत), उड़नशील तेल (0.03–0.35 प्रतिशत) आदि रासायनिक घटक भी होते हैं। मुलेठी से तैयार दवाईगों का प्रयोग त्वचा रोगो, पीलिया, अल्सर, ब्रोंकाइटिस, खांसी, गले की खराश, उदरशूल, क्षयरोग, श्वासनली की सूजन, मिरगी इत्यादि बीमारियों का इलाज करने के किया जाता हैं। मुलेठी का सेवन आँखों के लिए भी लाभकारी हैं। इसमें जीवाणुरोधी क्षमता

पाई जाती हैं। जिससे यह शरीर की अन्दरूनी चोटों में लाभदायक होता हैं। भारत में इसे पान आदि में डालकर प्रयोग किया जाता हैं। मुलेठी का पीला रंग ग्लाइकोसाइड–आइसोलिक्विरिटन वर्णक के कारण होता हैं। यह 2.2 प्रतिशत मात्रा में पाया जाता हैं। मुख में विद्यमान लार ग्रंथियों को उत्तेजित कर भोज्य पदार्थों के पचाने में सहायक होता हैं।

जलवायु

यह भूमध्य सागरीय शुष्क जलवायु का पौधा हैं। इसकी खेती के लिए 50–100 मिलीमीटर वार्षिक वर्षा उपयुक्त होती हैं। इसके पौधों की जड़ों के वृद्धि एवं विकास के लिए सर्दियों में 25 डिग्री सेंटीग्रेड और गर्मियों में 50 डिग्री सेंटीग्रेड तापमान सहायक होता हैं।

मृदा

मुलेठी का पौधा कठोर प्रवृति का होता हैं। इसलिए यह प्राकृतिक रूप से सभी प्रकार की मृदाओं में आसानी से उग जाता हैं। लेकिन इसकी खेती के लिए बलुई और दोमट मृदा सर्वोतम मानी जाती हैं। इसके पौधों की जड़ों के वृद्धि एवं विकास के लिए हल्की अम्लीय एवं क्षारीय मृदाऐं (पी.एच. 5.5 से 8.2) उपयुक्त होती हैं।

उन्नत किस्में

इसकी उन्नत किस्में तुर्की, ईरान, ईराक, मध्य–एशिया और उत्तर–पश्चिमी चीन में पाई जाती हैं। जी. ग्लबरा, स्पैनिश इटैलियन एवं लिक्वोराइसजी युरीलेंसिस इसकी अगेती किस्में हैं। उपरोक्त किस्में मध्य एशिया, उत्तर पश्चिमी चीन और मंगोलिया के पूर्वी भागों में पाई जाती हैं। भारत में इसकी हरियाणा मुलेठी–1 किस्म की खेती व्यावसायिक स्तर पर की जाती हैं। यह किस्म हरियाणा कृषि विश्वविद्यालय, हिसार द्वारा विकसित की गई हैं।

खेत की तैयारी

इसकी खेती के लिए गर्मियों में एक गहरी जुताई मिट्टी पलटने वाले हल से करके खेत को खुला छोड़ देना चाहिए। इसी समय खेत से पुराने पेड़ों की जड़ों एवं अन्य झाड़ियों को खेत से निकालकर साफ कर दिया जाता हैं। रोपाई से पूर्व खेत की दो हल्की जुताईयाँ कर पाटा लगा देने से खेत समतल हो जाता हैं। इसके लिए खेत का ढेले रहित होना आवश्यक होता हैं। खेत में क्यारियाँ बनाने से सिंचाई में सुविधा रहती हैं।

प्रवर्धन

मुलेठी का प्रवर्धन बीज एवं पौधों के तने का प्रयोग कर किया जाता हैं। दोनो ही माध्यम से प्रवर्धन करने के लिए सर्वप्रथम पौध तैयार करने की आवश्यकता होती हैं। तने का प्रयोग सीधे रोपाई के लिए भी किया जा सकता हैं।

पौध तैयार करना

जनवरी–फरवरी माह में इसके बीजों द्वारा पौध तैयार की जाती हैं। तने सें पौध तैयार करने के लिए 200–250 किलोंग्राम प्रति हेक्टेयर की आवश्यकता होती हैं। इसके तने से पौध तैयार करने के लिए क्यारियों की ऊँचाई 6–8 सेंटीमीटर होनी चाहिए।

रोपाई का समय एव विधि

इसकी रोपाई फरवरी से मार्च या जुलाई–अगस्त माह में की जाती हैं। लेकिन बरसात का समय इसकी रोपाई के लिये उपयुक्त रहता हैं। रोपाई के लिए जड़ युक्त 10 से 15 सेंटीमीटर लम्बा एवं 2–3 आंख वाले पौधों का प्रयोग करना चाहिए। रोपाई करते समय कतार से कतार की दूरी 90 सेंटीमीटर एवं पौधें से पौधें के बीच की दूरी 45 सेंटीमीटर रखना चाहिए। रोपाई के तुरंत बाद बसंत ऋतु में हल्की सिंचाई करना आवश्यक होता हैं। नर्सरी से पौधा उखाड़ते समय इस बात का ध्यान रहे कि उसकी जड़ें टूट न पाये। उखाड़ने के बाद पौधों को भीगे बोरे या हरी पत्तियों से ढ़क कर खेत में ले जाकर लगा देना चाहिए।

खाद एवं उर्वरक

पहली बरसात के तुरन्त बाद अन्तिम जुताई के समय 10–12 टन प्रति हेक्टेयर की दर से गोबर की सड़ी खाद को खेत मे मिलाकर खेत की पुनः जुताई करनी चाहिए। इसकी खेती के लिए किसी भी प्रकार के उर्वरकों की आवश्यकता नही होती हैं। खेत की मिट्टी हल्की होने पर तैयारी के समय केचुँए की खाद मिलाने से पौधों की वृद्धि एवं विकास अधिक होता हैं। मिट्टी में नमी बनाए रखने के लिए पलवार का भी उपयोग किया जा सकता हैं।

सिंचाई प्रबंधन

शुष्क मौसम में फसल को 30–45 दिन के अंतराल पर सिंचाई की आवश्यकता होती हैं। नवंबर माह में पौधों की पत्तियाँ निकलने के बाद सर्दियों के मौसम में सिंचाई की आवश्यकता नही होती हैं। खेत में जल निकास का उचित प्रंबध होना

चाहिए क्योंकि जल भराव के कारण संक्रमण होने की सम्भावना रहती हैं। जिसके कारण जड़ सड़न–गलने लग जाती हैं।

खरपतवार नियंत्रण

खेत को खरपतवारों से मुक्त रखने के लिए समय–समय पर निराई–गुडाई करनी चाहिए। क्योंकि खरपतवारों के द्वारा इसकी जडों के विकास पर प्रतिकूल प्रभाव पडता हैं। इसलिए पहले साल में 3–4 बार खुरफी की सहायता से एवं अगले साल 2 निराई–गुड़ाई करनी चाहिए। ताकि फसल को पूरी तरह खरपतवारों से मुक्त रखा जा सकें।

रोग एवं कीट नियंत्रण

लाल मकडी

यह कीट शुष्क मौसम में पौधों के कोमल भागों को खाकर नुकसान पहुचाँता हैं। इसके नियंत्रण के लिए नीम के तेल का छिडकाव करना चाहिए।

केटरपिलर

इस कीट का लार्वा पौधों की हरी पत्तियों को खाकर नुकसान पहुचाँता हैं। इसके नियंत्रण के लिए बेसीलस थुरीजेन्सिस अथवा नीम के तेल का छिडकाव किया जा सकता हैं।

चूर्णी फफूंद

यह रोग फफूंद द्वारा फैलता हैं। इस रोग का प्रकोप होने पर प्रभावित पौधों पर सफेद रंग का चूर्ण विकसित हो जाता हैं। इसके नियंत्रण के लिए पोटेशियम बाई कार्बोनेट का छिडकाव करना चाहिए।

जड़ो की खुदाई

अधिक उपज प्राप्त करने के लिए इसकी जड़ो की खुदाई रोपाई के 3 से 4 वर्ष बाद की जाती हैं। इसकी जड़ो की खुदाई हाथ द्वारा या ट्रैक्टर चालित मिटटी पलटने वाले हल द्वारा की जा सकती हैं। खुदाई के समय इसकी जड़ो में 50–60 प्रतिशत नमी होनी चाहिए। खुदाई के बाद इन जड़ो को खेत में ही सूखने के लिए छोड़ दिया जाता हैं। जड़ों के पूर्ण रूप से सूखने के बाद इनकी सफाई करनी चाहिए। जड़ों के सूखने के बाद इनमें 10 प्रतिशत नमी होती हैं। जड़ों की खुदाई

का सबसे उपयुक्त समय नवंबर दिसंबर माह होता है क्योंकि इस समय जड़ों में ग्लिसराइजिक अम्ल की मात्रा सर्वाधिक होती हैं।

उपज

मुलेठी से रोपाई के 10 से 20 माह बाद प्रति हेक्टेयर 25 से 50 कुंटल एवं रोपाई के 3 से 4 वर्ष बाद प्रति हेक्टेयर 70 से 80 कुंटल सूखी जड़ों की उपज प्राप्त की जा सकती है।

सतावर

वानस्पतिक नाम – *ऐस्पेरेगस रेसीमोसस* एल.

कुल – लिलिएसी

गुणसूत्र संख्या (2 एन) – 20

परिचय

सतावर एक बहुवर्षीय, कन्दयुक्त औषधीय लता हैं। हमारे देश में इसे सतावरी, सतमूल, सतमूली एवं औषधियों की रानी के नाम से भी जाना जाता हैं। यूरोप एवं पश्चिमी एशिया को इसका उद्गम स्थल माना जाता हैं। यह मुख्यतः अफ्रीका, श्रीलंका, चीन, भारत इत्यादि में पाया जाता है। भारत में यह मुख्य रूप से अरूणाचल प्रदेश, असम, छत्तीसगढ़, दिल्ली, गुजरात, हरियाणा, हिमाचल प्रदेश, झारखंड, केरल और पंजाब आदि राज्यों में पाया जाता हैं। इसका पौधा शाखा युक्त काँटेदार लता के रूप में होता हैं। इसकी औसत लम्बाई लगभग 1 से 2 मीटर तक होती हैं। इसकी जड़ों का विकास गुच्छों के रूप में होतीं हैं। सतावर की कन्दिल जड़े मधुर एवं रसयुक्त होती हैं। इसमें ऐस्मेरेगेमीन–ए, पॉलिसाइक्लिक एल्कालॉइड, स्टेराइडल सैपोनिन, शैटेवैरोसाइड–ए, शैटेवैरोसाइड–बी, फिलियास्पैरोसाइड–सी और आइसोफ्लेवोंस नामक महत्वपूर्ण रासायनिक पदार्थ पाए जाते हैं। सतावर का उपयोग दर्द कम करने, महिलाओं में स्तन्य (दूध) की मात्रा बढ़ाने, मूत्र विसर्जनं के समय होने वाली जलन, पाचन तंत्र की बीमारियों के इलाज, ट्यूमर, गले के संक्रमण, ब्रोंकाइन्टिस, कमजोरी को कम करने और कामोत्तेजक के रूप में किया जाता है। इसकी प्रतिवर्ष 500 टन जड़ों का प्रयोग भारत में दवाईयों के उत्पादन में किया जाता हैं।

जलवायु

समुद्र तल से 1200 मीटर तक की ऊंचाई वाले स्थानों पर सतावर की खेती सफलतापूर्वक की जा सकती हैं। सतावर की खेती के लिए उष्ण तथा आर्द्र जलवायु उत्तम रहती हैं। ऐसे क्षेत्र जहां का तापमान 10 से 40 डिग्री सेंटीग्रेड तथा

वार्षिक वर्षा 200 से 250 सेंटीमीटर तक होती है ऐसे क्षेत्रों को इसकी खेती के लिए उपयुक्त माना जाता हैं। इसका पौधा 35 डिग्री सेंटीग्रेड से अधिक तापमान सहन कर सकता हैं लेकिन 10 डिग्री सेंटीग्रेड से कम तापमान वाले क्षेत्र इसकी खेती के लिए उपयुक्त नही रहते हैं। भारत में इसकी खेती मैदानी राज्यों में की जाती हैं। सतावर की फसल में सूखा सहन करने की क्षमता होती है परंतु जड़ों के विकास के समय मिट्टी में नमी की कमी होने पर उपज पर प्रतिकूल प्रभाव पड़ता हैं।

मृदा

सतावर की खेती के लिए उचित जल निकास वाली कार्बनिक पदार्थ से भरपूर बलुई दोमट मृदा उपयुक्त रहती हैं। इसकी जड़ो के अच्छे विकास के लिए 20 से 30 सेंटीमीटर गहराई वाली मृदा उपयुक्त मानी जाती हैं। इस प्रकार की मिट्टी से इसकी जड़ों को आसानी से खोदकर बिना क्षति के निकाला जा सकता हैं। भारी मटीयार या काली मिट्टी सतावर की खेती के लिए उपयुक्त नहीं रहती हैं। इसके लिए मृदा का पी. एच. मान 6 से 8 के मध्य उपयुक्त रहता हैं।

खेत की तैयारी

सतावर लम्बी अवधि की फसल है। इसकी खेती में 24 से 40 माह का समय लगता है। मानसून आने से पहले खेत की 2 से 3 बार अच्छी तरह जुताई करने के पश्चात पाटा लगाकर मिट्टी को भुरभुरा बनाकर खेत में से खरपतवार एवं कंकड़–पत्थर निकाल देना चाहिए। अंतिम जुताई के समय मिट्टी में 15 से 20 टन प्रति हेक्टेयर अच्छी सड़ी हुई गोबर की खाद तथा 8 टन केचुआं की खाद मिलानी चाहिए।

पौध तैयार करना

सतावर की व्यावसायिक खेती करने के लिए सर्वप्रथम इसके बीजों से पौधशाला अथवा नर्सरी तैयार की जाती हैं। इसके लिए 1–2 किलोंग्राम बीज प्रति हेक्टेयर की दर से प्रयोग करना आवश्यक होता हैं। नर्सरी तैयार करने के लिए मई माह का समय सबसे उपयुक्त रहता हैं। इसके बीजों का अंकुरण लगभग 60 से 70 प्रतिशत ही होता हैं। पौधशाला तैयार करने के लिए एक मीटर चौड़ी, 10 मीटर लम्बी एंव ऊँची उठी हुई क्यारियां तैयार करके खरपतवार एवं कंकड़–पत्थर को निकाल देना चाहिए। पौधशाला की एक भाग मिट्टी में तीन भाग गोबर की सड़ी खाद मिला देनी चाहिए। बीजों को तैयार क्यारीयों में 15 सेंटीमीटर की गहराई

में बुवाई कर हल्की मिट्टी से ढक देना चाहिए। बुवाई के तुरंत बाद सिंचाई करना आवश्यक होता हैं। लगभग एक माह में बीजों का अंकुरण हो जाता है तथा दो महीने बाद पौध रोपाई योग्य हो जाती हैं। छोटी जड़ो वाले पौधों को रोपाई के लिए उपयुक्त माना जाता हैं। एक हेक्टेयर रोपाई के लिए सतावर की 27,777 पौध की आवश्यकता होती हैं। बीज को मृदा जनित रोगों से बचाने के लिए बुवाई से पूर्व 24 घंटे के लिए गोमूत्र में डूबोकर रखना चाहिए।

रोपाई का समय एवं विधि

इसकी नर्सरी लगभग 75 से 80 दिन में रोपाई के लिए तैयार हो जाती हैं। पौध रोपाई का कार्य अगस्त माह में करना सर्वोत्तम रहता हैं। इसकी रोपाई मेड़ो पर की जाती है इसके लिए रोपाई से पूर्व मेड़ो पर 60 × 60 सेंटीमीटर की दूरी पर 30 × 30 × 30 सेंटीमीटर आकार के गहरे गड्ढ़े खोदकर मिट्टी, खाद एवं बालू का 1:1:1 के अनुपात में तैयार मिश्रण से गड्ढ़ें भरकर तैयार गड्ढो में रोपाई करनी चाहिए।

आरोहण की व्यवस्था

सतावर का पौधा तीन मीटर तक लम्बा होता हैं। इसलिए इसे सहारे की आवश्यकता होती हैं। इस कार्य हेतु बांस के तीन–चार मीटर लम्बे डंडों को पौधों के पास गाड़ दिया जाता है ताकि सतावर की लता इन पर भली–भांति चढ़ सके। इससे उपज में 55–60 प्रतिशत की वृद्धि होती हैं। घरेलू उपयोग के लिए सतावर के पौधों को मिट्टी के 30–35 सेंटीमीटर आकार के गमलों में भी लगाया जा सकता हैं।

उन्नत किस्में

अभी तक हमारे देश में सतावर की किस्में विकसित नहीं हो पाई हैं। इसलिए सतावर की नई एवं उन्नत किस्मों के विकास हेतु निरन्तर प्रयास किए जा रहे हैं।

भारत में इसकी दो प्रजातियाँ मुख्य रूप से उगाई जाती है

भारतीय सतावरी

इस प्रजाति के पौधे 2–3 मीटर ऊँचाई के होते हैं। इसकी जड़े निम्न गुणवत्ता की होने के कारण बाजार मूल्य कम मिलता हैं।

नेपाली सतावरी

इस प्रजाति के पौधे 2–2.5 मीटर ऊँचाई के होते हैं। इसकी जड़े उच्च गुणवत्ता की होने के कारण बाजार मूल्य अधिक मिलता हैं।

खाद एवं उर्वरक

खेत की अन्तिम जुताई के समय 10 से 15 टन प्रति हेक्टेयर की दर से गोबर की सड़ी हुई खाद को मिट्टी में मिलाना चाहिए। पहले वर्ष के उपरान्त प्रतिवर्ष जून–जुलाई माह में 20 कुटंल केंचुआ खाद अथवा 4–5 टन कम्पोस्ट खाद तथा 60 किलोंग्राम जैविक खाद प्रति हेक्टेयर प्रयोग करना उपयुक्त रहता हैं। सतावर एक औषधीय फसल है इसलिए रासायनिक उर्वरकों का प्रयोग नहीं करना चाहिए।

सिंचाई प्रबंधन

सतावर की फसल को जल की कम आवश्यकता ह़ोती है क्योंकि प्रकृति ने इस फसल की पत्तियों को सुईनुमा तथा पौधों के ऊपर अनेक बड़े–बड़े कांटें बनाए हैं जिससे इस फसल में पानी की पूर्ति मृदा में विद्यमान नमी से हो जाती है। सतावर की असिंचित फसल उगाने हेतु इसके पौधों को सदैव 10 सेंटीमीटर गहरी नालियों में लगाना चाहिए। इसमें हल्की वर्षा होने पर भी पर्याप्त मात्रा में जल पौधों को उपलब्ध हो जाता है। पहाड़ी क्षेत्रो में वर्षा आधारित फसल उगाई जाती है इसलिए सिंचाई की आवश्यकता नहीं होती हैं। ग्रीष्म ऋतु में एक माह के अन्तराल पर दो बार सिंचाई करने से जड़ो का विकास अच्छा होता हैं।

खरपतवार नियंत्रण

सतावर की अच्छी पैदावार के लिए निराई–गुड़ाई आवश्यक होती है। पौध रोपाई के लगभग 3 माह बाद पहली निराई–गुड़ाई करनी चाहिए। इसके पश्चात् वर्ष में दो से तीन निराई–गुड़ाई करनी चाहिए। ताकि समय–समय पर खरपतवारों का नियंत्रण किया जा सके। सतावर के पौधों की जड़ों के समुचित विकास के लिए खेत को खरपतवार रहित तथा मिट्टी को भुरभुरी बनाए रखना अत्यंत आवश्यक है। निराई–गुड़ाई के समय पौधों की जड़ों पर हल्की मिट्टी चढ़ा देनी चाहिए।

कीट एंव रोग नियंत्रण

सतावर की फसल पर एस्पेरेगस माइनर, एस्पेरेगस बीटल एवं एस्पेरेगस एफिड कीटों का प्रकोप होता हैं। इनके प्रभावी नियंत्रण के लिए नीम से बने जैविक कीटनाशी का छिड़काव करना चाहिए।

बैंगनी धब्बा रोग

इस रोग का प्रकोप होने पर प्रभावित पौधों की पत्तियाँ एवं तने पर बैंगनी रंग के धब्बे बन जाते हैं। रोग का संक्रमण बढ़ने के साथ–साथ धब्बों का आकार भी बढ़ता रहता हैं। इसकी रोकथाम के लिए नीम से बने जैविक कीटनाशी का छिड़काव किया जा सकता हैं। इसके अतिरिक्त रोपाई के लिए रोगमुक्त पौधो का चयन करना चाहिए।

रोली रोग

इस रोग का प्रकोप होने पर प्रभावित पौधों पर लाल काले रंग का चूर्ण दिखाई देता है। यह रोग हवा द्वारा फैलता हैं। इस रोग के नियंत्रण के लिए रोगमुक्त पौधो की रोपाई करनी चाहिए। नीम से बने जैविक कीटनाशी का छिड़काव भी किया जा सकता हैं।

तना एवं जड़ सड़न रोग

इस रोग का प्रकोप होने पर जड़े एवं तना सड़ने लगता हैं। जिससे सम्पूर्ण पौधा नष्ट हो जाता हैं।

जड़ों की खुदाई

खेत में रोपाई के लगभग 24 से 30 माह के बाद जब पौधा पीला पड़ जाए तब जड़ों की खुदाई कर लेनी चाहिए। खुदाई के लिए अप्रैल–मई माह को उपयुक्त माना जाता है। खुदाई से पहले खेत में हल्की सिंचाई करने से जड़ों की खुदाई में आसानी रहती हैं। जड़ों को कुदाली की सहायता से सावधानीपूर्वक खोद लिया जाता हैं। जड़ों को निकालने के उपरान्त गर्म पानी में उबालकर छिलका उतार लेना चाहिए। खुदाई के पश्चात जड़ो को छाया में अच्छी तरह सुखाने के बाद वायुरोधी बोरियों में भरकर विक्रय के लिए भेजा जा सकता हैं।

उपज

सतावर की ताजी जड़ों की उपज 170 से 180 कुंटल प्रति हेक्टेयर प्राप्त होती हैं। सूखाने पर जड़ों में विद्यमान जल वाष्प बनकर उड़ जाता है। इस प्रकार लगभग 70–80 कुंटल प्रति हेक्टेयर सूखी जड़ों की उपज प्राप्त की जा सकती हैं।

रतनजोत

वानस्पतिक नाम – *जेट्रोफा करकस* एल.

कुल – यूफोरबियेसी

गुणसूत्र संख्या (2 एन) – 22

परिचय

रतनजोत एक महत्वपूर्ण, बहुउद्देशीय एवं सशक्त बहुवर्षीय झाड़ीनुमा तिलहनी पौधा है। इसे स्थानीय भाषा में जमाल घोटा, जंगली अरण्डी, सफेद अरण्ड आदि नामो से भी जाना जाता है। पेरू अथवा मेक्सिको को इसका उत्पति स्थान माना जाता है। हमारे देश में यह सर्वप्रथम पुर्तगालियों के द्वारा लाया गया था। तभी से इसकी खेती भारतवर्ष में बहुतायत से की जा रही हैं। वर्तमान में यह भारत के अतिरिक्त दक्षिणी अमेरिका, मेक्सिको, बर्मा, पाकिस्तान, श्रीलंका आदि देशो में पाया जाता है। भारत में यह मुख्यतः जंगली रूप में मध्यप्रदेश, केरल, महाराष्ट्र, राजस्थान, गुजरात, कर्नाटक, आंध्रप्रदेश, उत्तर प्रदेश, तमिलनाडू, बिहार, उड़ीसा एवं झारखण्ड राज्यों में बहुतायत में पाया जाता है। इसके तेल का उपयोग कैंसर, दाद–खाज, खुजली एवं गठिया रोगों के उपचार में किया जाता है। यह तेजी से बढ़ने वाला पौधा हैं। इसकी ऊंचाई 3 से 4 मीटर, तना चिकना तथा मुलायम काष्ठीय होता हैं। इसे एक बार लगाने के बाद 40–50 वर्षों तक उपज देता रहता हैं। इसके बीजो में 30 प्रतिशत तेल पाया जाता हैं। जिसमे जेट्रोफोन नामक अम्ल होता हैं। इसके तेल का प्रयोग साबुन बनाने, ल्यूब्रीकेंट तथा मोमबत्ती बनाने में किया जाता हैं। इसके तेल में जेट्रोफिन तत्व पाया जाता हैं। जिसमे कैंसर प्रतिरोधी क्षमता होती हैं। इसके अतिरिक्त तेल का प्रयोग त्वचा संबंधी रोगों (दाद, खाज, खुजली, गठिया, लकवा, दन्त एवं पेट रांबंधी रोगो की दवा बनाने में किया जाता हैं। इसका प्रयोग विभिन्न उद्योगों के अलावा बायो डीजल बनाने में भी किया जाता हैं।

जलवायु

यह शुष्क एवं अर्द्ध शुष्क जलवायु का पौधा है जिसकी खेती सूखा ग्रस्त और अधिक वर्षा वाले क्षेत्रों में आसानी से की जा सकती हैं। यह भारत वर्ष के समस्त मैदानी क्षेत्रो से लेकर समुद्र तल से 1500 मीटर तक की ऊँचाई वाले पहाड़ी क्षेत्रो में पाया जाता है। इससे अधिक उत्पादन प्राप्त करने हेतु समशीतोष्ण व अर्द्धशुष्क जलवायु की आवश्यकता होती है। लेकिन अत्यंत ठण्डे क्षेत्रो को छोड़कर विश्व में सभी जगह इसकी खेती करना संभव है। गर्म एवं नम जलवायु में इसके बीजो का अंकुरण अच्छा होता है। इसके पौधों में वर्षा ऋतु के समय नये पत्ते एवं फूल आना प्रारम्भ होते है जबकि दिसम्बर माह में तापमान कम होने पर बीज पक जाते है। जब तापमान 10 डिग्री सेन्टीग्रेड से कम होने लगता है तो इसके पौधों की वानस्पतिक वृद्धि एवं विकास प्रभावित हो जाता है तथा मार्च–अप्रैल माह में तापमान में वृद्दि के साथ–साथ यह तेजी से वृद्धि करता है। इसमें सूखा सहन करने की असीम क्षमता होती हैं। जिसके कारण यह 45 डिग्री सेन्टीग्रेड तक के तापमान को आसानी से सह लेता है। इसकी खेती के लिए औसत 300 से 1000 मिली मीटर वार्षिक वर्षा वाले क्षेत्रो को सर्वोत्तम माना जाता है।

मृदा

हमारे देश में इसकी खेती लगभग सभी प्रकार की मिट्‌टीयों जैसे–पथरीली, बंजर, ऊबड–खाबड, रेल्वे के किनारे खाली पड़ी भूमि इत्यादि में सफलतापूर्वक की जा सकती है। जेट्रोफा की खेती समतल मिट्‌टीयों की अपेक्षा ढलान वाली मिट्‌टीयों में करने से अच्छी पैदावार मिलती है। पानी की अधिकता होने पर पौधों की जड़ों पर प्रतिकूल प्रभाव पड़ता है। इसलिए उचित जल निकास वाली भूमि जेट्रोफा की खेती के लिए अनुकूल मानी जाती है। सिंचित क्षेत्रों में इसे व्यापारिक उद्देश्य से उगाया जा सकता है। हमारे देश की लगभग 64 मिलियन हैक्टेयर भूमि बंजर, अनुपजाऊ एवं व्यर्थ पड़ी हुई है जिसका उपयोग जेट्रोफा की खेती करने के लिए किया जा सकता हैं।

प्रजातियाँ

भारतवर्ष में जेट्रोफा वर्ग की कुल 13 प्रजातियाँ पाई जाती है। जिनमे मुख्य प्रजातियाँ निम्नलिखित है।

1. जेट्रोफा करकस
2. जेट्रोफा सिनेरा
3. जेट्रोफा डियोका
4. जेट्रोफा स्पार्साजेरा
5. जेट्रोफा मल्टीफिडा
6. जेट्रोफा ग्लेंडुलिफेरा

7. जेट्रोफा हेट्रोफाइला
8. जेट्रोफा पोडेरिका
9. जेट्रोफा गॉसिपीफोलिया

इनमें से जेट्रोफा करकस में आर्थिक एवं औद्योगिक क्षमता वाले बायो डीजल का गुण विद्यमान रहता है। इसमें तेल एवं हाइड्रोकार्बन (27–48 प्रतिशत) का प्रतिशत अधिक होने के कारण इसकी खेती पूरे विश्व भर में की जा रही है। इसकी व्यावसायिक खेती के लिए उन्नत किस्मों का विकास नहीं किया गया है। फिर भी उपरोक्त प्रजातियों का चयन फल, तेल की मात्रा एवं गुणवता के आधार पर करना चाहिए।

खेत की तैयारी

इसकी खेती के लिए खेत की विशेष तैयारी करने की आवश्यकता नही होती हैं। फिर भी पर्याप्त संसाधन उपलब्ध होने पर एक से दो जुताई कल्टीवेटर या हैरो के द्वारा अच्छी तरह करने के पश्चात पाटा लगाकर खेत को समतल कर देना चाहिए।

प्रवर्धन

रतनजोत का प्रवर्धन बीजों एवं कलमो द्वारा किया जा सकता है। कलम द्वारा लगाये गये पौधों की आयु एवं उपज कम मिलती है। इसलिए इसकी बुवाई बीज द्वारा करनी चाहिए। इसके लिए सर्वप्रथम बीजों सें नर्सरी तैयार की जाती हैं। बुवाई से पूर्व बीजों को 3–4 घंटे गोमूत्र में डूबोकर रखना चाहिये। तत्पश्चात फफूंदनाशी दवा से उपचारित कर बुवाई करनी चाहिए। उपचारित करने से पौधो का रोगों से बचाव के साथ–साथ बीजों का अंकुरण भी अच्छा होता है। रतनजोत की खेती दो विधियों के द्वारा की जाती है। सीधी बुवाई एवं नर्सरी तैयार कर रोपाई।

नर्सरी तैयार कर रोपाई

1. बीज द्वारा नर्सरी– बीजों के द्वारा नर्सरी दो प्रकार से तैयार की जाती है। सीधे खेत तथा पॉलिथीन में नर्सरी तैयार करके।

(अ) सीधे खेत में नर्सरी तैयार करना

रतनजोत के बीजों की अंकुरण क्षमता 6–8 माह तक होती है। अधिक समय तक बीज भण्डारण करने से अंकुरण में कमी आ जाती है। एक हेक्टेयर रोपाई

हेतु 5–6 किलोंग्राम बीजों की आवश्यकता होती है। इसकी नर्सरी मुख्यतः मार्च से अप्रैल या बरसात के दिनों में तैयार की जाती हैं। इसके लिए 4 मीटर लम्बी तथा 1 मीटर चौड़ी एवं ऊँची ऊठी हुई क्यारियाँ बनानी चाहिए। प्रत्येक क्यारी के बीच में 30 सेन्टीमीटर चौड़ी जल निकास या सिंचाई करने के लिए नाली अवश्य होनी चाहिए। नर्सरी की मिट्टी भुरभुरी, जीवांश युक्त तथा छायादार स्थान पर होनी चाहिए। क्यारियाँ तैयार करते समय गोबर की अच्छी सड़ी खाद अथवा वर्मीकम्पोस्ट को अवश्य मिलाना चाहिए। उपचारित बीजों को 3–4 सेन्टीमीटर गहराई पर 10–15 सेन्टीमीटर की दूरी पर पतली नालियॉ बनाकर बुवाई की जाती है। बीजों को बुवाई के बाद गोबर की सड़ी हुई खाद से तैयार महीन मिश्रण या बालू द्वारा ढककर ऊपर से पुआल या सूखी घास का पलवार डाल देना चाहिए ताकि बीजों का अंकुरण अच्छा हो सके। इस प्रकार बीज का जमाव 4 से 6 दिन में हो जाता है एवं नर्सरी 2–3 माह बाद रोपाई करने योग्य हो जाती है।

(ब) पॉलिथीन की थैलियों में नर्सरी तैयार करना

सामान्यतः 15 सेन्टीमीटर × 25 सेन्टीमीटर आकार की पॉलिथीन की थैलिया छह माह की नर्सरी के लिए एवं 10 सेन्टीमीटर × 20 सेन्टीमीटर आकार की थैलियॉ तीन माह की नर्सरी के लिए काम में लाई जा सकती है। मार्च–अप्रैल माह में इन थैलियों को 3:1:1 के अनुपात में मिट्टी, रेत व गोबर की खाद मिलाकर भर दिया जाता है। तत्पश्चात 3–4 सेन्टीमीटर की दूरी पर 2 बीज प्रति थैली उपचारित कर बुवाई की जानी चाहिए तथा समय–समय पर हजारे से सिंचाई करते रहना चाहिए। प्रत्येक थैली में जमाव के बाद दो स्वस्थ पौधों में से एक ही पौधा रखना चाहिए। इस विधि से तैयार नर्सरी को एक स्थान से दूसरे स्थान पर स्थानान्तरित करने तथा रोपाई करने में सुविधा रहती हैं।

(2) कलम द्वारा रोपाई–कलम द्वारा रोपाई दो प्रकार से की जाती है नर्सरी तैयार करके एवं कटिंग की सीधी खेत में रोपाई।

(अ) नर्सरी तैयार करके रोपाई

इस विधि से नर्सरी तैयार करने के लिए एक वर्ष पुरानी शाखा का चयन करना चाहिए। चयन की गई शाखाओं में से 40–60 सेन्टीमीटर लम्बी टहनियाँ मार्च–अप्रेल माह में काटकर पॉलिथीन की थैलियों में पौध तैयार करना चाहिए। इसके लिए शाखाओं की मोटाई 3–4 सेन्टीमीटर से कम नही होनी चाहिए।

(ब) कलम की सीधी खेत में रोपाई

नर्सरी तैयार करने के अतिरिक्त जून–जुलाई माह में रतनजोत के पौधो से लम्बी कलमो का चुनाव कर खेत में सीधी रोपाई की जा सकती है। चयन की गई कलमों को तैयार कर खेत या मेड़ो पर अच्छी तरह मिट्टी में दबाकर रोपाई की जा सकती है। लेकिन कलमो की रोपाई करने के तुरन्त बाद सिंचाई नहीं करनी चाहिए।

पॉलिथीन थैलियों का स्थान परिवर्तन

पॉलिथीन में लगाई गई कलमों अथवा बीज द्वारा तैयार किए गए पौधों की जड़ें कभी–कभी बाहर निकल जाती हैं। ऐसी दशा मे भूमि में जड़ों का प्रवेश रोकने तथा पौधों को स्वस्थ बनाए रखने के उद्देश्य से थैलियों को एक क्यारी से दूसरी क्यारी में परिवर्तित करना अत्यन्त आवश्यक है। स्थान परिवर्तन करने से पहले क्यारियों में सिंचाई कर देना चाहिए ताकि भूमि में घुसी हुई जड़ों को उखाड़ने पर किसी प्रकार की क्षति न हो। यह कार्य सदैव सांयकाल के समय ही करना चाहिए।

बुवाई/रोपाई का समय एवं दूरी

(अ) बीज द्वारा बुवाई

इस विधि को मुख्यत असिंचित तथा सूखा ग्रस्त क्षेत्रों में अपनाया जाता है। बीजों की बुवाई मानसून के समय निर्धारित दूरी 30 सेन्टीमीटर × 30 सेन्टीमीटर × 30 सेन्टीमीटर आकार के गड्ढे खोदकर की जाती है। गड्ढे तैयार करने के बाद मिट्टी व गोबर की सड़ी हुई खाद का मिश्रण भरकर 2 बीज प्रति गड्ढा 4–6 सेन्टीमीटर गहराई पर बुवाई की जा सकती है। इसके लिए 5–6 किलोंग्राम प्रति हेक्टेयर बीज की आवश्यकता होती है। कभी–कभी बीज की बुवाई न करके गड्ढों में शाकीय कलम काटकर भी रोपाई की जाती है।

(ब) नर्सरी रोपण

रोपण से पूर्व क्यारियों व पॉलिथीन की थैलियों में तैयार की गई नर्सरी की रोपाई मानसून आगमन के साथ जुलाई–अगस्त माह तक की जा सकती है। इस विधि से रोपाई करने के लिए मानसून आने से पहले 30 सेन्टीमीटर × 30 सेन्टीमीटर × 30 सेन्टीमीटर या 45 सेन्टीमीटर × 45 सेन्टीमीटर × 45 सेन्टीमीटर दूरी पर गड्ढे खोदकर मिट्टी व गोबर की खाद का मिश्रण भरकर छोड़ दिया जाता है। इसके बाद मानसून की पहली वर्षा होने पर तैयार नर्सरी की रोपाई कर सकते है। रतनजोत के पौधों की रोपाई बगीचो व खेतों के चारों तरफ बाड़ के रूप में

भी की जा सकती है। इसकी रोपाई नये स्थापित बगीचो में अंतराशस्य/पूरक पौधे के रूप में भी की जा सकती है।

खाद एवं उर्वरक

रतनजोत की खेती के लिए विशेषत किसी प्रकार के खाद एवं उर्वरक की आवश्यकता नहीं होती हैं। लेकिन अधिक उत्पादन प्राप्त करने के लिए 1 से 2 किलोंग्राम अच्छी सड़ी हुई गोबर की खाद, 20 ग्राम यूरिया, 150 ग्राम सिंगल सुपर फॉस्फेट और 20 ग्राम म्यूरेट ऑफ पोटाश का प्रति गड्ढे की दर से प्रयोग करना चाहिए। रोपाई के समय गोबर की खाद, सिंगल सुपर फॉस्फेट तथा म्यूरेट ऑफ पोटाश की पूरी मात्रा एवं यूरिया को दो बराबर भागो में बाटकर रोपण के 60 दिन एवं 90 दिन बाद सिंचाई जल के साथ प्रयोग करना चाहिए।

सिंचाई प्रबंधन

नर्सरी में बीज बोने के बाद अंकुरण अधिक करने के लिए प्रतिदिन सुबह–सायंकाल के समय फव्वारे से पानी देना चाहिए। इसके बाद आवश्यकतानुसार समय–समय पर सिंचाई करते रहना चाहिए।

खरपतवार नियंत्रण

पॉलिथीन थैलियों अथवा नर्सरी की क्यारियों में खरपतवारों एवं अस्वस्थ या रोगी पौधों को हाथ से या कम चौड़ी खुरपी की सहायता से बाहर निकाल देना चाहिए ताकि पौधे स्वस्थ बने रह सकें। इसके पश्चात समय–समय पर पौधों के चारों ओर खरपतवार निकालते रहना चाहिए।

रोग एवं कीट नियंत्रण

रतनजोत की फसल में अत्यधिक हानिकारक रोग एवं कीटो का प्रकोप नहीं होता हैं। लेकिन लगातार पानी भरा रहने की दशा मे फफूंदी जनित बीमारियों का प्रकोप होने पर पत्तियों एवं तनों पर धब्बे बन जाते हैं। इन फफूंदी जनित रोगों से फसल को बचाने के लिए डाइथेन एम–45 की 2.0–2.5 ग्राम मात्रा को प्रति लीटर पानी में मिलाकर छिड़काव करना चाहिए। दीमक का प्रकोप होने पर क्लोरोपाईरिफास की 5 मिली लीटर दवा को प्रति लीटर पानी में मिलाकर छिड़काव करने से प्रभावी नियंत्रण किया जा सकता है।

कटाई–छटाई

अगस्त–सितम्बर माह में रतनजोत के पौधे कटाई–छटाई योग्य हो जाते हैं। मई माह में पौधों को धरातल से 30–45 सेंटीमीटर की ऊँचाई से काट देना चाहिए ताकि दूसरे साल में अच्छी वृद्धि हो सकें। फिर दूसरे साल के मई माह में पौधों की शाखाओ के एक तिहाई भाग को छोड़कर शेष दो तिहाई भाग को काट देना चाहिए। ऐसा करने से पौधो की शाखाओं की लम्बाई बढ़ने के बजाय नई शाखाओं का जन्म होता हैं। जिससे पौधे का आकार छतरीनुमा हो जाता हैं एवं पौधों में फूल, फल एवं बीजो की संख्या में भी वृद्धि होती हैं। यह प्रक्रिया लगातार 5 वर्षो तक लगातार करते रहने से पौधे स्वस्थ रहने के साथ–साथ लम्बे समय तक उपज देते रहते हैं।

फलो की तुड़ाई

रतनजोत के पौधों में फूल और फल का लगना नमी और सस्य जलवायु पर निर्भर करता हैं। रोपाई के 2 साल बाद रतनजोत के पौधों पर फल लगना शुरु हो जाते हैं। मार्च–अप्रैल एवं जुलाई–अगस्त माह में फूल आना प्रारम्भ हो जाता हैं। फूल आने के दो माह बाद फल पककर तैयार हो जाते हैं। इसके फल सदैव गुच्छे के रूप में लगते हैं। फलो का रंग जब काल होने लग जाये तो तुड़ाई कर धूप में रखकर सूखा लेना चाहिए। तत्पश्चात इसके ऊपर का छिलका हटाकर बीज निकाल लेना चाहिए। प्रत्येक फल से 3–4 काले रंग के बीज निकलते हैं। जिनका उपयोग तेल निकालने में किया जाता हैं।

तेल निस्सारण विधि

रतनजोत के बीजो से तेल निकालने के लिए साल्वेंट एक्सट्रेक्शन विधि अथवा बीजो को सीधे ही मशीन द्वारा दबाकर भी तेल निकाला जा सकता हैं। तेल की सम्पूर्ण मात्रा निकालने के लिए बीजो का दो बार निस्सारण करना चाहिए। तेल निस्सारण के लिए निम्न प्रक्रिया को अपनाना चाहिए।

सूखा बीज

↓

सफाई / धुलाई

↓

धुप मे सुखाना

↓

ग्रेडिंग

↓

30 मिनट तक भाप देना

↓

ठंडा करना

↓

तेल निस्सारण मशीन मे डालना

↓

रातभर ठंडा करना

↓

कपडे द्वारा तेल को छानना

↓

तेल प्राप्त करना

मकोय

वानस्पतिक नाम – *सोलेनम नाइग्रम* एल.

कुल – सोलेनेसी

गुणसूत्र संख्या (2 एन) – 26

परिचय

मकोय एक वर्षीय औषधीय पौधा हैं। इसे काकमाची, चरबोटी, वायसी एवं काकमाता के नाम से भी जाना जाता हैं। यह यूरेशिया मूल का पौधा हैं। वर्तमान में यह एशिया, अफ्रीका, जापान एवं यूरोप के शीतोष्ण क्षेत्रों में पाया जाता हैं। यह सम्पूर्ण भारत में बगीचों एवं सडक के किनारे खरपतवार के रूप में पाया जाता हैं। इसके पौधों की ऊँचाई 30 से 90 सेंटीमीटर, तना कोणाकार तथा काले रंग का होता हैं। यह कौवे की टांग के समान दिखाई देता हैं। इसलिए यह काकमाची के नाम से भी जाना जाता हैं। इसकी पत्तियाँ 2.5 से 9.5 सेंटीमीटर लम्बी एवं आयताकार होती हैं। मकोय के पत्तियाँ लाल मिर्च की पत्तियों के समान हरे रंग की होती हैं। इसके फूल आकार में छोटे, सफेद तथा गुच्छों में निकलते हैं। इसमें फूल दिसम्बर एवं मई माह में आते हैं। फूल आने के तुरंत बाद फल आना प्रारम्भ हो जाते हैं। फल दिखने में गोल एवं मांसल होते हैं। फल कच्चा होने पर हरे और पकने के बाद यह लाल, पीला या बैंगनी काले रंग तथा रसदार हो जाते हैं। यह स्वाद में खट्टा–मीठा होता हैं। इसके बीज छोटे, चिकने, संख्या में अधिक और टमाटर के बीज के समान होते हैं। मकोय की पत्तियों में 5.9 प्रतिशत प्रोटीन, 8.9 प्रतिशत कार्बोहाइड्रेट एवं 20.5 प्रतिशत लोहा होता हैं। इसके सम्पूर्ण पौधे, विशेषकर फलों में काकमाची या सोलेलीन एवं सेपोनिन नामक एल्केलायड पाया जाता हैं। मकोय के तने, पत्तियों, फूल और फल के काढ़े का सेवन गठिया का दर्द, सूजन, खांसी, घाव, पेट फूलने, अपच, मूत्र रोग में फायदेमंद होता हैं। यह कान दर्द, हिचकी, जुकाम, आंखों के रोग, उल्टी, त्वचा रोग और शारीरिक कमजोरी में भी सहायक होता हैं। इसके पत्तियाँ एवं फलों के सेवन से पेट का

अल्सर ठीक किया जा सकता हैं। इसके बीज भ्रम, बार बार प्यास लगने वाली सूचनाओं को कम करते हैं।

जलवायु

यह एक उष्णकटिबंधीय जलवायु का पौधा हैं। इसे लगभग 2000 मीटर की ऊँचाई तक सफलतापूर्वक उगाया जा सकता हैं। इसके उचित वृद्वि एवं विकास के लिए नमी युक्त जलवायु उत्तम होती हैं। लेकीन अत्यधिक गर्म एवं नम जलवायु होने पर पौधों का विकास धीमी गति से होता हैं।

मृदा

मकोय को विभिन्न प्रकार की मृदाओं जैसें सूखी, पथरीली, गहरी आदि सभी प्रकार की मृदाओं में सफलतापूर्वक लगाया जा सकता हैं। इसके लिए उच्च जीवांश पदार्थ युक्त 5.5–6.5 पी.एच. मान वाली मृदाएँ उपयुक्त होती हैं। सामान्यतया यह पड़ती भूमियों में खरपतवार के रूप में उगता हैं।

उन्नत किस्में

वर्तमान में मकोय की उन्नत किस्में उपलब्ध नहीं हैं। इसकी सोलेनम नाइग्रम, सोलेनम अमेरिकेनम, सोलेनम दोगलसाई, सोलेनम ओपेक्म, सोलेनम पतीचांतुम, सोलेनम रेट्रोफ्लेक्सोम, सोलेनम सरचिओड्स, सोलेनम स्कब्रम आदि प्रजातियाँ पाई जाती हैं।

खेत की तैयारी

इसके लिए खेत की एक गहरी जुताई करने के बाद 2 से 3 जुताई कल्टीवेटर की सहायता से करके पाटा चलाना चाहिए। अंतिम जुताई के समय 20 से 25 टन प्रति हेक्टेयर की दर से अच्छी सड़ी हुई गोबर की खाद खेत में मिलानी चाहिए।

नर्सरी तैयार करना

नर्सरी तैयार करने के लिए क्यारियों में खाद मिलाकर बीजों की बुवाई की जाती हैं। नर्सरी लगाने के लिए सबसे उपयुक्त समय अप्रैल–मई माह होता हैं। बुवाई के 20–30 दिन बाद पौधें मुख्य खेत में रोपाई योग्य हो जाते हैं। एक हेक्टेयर क्षेत्रफल के लिए नर्सरी तैयार करने हेतु लगभग 1–1.25 किलोंग्राम बीज की आवश्यकता होती हैं। जून तक इन पौधों को नर्सरी में रखा जाता हैं। इसके बाद खेत में सिंचाई कर रोपाई कार्य किया जाता हैं। समय–समय पर क्यारियों में निराई करना आवश्यक होता हैं।

रोपाई का समय एवं विधि

मुख्य खेत में रोपाई करने के लिए मानसून (जुलाई–अगस्त) का समय सबसे उपयुक्त होता हैं। पौध पूर्ण रूप से विकसित होने पर कतार से कतार की दूरी 60 सेंटीमीटर एवं पौधें से पौधें की दूरी 60 सेंटीमीटर रखते हुए रोपाई करनी चाहिए।

खाद एवं उर्वरक

भूमि की तैयारी के समय 20–25 टन प्रति हेक्टेयर गोबर की खाद का उपयोग करना चाहिए। इसके अतिरिक्त 75 किलोंग्राम नत्रजन, 40 किलोंग्राम फास्फोरस एवं 40 किलोंग्राम पोटैशियम प्रति हेक्टेयर की दर से प्रयोग करना चाहिए। नत्रजन को दो बराबर भागो में बांटकर एक भाग नत्रजन, फास्फोरस एवं पोटाश की पूरी मात्रा रोपाई के समय प्रयोग करना चाहिए। जबकी नत्रजन की शेष मात्रा का प्रयोग खडी फसल में छिड़काव करने से उपज में अच्छी वृद्धि होती हैं।

सिंचाई प्रबंधन

नर्सरी की क्यारियों और मुख्य खेत में रोपाई के बाद 7 से 15 दिन के अंतराल पर समय–समय पर सिंचाई की करनी चाहिए। वर्षा ऋतु में इसकी फसल को सिंचाई की आवश्यकता नही होती हैं। मकोय में मुख्यतः रोपाई से फूल आने की अवस्था तक सिंचाई करनी चाहिए।

खरपतवार नियंत्रण

मकोय में वर्ष भर एक या दो बार खरपतवार निकालने की आवश्यकता होती हैं। इसलिए पौधों को लगाने के बाद समय–समय पर निराई–गुड़ाई कर खरपतवारों को नियंत्रित किया जा सकता हैं।

कीट एवं रोग नियंत्रण

मकोय की फसल में तना छेदक, मिली बग, पत्ती मोडक और माइनर्स कीटों का प्रकोप होता हैं। जिससे उपज में कमी आ जाती हैं। इनके नियंत्रण के लिए गोमूत्र, नीम के तेल अथवा हल्के कीटनाशकों का छिड़काव किया जा सकता हैं। इसके अतिरिक्त उकठा और मोजेक रोग से बचाव के लिए खेत की स्वच्छता, फसल चक्र और फसल अवशेषों को जलाने की सिफारिश की जाती हैं। जड सूत्रकृमि का प्रकोप होने पर खेत में नीम की खली का प्रयोग किया जा सकता हैं।

फसल की कटाई

भूमि एवं जलवायु के अनुसार रोपाई के 4–6 माह बाद फसल कटाई योग्य हो जाती हैं। कटाई से पूर्व पौधों से फल एकत्रित कर सम्पूर्ण पौधों को जड़ सहित उखाड़कर छाया में सूखाया जाता हैं। सूखाने के लिये पौधों को समय–समय पर पलटना आवश्यक ह़ोता हैं।

उपज

इसकी उपज भूमि, जलवायु, खाद एवं सिंचाई पर निर्भर करती हैं। फलों के पूर्ण रूप से पकने पर कटाई करने से अधिक तथा गुणवत्ता युक्त उपज प्राप्त होती हैं। मकोय की फसल से प्रति हेक्टेयर 1600 से 1800 किलोंग्राम फल प्राप्त किए जा सकते हैं।

छोटा गोखरू

वानस्पतिक नाम – *ट्रिबुलस टेरिस्ट्रिस* एल.

कुल – जाइगोफिलेसी

गुणसूत्र संख्या (2 एन) – 36

परिचय

छोटा गोखरू भूमि पर फैलने वाला प्रसरणशील क्षुप हैं। इसका उत्पत्ति स्थान दक्षिणी यूरेसिया, अफ्रिका, पूर्वी अमेरिका एंव आस्ट्रेलिया को माना जाता हैं। यह मुख्यतः पाकिस्तान, फारस, अरब, सीरिया, मिश्र एवं भारत में पाया जाता हैं। भारत में यह राजस्थान, हरियाणा, उत्तरप्रदेश, बिहार, बंगाल आदि राज्यों में खरपतवार के रूप में पाया जाता हैं। इसकी पत्तियां कटी–फटी और फूल पीले रंग एवं फल कांटे युक्त होते हैं। इसके फूल टेनिन, स्टेरोल एवं ग्लाइकोसाइड के अच्छे स्रोत होते हैं। इसके बीजों में लगभग 3.5 से 5 प्रतिशत सुगन्धित तेल पाया जाता हैं। इसके पौधों में सैपोनिन, डायोसजेनिन, जीटोजिन, क्लोरोजेनिन, रस्कोजिनिन, केमप्रेरोल, केम्पेरफेरोल–3–ग्लूकोसाइड, केपरोल–3–रुटीनोसाइड एवं फ्लेवोनोइड ट्राइबोसाइड आदि रासायनिक तत्व पाए जाते हैं। क्षुप में हरमन एवं बीजों में हरमिन नामक एल्केलाइड्स पाया जाता हैं। इसकी पत्तियों में 7.22 प्रतिशत प्रोटीन, कैल्शियम 1.55 ग्राम, फास्फोरस 0.08 ग्राम, लोहा 9.2 मिलीग्राम तथा विटामिन सी 41 मिलीग्राम तक पाई जाती हैं। इसके सभी भागों का औषधीय महत्व होता हैं। इसका उपयोग मूत्र विसर्जन के समय होने वाले कष्ट, अश्मरी भेदन, पथरी को तोड़कर मूत्र मार्ग से बाहर निकालने, नपुंसकता दूर करने एवं वस्ति शोध में होता हैं। यह प्रजनन क्षमता को बढ़ाने एवं बलवर्धक औषधि के रूप में उपयोगी होता हैं। गुर्दे के विकारों को दूर करने के लिए गोखरू एक दिव्य औषधि के रूप में कार्य करता हैं।

जलवायु

गोखरू की खेती के लिए उष्ण कटिबंधीय, उपोष्ण कटिबंधीय एवं अर्ध शुष्क जलवायु की आवश्यकता होती हैं। लेकिन इसके उचित वृद्धि एवं विकास के लिए साफ मौसम एवं अधिक तापमान का होना सर्वोत्तम माना जाता हैं।

मृदा

गोखरू मुख्यतः बंजर एवं पड़ती भूमि पर जंगली रूप में पाया जाता हैं। लेकिन दोमट मृदा से लेकर हल्की रेतीली दोमट मृदाओं में इसकी अच्छी वृद्धि होती हैं। जलमग्न एवं क्षारीय भूमि इसकी खेती के लिए उपयुक्त नहीं रहती हैं।

प्रजातियाँ

गोखरू की कुछ अन्य प्रजातियाँ भी पाई जाती हैं। जिनमें बड़ा गोखरू एवं वन गोखरू मुख्य हैं।

बडा गोखरू

इसका वानस्पतिक नाम पेडालिम म्यूरेक्स हैं। जो पिडोलिएसी कुल के अंतर्गत आता है। इसको गुजराती भाषा में ऊमा गोखरू भी कहते हैं। यह मुख्यतः सौराष्ट्र, गुजरात, कोंकण तथा दक्षिण भारत में समुद्र के किनारे और सीलोन, अफ्रीका आदि उष्ण देशों में पाया जाता हैं। यह राजस्थान तथा मध्य भारत में खेतों, सड़कों के किनारे एवं रेतीली मृदा में पाया जाता हैं।

खेत की तैयारी

गोखरू की बुवाई करने के लिए खेत की विशेष तैयारी करने की आवश्यकता नहीं होती है। लेकिन कल्टीवेटर या हैरो के द्वारा खेत की एक से दो जुताई करना लाभप्रद रहता हैं। इसके पश्चात पाटा लगाकर खेत को समतल बना देना चाहिए।

बुवाई का समय एवं विधि

गोखरू एक वर्षीय पौधा है। इसकी बुवाई जून–जुलाई माह में मानसून के आगमन के साथ करना लाभप्रद रहता हैं। बुवाई हल द्वारा ओराई कर 90 × 120 सेंटीमीटर की दूरी पर करनी चाहिए। एक हेक्टेयर क्षेत्रफल में सीधी बुवाई के लिए 8 से 10 किलोंग्राम बीज की आवश्यकता होती हैं। इसके अंकुरण में लगभग 30 दिन का समय लगता हैं। अच्छे अंकुरण के लिए बीजों को रातभर पानी में भिगोकर बुवाई से पहले 20 पी.पी.एम. जिब्रेलिक अम्ल से उपचारित करना चाहिए। एक

हेक्टेयर में लगभग 6000 पौधे पर्याप्त रहते हैं। नर्सरी द्धारा बुवाई करने के लिए प्रति हेक्टेयर 1 से 2 किलोंग्राम बीज की आवश्यकता होती हैं।

खाद एवं उर्वरक

गोखरू का अधिक उत्पादन प्राप्त करने के किए बुवाई से पूर्व 8 से 10 टन अच्छी सडी हुई गोबर की खाद अन्तिम जुताई के समय खेत में मिला देना चाहिए। इसके अतिरिक्त रासायनिक उर्वरकों में नत्रजन 60 किलोंग्राम, फास्फोरस 40 किलोंग्राम एवं पोटाश 40 किलोंग्राम प्रति हेक्टेयर की दर से प्रयोग करना चाहिए। नत्रजन की आधी मात्रा, फास्फोरस एवं पोटाश की पूरी मात्रा बुवाई के समय प्रयोग करना चाहिए। शेष नत्रजन को बुवाई के 60 दिन बाद खड़ी फसल (टॉप ड्रेसिंग) में प्रयोग करना चाहिए।

सिंचाई प्रबंधन

गोखरू के पौधों में सूखा सहन करने की असीम क्षमता होती हैं। इसलिए इसकी खेती पूर्णतया वर्षा पर निर्भर होती हैं। लेकीन अधिक लम्बे समय तक वर्षा नहीं होने पर जीवन रक्षक सिंचाई करना लाभप्रद रहता हैं।

खरपतवार नियंत्रण

इसकी फसल को निराई–गुड़ाई की आवश्यकता नहीं होती हैं। लेकिन फसल में खरपतवारों का अधिक प्रकोप होने पर एक से दो निराई–गुड़ाई करके खेत को खरपतवार से मुक्त किया जा सकता हैं।

कीट एंव रोग

गोखरू की फसल में किसी प्रकार के कीट एंव रोगों का प्रकोप नहीं होता हैं।

कटाई

यह एक लंबी अवधि की फसल हैं। बुवाई करने के लगभग 240–250 दिन बाद फसल कटाई योग्य हो जाती हैं। अक्टूबर माह में फसल के पत्तियाँ सूखने पर इसे जड़ सहित उखाड़कर खेत में 1 से 2 दिन तक सूखाया जाता हैं। इसी समय पौधों की जड़ों को काटकर अलग कर देना चाहिए। पौधों को सूखने के बाद इसके फलों (गोखरू) को झाड़कर इकट्ठा कर लिया जाता हैं।

उपज

गोखरू की खेती से प्रति हेक्टेयर लगभग 28–30 कुटंल ताजा फल एंव इनको सुखाने पर 7–8 कुटंल शुष्क फलों की उपज प्राप्त होती हैं। अधिक आमदनी प्राप्त करने हेतु इसके फल, पत्तियों एवं जड़ों को अलग–अलग कर बाजार में बेचा जा सकता हैं।

धतूरा

वानस्पतिक नाम – *धतूरा स्ट्रैमोनियम* एल.

कुल–सोलेनेसी

गुणसूत्र संख्या (2 एन) –24

परिचय

धतूरा एकवर्षीय एवं झाड़ीनुमा औषधीय गुणों से भरपूर पौधा हैं। यह जिस्मसन वीड, स्टिंक वीड, मैड एप्पल, कांटा सेब, डेविल्स स्नेयर, हेल्स बेल, डेविल्स ट्रम्पेट, डेविल्स वीड, लोकोवेइड, प्रिक्लीबुर और डेविल्स ककड़ी आदि नामों से जाना जाता हैं। इसका उत्पत्ति स्थल दक्षिण अमेरिका या एशिया को माना जाता हैं। यह भारत के अतिरिक्त अमेरिका, अफ्रीका, मेक्सिको, दक्षिणी कनाडा एवं तुनिशिया में पाया जाता हैं। भारत में यह लगभग सभी राज्यों में पाया जाता हैं। इसकी सभी 9 प्रजातियाँ जहरीली होती हैं। इसके पौधे 50 से 200 सेंटीमीटर ऊंचाई तक बढ़ते हैं। इसकी शाखाएँ फैलकर जमीन को अच्छे से ढ़क लेती हैं। यह बहुत ही तीक्ष्ण और असहनीय गंध युक्त होता हैं। इसकी पत्तियों और बीजों का उपयोग औषधि के रूप में किया जाता हैं। इसका उपयोग श्वसन, ह्रदय रोगों, पागलपन एवं मनोविकृति दूर करने में किया जाता हैं। इसके अतिरिक्त इसकी जड़ें, बीज एवं पत्तियों के रस को नशीले पेय पदार्थों के रूप में भी उपयोग किया जाता हैं।

जलवायु

धतूरा उष्णकटिबंधीय से समशीतोष्ण जलवायु का पौधा हैं। यह कम वर्षा वाले क्षेत्रों में अधिक वृद्धि करता हैं। यह सर्दियों और मानसून की बारिश के बाद लंबे समय तक सूखा सहन करने की क्षमता रखता हैं। इसको सर्दियों में औसत 10–15 डिग्री सेंटीग्रेड तापमान में भी उगाया जा सकता हैं। धतूरे की खेती के लिए मई से जून में 27–28 डिग्री सेंटीग्रेड तापमान आदर्श माना जाता हैं। इसकी फसल मई–जून माह में मैदानी क्षेत्रों में उच्च वर्षा एवं उच्च तापमान सहन करने में सक्षम नही होती हैं।

मृदा

इसकी खेती लगभग सभी प्रकार की मृदाओं में की जा सकती हैं। लेकिन अधिक उत्पादन प्राप्त करने के लिए बलुई दोमट मिट्टी सबसे उपयुक्त मानी जाती हैं। धतूरे की खेती के लिए लम्बे समय तक प्रकाश की उपलब्धतायुक्त मृदाओं की आवश्यकता होती हैं। धतूरे की खेती क्षारीय या तटस्थ दोमट मिट्टी या कार्बनिक पदार्थों से भरपूर मृदा में करने पर इसका विकास अच्छा होता हैं। अम्लीय एवं कम नमी वाली मिट्टी इस फसल के अनुकूल नहीं होती हैं।

उन्नत किस्में

हमारे देश में धतूरे पर शोध कार्य अधिक नही होने के कारण इसकी कम प्रजातियाँ विकसित हो पाई हैं। इसकी खेती योग्य प्रजातियॉ निम्नलिखित हैं।

आर. आर. एल. नील लोहित (बैंगनी)

इस किस्म की पत्तियों एवं पौधों का रंग बैंगनी होता हैं। इससे प्रति हेक्टेयर 18–24 कुंटल पत्तियाँ एवं 240–290 कुंटल हरे पदार्थ की पैदावार प्राप्त होती हैं। इसके बीजो में 0.24–.0.36 प्रतिशत एवं पत्तियों में 0.12–0.19 प्रतिशत एल्केलाइड पाया जाता हैं।

आर. आर. एल. (ग्रीन)

इस किस्म का तना हरा एवं पत्तियाँ हल्के हरे रंग की होती हैं। यह देर से तैयार होने वाली किस्म हैं। इससे प्रति हेक्टेयर 210 कुंटल पत्तियॉ एवं 15–20 कुंटल बीजों का उत्पादन प्राप्त किया जा सकता है। इसमें 0.09–0.128 प्रतिशत एल्केलाइड पाया जाता हैं।

खेत की तैयारी

इसकी खेती के लिए देशी या ट्रैक्टर चालित हल के माध्यम से दो गहरी जुताई एवं अन्त में रोटावेटर की सहायता से मिट्टी भुरभुरी कर लेनी चाहिए। जिससे खेत में खरपतवार और ढेलों की समस्या को दूर किया जा सकता हैं। जुताई के पश्चात खेत को पाटा लगाकर समतल करने से जल भराव की समस्या से बचा जा सकता हैं।

बुवाई का समय एवं विधि

धतूरे का प्रसारण बीज द्वारा किया जाता हैं। धतूरे की नर्सरी तैयार कर पौध रोपण़ भी किया जा सकता हैं। नर्सरी तैयार करने के लिए प्रति हेक्टेयर 2–3 किलोंग्राम

एवं सीधी बुवाई के लिए 7–8 किलोंग्राम बीज की आवश्यकता होती हैं। इसकी बुवाई मानसून में की जाती हैं। धतूरे की नर्सरी तैयार करने के लिए क्यारियों की अच्छी तैयारी होनी चाहिए। धतूरे की सीधी बुवाई करने पर पौधे से पौधे की दूरी लगभग 45–60 सेंटीमीटर रखनी चाहिए। इसके बीजों का अकुंरण कम एवं अनियमित रूप से होता हैं। इसलिए अंकुरण के बाद ठंड एवं विगलन से बचाकर पौधों की ईष्टतम संख्या बनाए रखना आवश्यक होता हैं। नर्सरी में तैयार पौधे 4–6 सप्ताह में रोपाई योग्य हो जाते हैं। रोपाई करने के लिए पौधे से पौधे के बीच की दूरी 45–60 अथवा 30–45 सेंटीमीटर रखनी चाहिए। अधिक अंकुरण के लिए बीजों को रात भर पानी में भिगोकर मिट्टी से ढक देना चाहिए। इनके अंकुरण में 10 से 30 दिन का समय लगता हैं। इस प्रकार 10–12 सेंटीमीटर की ऊँचाई प्राप्त करने पर या पौधों में चार पत्तियाँ होने पर इन्हें प्रत्यारोपित किया जाना चाहिए।

खाद एवं उर्वरक

धतूरे से अधिक उपज प्राप्त करने के लिए प्रति हेक्टेयर 10 से 15 टन अच्छी सड़ी हुई गोबर की खाद या कम्पोस्ट अन्तिम जुताई के समय मिट्टी में मिलाना चाहिए। इसके अतिरिक्त 25 किलोंग्राम नत्रजन, 50 किलोंग्राम फास्फोरस एवं 25 किलोंग्राम पोटाश प्रति हेक्टेयर की दर से बुवाई के समय प्रयोग करना चाहिए।

सिंचाई प्रबंधन

इसकी खेती मुख्यतः असिंचित फसल के रूप की जाती है। लेकिन इसकी खेती से अधिक उत्पादन प्राप्त करने के लिए सिंचाई की उचित व्यवस्था करनी चाहिए। पौधों की अच्छी वृद्वि एवं विकास के लिए सिंचाई की आवश्यकता होती है। इसकी बुवाई के बाद वर्षा के अभाव में एक सप्ताह के भीतर सिंचाई करना आवश्यक होता हैं। इसके पश्चात 10–15 दिन के अंतराल पर सिंचाई करनी चाहिए।

खरपतवार नियंत्रण

धतूरा के पौधें 10–12 सेंटीमीटर लंबाई के होने तक हाथ से निराई–गुड़ाई करना आवश्यक होता हैं। क्योंकि खरपतवारो द्वारा पौधों की वृद्धि एवं उपज पर प्रतिकूल प्रभाव पडता हैं। इसलिए समय–समय पर निराई–गुड़ाई करना चाहिए।

रोग एवं कीट नियंत्रण

धतूरा के फूलो में परागण की क्रिया कीटों द्वारा होती हैं। बीटल की विभिन्न प्रजातियाँ इसके फूलों की ओर आकर्षित होकर परागअमृत चुराते हैं। इसके फूलों

का रस पिस्सू भृंग, एफिड्स और अन्य छोटे कीड़ों द्वारा चूसा जाता हैं। जिससे लेडी बर्ड बीटल और अन्य शिकारी कीट फूलों की ओर आकर्षित होते है। इसलिए इन कीटों को नियंत्रण करने पर उपज में कमी आ जाती हैं।

प्रमुख रोग

पत्ती धब्बा रोग

यह रोग अल्टरनेरिया अल्टरनेटा नामक रोगकारक द्वारा होता हैं। इस रोग का प्रकोप होने पर प्रभावित पौधों की पत्तियों पर धब्बे बन जाते हैं। जिससे उपज पर प्रतिकूल प्रभाव पड़ता हैं। इसके नियंत्रण के लिए कॉपर ऑक्सीक्लोराइड दवा की 2.5 ग्राम मात्रा को प्रति लीटर पानी में मिलाकर 15 दिन के अंतराल पर छिड़काव करना चाहिए।

सरकोस्पोरा पत्ती धब्बा रोग

यह रोग सरकोस्पोरा जमैकेनैरिस नामक रोगकारक द्वारा होता हैं। इस रोग का प्रकोप होने पर प्रभावित पौधों की पत्तियों पर धब्बे बन जाते हैं। जिससे उपज में कमी आ ज़ाती हैं। इसके नियंत्रण के लिए डायथेन एम–45 दवा की 2.5 ग्राम या बाविस्टिन की 1.5 ग्राम मात्रा को प्रति लीटर पानी में मिलाकर 15 दिन के अंतराल पर छिड़काव करना चाहिए।

काला सडन रोग

यह रोग मैक्रोफोमिना फासकोली कारक से होता हैं। इस रोग का प्रकोप होने पर प्रभावित पौधा काला पडकर सडने लग जाता हैं। जिससे पौधे सडकर नष्ट हो ज़ाते हैं। इसके नियंत्रण के लिए रोपाई के समय कूडों मे 8 किलोंग्राम प्रति हेक्टेयर की दर से पी.सी.एन.पी (ब्रासिकल) या थिरम का छिड़काव करना चाहिए।

उपज

धतूरा के मुख्य औषधीय उत्पाद इसकी पत्तियाँ एवं बीज होते हैं। इससे प्रति हेक्टेयर औसतन 1200–1700 किलोंग्राम सूखे बीज प्राप्त होते हैं। इसके बीजों में 0.2–0.35 प्रतिशत एल्केलाइड पाया जाता हैं।

कलिहारी

वानस्पतिक नाम – *ग्लोरिओसा सुपर्बा* एल.

कुल – कोलचिकिया

गुणसूत्र संख्या (2 एन) – 24

परिचय

कलिहारी एक औषधीय महत्व का पौधा हैं। इसकी वृद्धि लता के रूप में होती हैं। इसको अग्निशिखा, गर्भनुत, उलट–चंडाल, विलांगुली, कंडीलफूल, दिशल्या, सुपर्ब लिलि, ग्लोरी लिलि और उल्टाफूल आदि नामो से जाना जाता हैं। एशिया तथा अफ्रीका को कलिहारी का उत्पत्ति स्थान माना जाता हैं। वर्तमान में इसकी खेती अफ्रीका, एशिया, संयुक्त राष्ट्र अमेरिका, श्रीलंका और भारत में की जाती हैं। भारत में इसकी खेती तमिलनाडू एंव कर्नाटक में बहुतायत में की जाती हैं। इसकी जड़ो में बनने वाली गांठे, पत्तियाँ, बीज और जड़ें दवाईयाँ बनाने के लिए प्रयोग में लाई जाती हैं। पौधों की औसतन ऊंचाई 4 से 6 मीटर होती हैं। इसकी पत्तियाँ 6–8 इंच लम्बी, डंठल विहिन एवं फूल पीले नारंगी तथा लाल रंग के होते हैं। इसका फूल उलटे फल के रूप में प्रतीत होता हैं। वर्षा ऋतु में फूल एवं फलन क्रिया होने के बाद शीत ऋतु में इसकी लता सूख जाती हैं। औषधीय रूप में अत्यधिक माँग के कारण इसे जंगल से इकटठा कर निर्यात किया जाता हैं। जिसे अब भारत सरकार ने प्रतिबंधित कर दिया हैं। इसका उपयोग औषधीय रूप में शोध, कण्ठमाल, गठिया, वात, वेदना कुष्ठ, अर्श, टॉनिक गर्भपात, प्रसव को आसान बनाने एवं प्रसव के उपरान्त आँव के टुकड़ों को शरीर से बाहर निकालने में होता हैं। इसका उपयोग कोल्चिसीन (0.2 से 0.3 प्रतिशत), ग्लोरिओसिन एल्केलॉयड, सुगंधित तेल, बेन्जोईक अम्ल, सेलीसिलिक अम्ल, शुगर एवं वसाम्ल प्राप्त करने में किया जाता हैं। विभिन्न फसलों में जेनेटिक सुधार हेतु गुणसूत्रों की संख्या दोगुनी करने में भी इसका उपयोग किया जाता हैं।

जलवायु

कलिहारी की खेती करने के लिए उष्ण तथा नम जलवायु उपयुक्त रहती हैं। लेकिन इसके अच्छे वृद्वि एवं विकास के लिए 25 से 40 डिग्री सेंटीग्रेड, अंकुरण के लिए 35 से 45 डिग्री सेंटीग्रेड एवं कटाई के लिए 25 से 30 डिग्री सेंटीग्रेड तापमान उपयुक्त रहता हैं। समान रूप से वितरीत 80 से 150 सेंटीमीटर वार्षिक वर्षा वाले क्षेत्र इसके लिए सर्वोत्तम माने जाते हैं।

मृदा

कलिहारी की खेती के लिए लाल दोमट एवं रेतीली मृदा सर्वोत्तम रहती हैं। इसकी खेती भारी, सख्त मिट्टी एवं बलुई दोमट से लेकर पथरीली कंकरीली भूमि में भी सफलतापूर्वक की जा सकती हैं। इसके लिए 5.5 से 7 के मध्य पी.एच. मान वाली मृदाएँ उपयुक्त रहती हैं।

प्रजातियाँ – कलिहारी की दो प्रमुख प्रजातियाँ होती है जिनका वर्णन निम्नलिखित हैं

ग्लोरिओसा सुपर्बा

यह प्रजाति मुख्यतः अफ्रीका और भारत के उष्णीय क्षेत्रों में पायी जाती हैं। इस प्रजाति के पौधों की ऊंचाई 1.5 मीटर होती है। इसकी पत्तियों का आकार अंडाकार और लम्बाई 10 से 12 सेंटीमीटर होती है। इसके फूल सीधे, 5–7 मीटर लम्बे और पीले–लाल रंग के होते हैं।

ग्लोरिओसा राथ्सचील्डियना

यह प्रजाति अफ्रीका के उष्णीय क्षेत्रों में पायी जाती हैं। इसका पौधा लता के रूप में वृद्धि करता हैं। इसकी पत्तियाँ चौड़ी और नुकीली होती हैं। जिनकी लम्बाई 12 से 18 सेंटीमीटर तक होती हैं। इसके फूल सीधे, 5–7 मीटर लम्बे और पीले–सफेद रंग के होते हैं।

खेत की तैयारी

इसकी खेती के लिए मिट्टी पलटने वाले हल से 2 से 3 बार गहरी जुताई करने के बाद पाटा चलाकर मिट्टी को भुरभुरा बना देना चाहिए। बुवाई से पहले छोटी–छोटी क्यारियां बनाने से बुवाई करने से सुविधा रहती हैं। उपयुक्त जल निकास की सुविधा रहने पर फसल की बढ़वार अच्छी होती हैं।

रोपाई का समय एवं विधि

कलिहारी की रोपाई मुख्यतः कंदो द्वारा की जाती हैं। इसकी रोपाई के लिए 50 से 60 ग्राम वजन वाले कन्दों का प्रयोग करना उपयुक्त रहता हैं। एक हेक्टेयर रोपाई के लिए औसतन 2 से 3 टन अथवा 41500 कन्दों की आवश्यकता होती हैं। इतनी अधिक मात्रा में कन्द प्राप्त करने के लिए पहले नर्सरी में बीजो की बुवाई करके प्रथम वर्ष में केवल कन्द तैयार किये जाते हैं। रोपाई से पूर्व कन्दों को 0.1 प्रतिशत फफूंदनाशक घोल से उपचारित करना चाहिए। गर्मियों में गहरी जुताई करने के बाद 60 × 60 सेंटीमीटर की दूरी पर मेड़ एवं नाली बनाकर मेड़ों पर कन्दों की रोपाई की जाती हैं। कन्द से कन्द की दूरी 45 सेंटीमीटर एवं गहराई 8 से 10 सेंटीमीटर रखनी चाहिए। इसकी बेल को चढ़ाने हेतु पेड़ों की सूखी टहनियों या झाड़ियों को नाली में लगाना चाहिए।

खाद एवं उर्वरक

कलिहारी का अधिक उत्पादन प्राप्त करने के लिए 10 से 15 टन अच्छी सडी हुई गोबर की खाद जुताई के समय खेत में मिलानी चाहिए। इसके अतिरिक्त 125 किलोंग्राम नत्रजन, 50 किलोंग्राम फास्फोरस एवं 75 किलोंग्राम पोटाश प्रति हेक्टेयर की दर से प्रयोग करना चाहिए। खेत की तैयारी के समय फास्फोरस एवं पोटाश की पूरी मात्रा एवं नत्रजन की आधी मात्रा को मृदा में मिलाया जाता हैं। शेष नत्रजन की मात्रा को 2 बराबर भागों में बांटकर रोपाई के 30 दिन एवं 60 दिन के बाद खड़ी फसल में प्रयोग करना चाहिए। कीट एवं रोगो से बचाव के लिए 150 किलोंग्राम नीम की खली अन्तिम जुताई के साथ मृदा में मिलानी चाहिए।

सिंचाई प्रबंधन

इसका पौधा झाड़ीनुमा होता हैं। इसलिए इसे कम सिंचाई की आवश्यकता होती हैं। रोपाई के बाद 4 दिन के अंतराल पर नयें पौधों को सिंचाई करना उपयुक्त रहता हैं। अच्छे उत्पादन के लिए मृदा में नमी की मात्रा में कमी होने पर समय–समय पर सिंचाई करनी चाहिए। फसल कटाई योग्य होने पर सिचाई बंद कर देनी चाहिए। पौधों को आवश्यकता से अधिक पानी देने से फल पकने से पहले ही गिर जाते हैं। इसके लिए खेत में जल निकास का उचित प्रबंधन करना चाहिए।

खरपतवार नियंत्रण

कलिहारी की फसल को खरपतवार से मुक्त रखने के लिए समय–समय पर निराई–गुड़ाई करते रहना चाहिए। जिससे खरपतवार नियंत्रण के साथ–साथ मृदा में वायु संचार भी अच्छा रहता है। इसमें किसी प्रकार के रासायनिक खरपतवारनाशियों का उपयोग नहीं किया जाता हैं।

कीट एवं रोग नियंत्रण

रंग–बिरंगी सुंडी

यह कीट पौधों की पत्तियों को खाकर नुकसान पहुँचाता हैं। जिससे सम्पूर्ण पौधा नष्ट हो जाता हैं। इसकी रोकथाम के लिए 0.2 प्रतिशत मेटासिड का छिड़काव 15 दिन के अंतराल पर करना चाहिए।

जड़ गलन

यह एक गंभीर बीमारी हैं। इसके प्रकोप से कंद सड़ने लगते हैं। इसकी रोकथाम के लिए 0.2 प्रतिशत बाविस्टिन का छिड़काव करना उपयुक्त रहता हैं।

पत्ती झुलसा रोग

इस रोग के प्रकोप से पत्तियों में क्लोरोसिस हो जाता हैं। जिससे पत्तियाँ पीली पड़ जाती हैं। इसकी रोकथाम के लिए 0.3 प्रतिशत डाईथेन एम–45 का 500 से 600 लीटर पानी में मिलाकर छिड़काव करना चाहिए।

कटाई

कलिहारी के पौधों पर अगस्त–सितम्बर माह में फूल एवं फल अक्टूबर–नवम्बर माह तक आते हैं। 170 से 180 दिन के बाद अधपके फलों का रंग हल्के हरे रंग में परिवर्तित हो जाता हैं। इस समय फलो को तोड़कर 10 से 15 दिन छाया में सूखाना चाहिए। फलों से बीजों को भी निकालकर अच्छी तरह से सूखा लेना चाहिए। कलिहारी के बीज तथा छिलका दोनों भाग उपयोगी होते हैं। इसलिए इन्हें अलग–अलग सूखाकर बोरी में भर देना चाहिए।

उपज

यह एक बहुवर्षीय फसल हैं इसलिए एक बार रोपाई करने के बाद कन्दों से निरंतर 5 वर्ष तक बीजों का उत्पादन मिलता रहता हैं। अन्तिम वर्ष में कन्दों की खुदाई करनी चाहिए तथा जुलाई में प्रस्फुटित होने पर आवश्यकतानुसार खोदकर नये खेत में लगा देना चाहिए। मार्च या अप्रैल माह में कन्दों की खुदाई करने पर पुनः रोपाई के लिए अंधेरे कमरे में रेत में भण्डारित करना चाहिए। ये कन्द मई–जून माह में प्रस्फूटित होने लगते हैं। इन्हें जुलाई माह में खेत में लगाना चाहिए। इस प्रकार कलिहारी की खेती से प्रतिवर्ष 250–300 किलोंग्राम बीज, 150–200 किलोंग्राम छिलका एवं पाँचवें वर्ष में 2.5 से 3 टन सूखे कन्द प्रति हेक्टेयर प्राप्त हो जाते हैं।

बेल

वानस्पतिक नाम – *ऐगल मार्मेलॉस* एल.

कुल – रूटेसी

गुणसुत्र संख्या (2 एन) – 18

परिचय

बेल भारत के प्राचीनतम फलों में से एक है। बेल के लिये कहा गया है "रोगान बिलति भिनन्ति इतिइा बिल्ब" अर्थात जो रोगों का नाश करे वह बेल कहलाता है। यह भारतीय मूल का पौधा है तथा सम्पूर्ण भारतवर्ष के जंगलों एवं सूखी पहाड़ियों में पाया जाता हैं। यह भारत के अतिरिक्त जावा, म्याँमार व पूर्वी एशिया में भी पाया जाता हैं। इसकी खेती उत्तर प्रदेश, बिहार, पश्चिम बंगाल, राजस्थान, मध्य प्रदेश, उत्तराखंड, छत्तीसगढ़ एवं उड़ीसा में बहुतायत से की जाती हैं। बेल की जड़, छाल, पत्तियाँ, शाखा और फल औषधीय रूप में मानव जीवन के लिये उपयोगी हैं। प्राचीन काल से बेल को 'श्रीफल' के नाम से जाना जाता है। बेल एक पोषक गुणों (विटामिन–ए, बी.,सी., खनिज तत्व, कार्बोहाइड्रेट) एवं औषधीय गुणों से भरपूर फल है। इससे अनेक प्रकार के परिरक्षित पदार्थ (शर्बत, मुरब्बा) बनाया जा सकता हैं। बेल को भुनकर खाने से पेचिश, भूख न लगना एवं अन्य पेट के विकारों से छुटकारा पाया जा सकता हैं। पके बेल के गूदे के चूर्ण को प्रतिदिन दूध के साथ लेने से पुरानी जीर्ण संग्रहनी में लाभकारी रहता हैं। गर्मी के मौसम में नियमित या शर्बत बनाकर सेवन करना अत्यंत लाभकारी होता है। मई–जून की गर्मी के समय इसकी पत्तियाँ झड़ जाती हैं। जिससे पौधों में शुष्क एवं अर्धशुष्क जलवायु को सहन करने की क्षमता बढ़ जाती हैं। हिन्दू मन्दिरों के पास भी इसका रोपण किया जाता हैं।

वानस्पतिक विवरण

मई माह में इसके पौधों पर फल लगकर अक्टूबर–नवम्बर में पकते हैं। यह पौधा 6 से 7 मीटर लम्बा, 0.9 से 1.20 मीटर परिधिं (मोटा), तीखे लम्बे काँटों युक्त एवं

सुगन्धित त्रिवर्णी रूप में मिलता है। इसके तने की छाल हल्की नीली–धूसर एवं जड़ की छाल का रंग हल्का पीला होता हैं। फूल पीला हरा सफेद रंग का होता है। फल 15 सेंटीमीटर व्यास तथा कठोर छिलके से ढ़के रहते हैं।

जलवायु

बेल के वृक्ष सभी प्रकार की शुष्क एवं आर्द्र जलवायु में सफलतापूर्वक उगाऐ जा सकते हैं। इसके वृक्ष समुद्र तल से 1200 मीटर ऊँचाई और न्यूनतम 6.66 सेंटीग्रेड तापमान सहन करने में सक्षम होते हैं। इसके पेड़ की टहनियों पर कांटे पाये जाते हैं। मई–जून माह में इसकी पत्तियाँ झड़ जाती हैं। जिससे पौधों में शुष्क और अर्द्ध शुष्क जलवायु को सहन करने की क्षमता बढ़ जाती हैं।

मृदा

इसकी खेती लगभग सभी प्रकार की मृदाओं में की जा सकती हैं। लेकिन उचित जल निकासयुक्त बलुई दोमट भूमि इसकी खेती के लिए सर्वोत्तम रहती हैं। समस्याग्रस्त क्षेत्रों–ऊसर, बंजर, कंकरीली, खादर, बीहड़ भूमि में भी इसकी खेती सफलतापूर्वक की जा सकती हैं। बेल की खेती के लिए 6–8 पी.एच मान वाली भूमि अधिक उपयुक्त होती हैं। लेकिन 8.5 से अधिक पी.एच. मान वाली मृदाओं में भी बेल की व्यावसायिक खेती की जा सकती हैं।

उन्नत किस्में

बेल की अधिकतर किस्में नरेन्द्र देव कृषि एवं प्रौद्योगिकी विश्वविद्यालय, गोविन्द बल्लभ पंत कृषि विश्वविद्यालय, केन्द्रीय उपोष्ण बागवानी संस्थान तथा बागवानी एवं कृषि वानिकी शोध कार्यक्रम द्वारा विकसित की गई हैं। इसकी प्रमुख किस्मों का संक्षिप्त विवरण निम्नलिखित हैं।

नरेन्द्र बेल– 5

इस किस्म के पौधे कम ऊँचाई (3–5 मीटर) एवं अधिक फैलाव वाले होते हैं। फल चपटे सिरे वाले, मध्यम आकार (21–25 सेंटीमीटर), मीठे स्वाद (35–280 ब्रिक्स) तथा कम बीज वाले होते हैं। गूदा कम, रेशे युक्त, मुलायम और अच्छे स्वाद वाला होता है। फलों का औसत वजन 900–1000 ग्राम तक होता हैं। इसके पेड़ों की औसत उपज 50–60 किलोंग्राम प्रति पेड़ प्राप्त होती हैं।

नरेन्द्र बेल– 7

इस किस्म के पौधे औसत ऊँचाई (5–7 मीटर) तथा अपेक्षाकृत कम फैलाव वाले (3–5 वर्ग मीटर) होते हैं। इसके फल गोल तथा बड़े आकार के होते हैं। जिनका औसत वजन 3–4.5 किलोंग्राम तक होता हैं।

नरेन्द्र बेल– 9

इस किस्म के पौधे मध्यम ऊँचाई (4–6 मीटर) एवं अधिक फैलाव वाले होते हैं। फल आकार में बड़े (26–33 सेंटीमीटर), अंडाकार तथा अधिक मिठास वाले (400 ब्रिक्स) होते हैं। फलों का औसत वजन 1.5 किलोंग्राम तथा पतला छिलका होता हैं। गूदे में रेशे एवं बीज की मात्रा कम पाई जाती हैं। पेड़ों से औसत उपज 70–80 किलोंग्राम प्रति वृक्ष तक प्राप्त की जा सकती हैं।

पंत शिवानी

इस किस्म के पेड़ ऊपर की तरफ बढ़ने वाले एवं घने होते हैं। फल अंडाकार, लम्बा, भार 1.2–2.0 किलोंग्राम, छिलका मध्यम पतला एवं गूदा अधिक (70–75 प्रतिशत) होता हैं। इसमें कम रेशा, मिठास अधिक (34–350 ब्रिक्स) एवं स्वादिष्ट होता हैं। पेड़ों की औसत उपज 50–60 किलोंग्राम प्रति वृक्ष तक होती हैं।

पंत अर्पणा

यह एक बौनी एवं कम घनी किस्म हैं। जिसकी शाखायें नीचे की ओर लटकती रहती है। पत्तियाँ बड़ी, गहरे रंग एवं नाशपाती की तरह होती हैं। पेड़ों पर कांटे कम, फलन जल्दी एवं उपज अच्छी होती है। फल गोलाकार 0.6 से 0.8 किलोंग्राम वजनी एवं पतले छिलके वाले होते हैं। पकने पर फलों का रंग हल्का पीला हो जाता हैं। इसमें बीज, लिसलिसा पदार्थ, खटास एवं रेशा कम मात्रा में पाया जाता हैं। लिसलिसा पदार्थ एवं बीज अलग थैलियों में बंद रहता हैं। जिसे आसानी से अलग किया जा सकता है। यह किस्म प्रोसेसिंग के लिए ज्यादा उपयुक्त होती हैं। फलों का गूदा मध्यम मीठा (30.80 ब्रिक्स), स्वादिष्ट एवं सुवासयुक्त होता हैं।

पंत उर्वसी

इस किस्म के पेड़ घने, वृद्धियुक्त एव लम्बे होते हैं। यह एक मध्यम समय में पकने वाली किस्म हैं। फल अंडाकार, लम्बे तथा प्रतिफल भार 1.6 किलोंग्राम तक होता हैं। छिलका मध्यम पतला, गूदा मीठा (320 ब्रिक्स), स्वादिष्ट एवं सुवासयुक्त होता

हैं। फलों में गूदे की मात्रा 68.5 प्रतिशत एवं रेशे की मात्रा कम पायी जाती हैं। पेड़ों की औसत उपज 27–30 किलोंग्राम तक होती हैं।

पंत सुजाता

इस किस्म के पेड़ मध्यम आकार के घने एवं फैलने वाले होते हैं। यह एक मध्यम समय में पकने वाली किस्म हैं। फल गोल तथा दोनों सिरे चपटे होते हैं। फलों का औसत भार 1.2 किलोंग्राम, छिलका पतला एवं हल्के पीले रंग वाला, गूदे की मिठास 270 ब्रिक्स तथा रेशा कम होता हैं। फलों में गूदे की मात्रा 77.8 प्रतिशत तक पाई जाती है। इसकी औसत उपज 45–50 किलोंग्राम प्रति वृक्ष होती हैं।

सी.आई.एस.एच.बी.–1

इस किस्म के पौधे मध्यम ऊँचाई एवं कम फैलाव वाले होते है। फल अंडाकार गोल (15–17 सेंटीमीटर लम्बे एवं 39–41 सेंटीमीटर व्यास) तथा अधिक मिठास युक्त (35–40.50 ब्रिक्स) होते हैं। फलों का औसत वजन 0.8–1.2 किलोंग्राम एवं छिलका पतला (0.10–0.12 सेंटीमीटर) होता हैं। फलों में रेशे एवं बीज की मात्रा कम पाई जाती है। इसकी औसत उपज 50–60 किलोंग्राम प्रति वृक्ष तक प्राप्त की जा सकती हैं।

सी.आई.एस.एच.बी.–2

इस किस्म के पौधे कम ऊँचाई तथा अधिक फैलाव वाले होते हैं। फल आकार में बड़े (14.8–18 सेंटीमीटर लम्बे एवं 52–64 सेंटीमीटर व्यास) तथा गोल होते हैं। फलों का औसत वजन 1.8–2.4 किलोंग्राम तक होता हैं। इसके फल अधिक मिठासयुक्त (37–410 ब्रिक्स) एवं पतले छिलके वाले होते हैं। फलों में रेशे एवं बीज की मात्रा कम होती है। इस किस्म के पौधों की उपज 40–50 किलोंग्राम प्रति वृक्ष तक होती हैं।

अन्य किस्में

इसकी अन्य किस्में देवरिया बड़ा, मिर्जापुरी, चकिया, बघेल, कागजी, गोड़ नम्बर–1, गोड़ नम्बर–3, बस्ती नम्बर–2, फैजाबाद ओलांग, फैजाबाद राउंड एवं नरेंद्र बेल नम्बर–5 आदि हैं।

प्रवर्धन

बेल के पौधे मुख्य रूप से बीज द्वारा तैयार किये गये मूलवृंत पर कालिकायन या ग्राफ्टिंग द्वारा तैयार किये जाते हैं। बीजों की बुवाई फलों से निकालने के

तुरन्त बाद 15–20 सेंटीमीटर ऊँची 1 × 10 मीटर आकार की क्यारियों में 1–2 सेंटीमीटर गहराई पर करनी चाहिए। बुवाई का उत्तम समय मई–जून माह होता हैं। कलिकायन के लिए 1–2 वर्ष पुराने पौधे उपयुक्त होते हैं। जून–जुलाई माह में पैबंदी चश्मा विधि से 80–90 प्रतिशत तक सफलता प्राप्त की जा सकती हैं और सांकुर डाली की वृद्धि भी अच्छी होती हैं। कलिका का ठीक प्रकार से फुटाव होने पर मूलवृंत को कलिका के ऊपर से काटकर अलग कर लिया जाता हैं।

शिखर रोपण

इस विधि में पुराने बीजू पौधों को कलमी पौधों में बदलने के लिये चोटी कलम बाँधने की आवश्यकता होती हैं। इसके लिये पेड़ की मोटी शाखाओं को जमीन से (2.5–3.0 मीटर) ऊँचाई पर मार्च में शीर्ष से काटकर उस भाग को गीली मिट्टी और टाट से ढक दिया जाता हैं। इन कटे हुए भागों से नई शाखाएं निकलने पर कलम बाँधने योग्य हो जाती हैं। यह कलिकायन जून–जुलाई माह में किया जाता हैं। कलिकाएँ अच्छी तरह से फुटाव लेने की स्थिति में पुरानी शाखाओं को ऊपर से काट दिया जाता हैं।

गड्ढों की तैयारी एवं पौध रोपण

बेल के पेड़ों को 6–8 मीटर की दूरी पर जुलाई–अगस्त माह में लगाया जाता है। पौधे लगाने के एक माह पूर्व 60 × 60 × 60 सेंटीमीटर आकार के गड्ढे तैयार करने चाहिए। जमीन को कंकड़ पत्थर मुक्त करना आवश्यक होता हैं। इन गड्ढों को 3–4 टोकरी सड़ी गोबर की खाद, 20–25 किलोंग्राम बालू तथा 1 किलोंग्राम चूना मिलाकर 6–8 इंच ऊँचाई तक भर देना चाहिए। इन्ही तैयार गड्ढों में जुलाई–अगस्त माह में पौध रोपण करना चाहिए। पौधे लगाने के बाद हल्की सिंचाई करना आवश्यक होता हैं।

खाद एवं उर्वरक

पौधों की अच्छी बढ़वार, अधिक फलन एवं पेड़ों को स्वस्थ रखने के लिये प्रत्येक पौधे में 10 किलोंग्राम सड़ी हुई गोबर की खाद, 50 ग्राम नत्रजन, 25 ग्राम फास्फोरस एवं 50 ग्राम पोटाश प्रति वर्ष प्रयोग करना चाहिए। खाद एवं उर्वरक की यह मात्रा दस वर्ष तक गुणित अनुपात में बढ़ाते रहते हैं। इस प्रकार 10 वर्ष या उससे अधिक आयु वाले वृक्षों को 500 ग्राम नत्रजन, 150 ग्राम फास्फोरस और 500 ग्राम पोटाश के अतिरिक्त 30–40 किलोंग्राम सड़ी हुई गोबर की खाद का प्रयोग करना उत्तम रहता हैं। पठारी भूमि में लगाये गये पौधों में जस्ते की कमी

के लक्षण दिखाई देते हैं। अतः ऐसे पेड़ों में 250 ग्राम जिंक सल्फेट प्रति पौधे के हिसाब से उर्वरकों के साथ प्रयोग करना चाहिए। इसके अतिरिक्त 0.5 प्रतिशत जिंक सल्फेट का पर्णीय छिड़काव जुलाई, अक्टूबर एवं दिसम्बर माह में करना चाहिए। खाद एवं उर्वरकों की पूरी मात्रा जून–जुलाई माह में प्रयोग करना चाहिए।

सिंचाई प्रबंधन

बेल में सिंचाई की कम आवश्यकता होती हैं। नए पौधों में ग्रीष्म ऋतू में 7–8 दिन तथा शीत ऋतू में 10–15 दिन के अंतराल पर सिंचाई करनी चाहिए। जबकि पुराने पौधों में ग्रीष्म ऋतू में 20–25 दिन के अंतराल पर सिंचाई करना चाहिए। नये पौधों को स्थापित करने के लिए एक दो वर्ष तक सिंचाई करने की आवश्यकता होती हैं। गर्मियों में बेल का पौधा अपनी पत्तियाँ गिराकर सुषुप्तावस्था में चला जाता हैं। इस समय सूखा सहन करने की क्षमता अधिक होती हैं।

खरपतवार नियंत्रण

गड्ढे तैयार करते समय मृदा को खरपतवार से मुक्त कर देने से इनका प्रकोप कम होता है। खरपतवारों के प्रभावी नियंत्रण लिए समय–समय पर निराई–गुड़ाई कर इनको निकालते रहना चाहिए।

पौधों की सधाई, छंटाई एवं अंत फसलें

पौधों की सधाई का कार्य प्रारम्भिक 4–5 वर्षो में करना चाहिए। इसके लिए मुख्य तने को 75 सेंटीमीटर तक शाखा रहित रखकर 4–6 मुख्य शाखायें चारों दिशाओं में बढ़ने देना चाहिए। बेल के पेड़ों में विशेष छंटाई की आवश्यकता नहीं पड़ती हैं। लेकिन सूखी, कीटों एवं बीमारियों से ग्रसित टहनियों को समय–समय पर निकालते रहना चाहिए। शुरू के वर्षो में नये पौधों के बीच खाली जगह में कम पानी चाहने वाली फसल को अंतः फसल के रुप में लगाना चाहिए। हरी खाद वाली फसलें लगाकर उन्हें वर्षा ऋतु में पलट देने से भूमि की उर्वरा शक्ति में भी सुधार किया जा सकता हैं।

कीट एवं रोग नियंत्रण

फलों का गिरना

यह रोग फ्यूजेरियम नामक कवक द्वारा होता हैं। इस रोग में बेल के छोटे फल (2–3 इंच व्यास वाले) गिरने लग जाते हैं। इस रोग का संक्रमण डंठल वाले छोर से प्रारंभ होकर फल के ऊपरी हिस्से तक फैलता हैं। डंठल और फल के बीच

फफूंद विकसित होने से जुड़ाव कमजोर हो जाता हैं। जिससे फलों का गिरना प्रारंभ हो जाता हैं। इसके नियंत्रण के लिए फल छोटे होने की अवस्था में 0.1 प्रतिशत कार्बेन्डाजिम के दो छिड़काव 15 दिन के अंतराल पर करना चाहिए।

उल्टा सूखा रोग

यह रोग लेसिया डिप्लोडिया नामक कवक के द्वारा होता हैं। इस रोग से प्रभावित पौधों की टहनियां ऊपर से नीचे की तरफ सूखने लगती हैं। टहनियों और पत्तियों पर भूरे धब्बे बनकर पत्तियाँ गिरने लग जाती हैं। इस रोग के नियंत्रण के लिए कॉपर ऑक्सीक्लोराइड (0.3 प्रतिशत) के दो छिड़काव सूखी टहनियों को छांटकर 15 दिनों के अंतराल पर करना चाहिए।

आंतरिक विगलन

बेल के बड़े फल अप्रैल–मई माह में गिरते हैं। गिरे हुए बेलों में आंतरिक विगलन के लक्षण पाये जाते हैं। साथ ही बाह्य त्वचा भी फटने लग जाती हैं। इस रोग के नियंत्रण के लिए बोरेक्स 300 ग्राम प्रति वृक्ष प्रयोग करना चाहिए। साथ ही जब फल छोटे आकार के हों तो 1 प्रतिशत बोरेक्स का छिड़काव 15 दिनों के अंतराल पर दो बार करना चाहिए।

कातरा

यह कीट पौधौं के कोमल भागों एवं पत्तियों को खाकर नुकसान पहुँचाता हैं। इसके नियंत्रण के लिए 0.1 प्रतिशत थायोड़ोन कीटनाशक का छिड़काव करना चाहिए।

फलों की तुड़ाई

फल अप्रैल–मई माह में तोड़ने योग्य हो जाते हैं। जब फलों का रंग गहरे हरे रंग से पीला हरा होने लगे तो फलों की तुड़ाई 2 सेंटीमीटर डंठल सहित करनी चाहिए। फल तोड़ते समय फलों को जमीन पर गिरने से बचाना चाहिए। क्योंकि गिरने से फलों की त्वचा चिटक जाती है जिससे फल भीतर से सड़ जाते हैं।

भंडारण

पके हुए फलों को लगभग 15 दिनों तक भंडारित किया जा सकता हैं। फलों को 18 से 24 दिन तक उपचारित कर कृत्रिम रूप से पकाकर 30 डिग्री सेल्सियस में रखा जा सकता हैं। फलों को सदैव सूखी जगह में भंडारित करना चाहिए।

भू-अम्लकी

वानस्पतिक नाम – *फाइलेन्थस एमरस* एल.

कुल – यूफोरबिएसी

गुणसूत्र संख्या (2 एन) – 26

परिचय

भू–अम्लकी एक झाड़ीनुमा दिव्य औषधीय पौधा हैं। जिसे भुई अम्लकी, बहुपत्री और अंग्रेजी में कन्ट्री गोजरी भी कहा जाता हैं। उष्णकटिबंधीय अमेरिका को इसके उत्पत्ति स्थल के रूप मे जाना जाता हैं। यह दक्षिण चीन, दक्षिण भारत, बर्मा आदि देशों सहित सम्पूर्ण विश्वभर में पाया जाता हैं। हमारे देश के विभिन्न प्रदेशों जैसे–पंजाब, उत्तर प्रदेश, तमिलनाडू, महाराष्ट्र, सिक्किम इत्यादि में खाली पडी भूमियों में यह खरपतवार के रूप में बहुतायत से पाया जाता हैं। यह एक बहुवर्षीय पौधा हैं। परन्तु इसकी कुछ प्रजातियों के पौधें एकवर्षीय भी होते हैं। इसका तना सीधा और 60 से 100 सेंटीमीटर लम्बा होता हैं। इसके पौधों में आजीवन पुष्प निकलते रहते हैं। विश्व के कई हिस्सों में इसे हृदय की खराबी, हिपेटाइटिस बी तथा पीलिया, आंत संक्रमण और मधुमेह आदि के उपचार में उपयोग किया जाता हैं। इसकी जड़ों का उपयोग टॉनिक बनाने एवं कब्ज को दूर करने में भी किया जाता हैं। इसके सूखी शाक का मुख्य घटक फाइलेन्थिन तथा हाईपोफाइलेन्थिन हैं। जिसमे फाइलेन्थिल तत्व की मात्रा 0.4 से 0.5 प्रतिशत तक होती हैं।

जलवायु

यह एक उपोष्ण कटिबंधीय खरपतवार हैं। यह उष्णकटिबंध तथा उच्च वर्षा वाले स्थानों में उगाया जा सकता है। यह स्थायी जलमग्न को भी सहने करने में सक्षम होता हैं।

मृदा

यह विभिन्न प्रकार की मृदाओं जैसें–बलुई, चिकनी एवं दोमट आदि मृदाओं में आसानी से उगाया जा सकता हैं। लेकीन अच्छी उपज के लिए मृदा का पी.एच.

मान 5.5 से 8 के मध्य होना चाहिए। इसे अच्छी जल निकास वाली चूनेदार मृदा में भी उगाया जा सकता हैं।

उन्नत किस्में

खेती की दृष्टि से इस फसल की अधिक किस्मों का विकास नही हुआ हैं। इसकी कुछ किस्में सीमेप लखनऊ द्वारा विकसित की गई हैं। जिनमें नव्यकृत एवं उत्कृष्ट किस्में प्रमुख हैं। इन किस्मों से उपोष्ण तथा उष्णकटिबंधीय जलवायु में अच्छी उपज प्राप्त की जा सकती हैं।

खेत की तैयारी

इसकी खेती के लिए मृदा की अधिक तैयारी की आवश्यकता नहीं होती हैं। लेकिन अधिक उपज प्राप्त करने के लिए 1 से 2 जुताई कर खेत को समतल बना देना चाहिए। इसके लिए कम उर्वराशक्ति वाली मृदाओं में अंतिम जुताई के समय 10 टन प्रति हेक्टेयर की दर से अच्छी सड़ी हुई गोबर की खाद मिलानी चाहिए।

नर्सरी तैयार करना

इस पौधे का प्रसारण बीजों द्वारा किया जाता हैं। फलों से बीज निकालने के लिए अच्छे फलों का चुनाव करना चाहिए। इसके बाद चयन किए गए फलों को सूखाकर बीज प्राप्त किए जाते हैं। बीज निकालने के बाद बीजों को सूखाकर अच्छी तरह तैयार की गई क्यारियों में बुवाई की जाती हैं। बीजों की बुवाई छिडकवा विधि द्वारा बीजों में रेत मिलाकर की जाती हैं। अधिक अंकुरण तथा वानस्पतिक उपज प्राप्त करने के लिए बीजों की बुवाई करने का उपयुक्त समय अप्रैल से मई माह होता हैं। अंकुरण पूर्ण होने तक समय–समय पर सिंचाई करना चाहिए।

रोपाई का समय एवं विधि

रोपाई करने का सबसे उपयुक्त समय जुलाई–अगस्त माह होता हैं। इसके लिए 10 से 15 सेटीमीटर लम्बी एवं 35 से 40 दिन पुरानी पौध सर्वोत्तम मानी जाती हैं। इसकी रोपाई 15 × 10 सेंटीमीटर के अंतराल पर करनी चाहिए। रोपाई के तुरंत बाद हल्की सिंचाई करना आवश्यक होता हैं।

खाद एवं उर्वरक

खेत की अन्तिम जुताई के समय 10–20 टन अच्छी सडी हुई गोबर की खाद मृदा में मिलाना चाहिए। इसके अतिरिक्त नत्रजन 50 किलोंग्राम, फास्फोरस 25 किलोंग्राम एवं पोटाश 25 किलोंग्राम प्रति हेक्टेयर की दर से प्रयोग करना सर्वोतम

रहता हैं। नत्रजन की आधी मात्रा, फास्फोरस एवं पोटाश की पूरी मात्रा का प्रयोग बुवाई के समय करना चाहिए। जबकी नत्रजन की शेष मात्रा को दो बराबर भागो में बाँटकर खडी फसल में बुवाई के 30 एवं 60 दिन बाद प्रयोग करना चाहिए।

सिंचाई प्रबंधन

यह वर्षा ऋतु का पौधा होने के कारण सिंचाई की आवश्यकता नही होती हैं। लेकिन वर्षा के अभाव में 15 दिन के अंतराल पर सिंचाई करना आवश्यक होता हैं।

खरपतवार नियंत्रण

इस फसल में खरपतवारों द्वारा अधिक नुकसान होता हैं। क्योंकि यह पौधा प्राकृतिक रूप से बहुत कोमल होता हैं। इसलिए प्रत्येक माह में दो बार निराई–गुडाई करनी चाहिए। इसमें रासायनिक खरपतवारनाशियों का प्रयोग नहीं किया जाता हैं। क्योंकि इससे बनने वाली दवाईयों पर शाकनाशी के अवशेषो का प्रतिकूल प्रभाव पड़ता हैं।

कीट एवं रोग नियंत्रण

इल्ली

इस फसल का प्रमुख कीट इल्ली (वीविल) हैं। यह पौधों के कोमल भागों एवं पत्तियों को खाकर नुकसान पहुँचाता हैं। इसके नियंत्रण के लिए 0.2 प्रतिशत नुवाक्रोन कीटनाशी का छिडकाव करना चाहिए।

चूर्णी फफूंद

इस रोग का प्रकोप होने पर प्रभावित पौधों पर चूर्ण दिखाई पडता हैं। जिससे पौधों की वृद्धि पर प्रतिकूल प्रभाव पडता हैं। इसके नियंत्रण के लिए सल्फरयुक्त फफूंदनाशक जैसे सल्फेक्स 0.25 प्रतिशत का प्रति हेक्टेयर की दर से प्रयोग करना चाहिए।

उपज

रोपाई के 3 माह बाद पौधों की वानस्पतिक वृद्धि चरम सीमा पर होती हैं। इस समय फसल कटाई के लिए तैयार हो जाती हैं क्योंकि समय बढ़ने के साथ–साथ लम्बाई से पत्तियों की संख्या कम हो जाती हैं। इसके मुख्य सक्रिय तत्व पत्तियों में होते हैं। इसलिए फसल की कटाई के लिए पूर्ण विकसित शाखाओ के साथ पत्तियों की संख्या ईष्टतम होनी चाहिए। कटाई का मुख्य उद्देश्य उचित समय में

अधिकतम पत्तियों के जैवभार का उत्पादन प्राप्त करना होता हैं। दक्षिण भारत की जलवायु के अनुसार उच्च औषधीय गुणोंयुक्त वानस्पतिक उपज के लिए सितम्बर माह में कटाई करना उचित रहता हैं। कटाई के पश्चात हर्ब को 3 से 4 दिन छायादार स्थान पर सूखाया जाता हैं। सूखने के बाद पत्तियों को बोरियों में भरकर शुष्क स्थान में भंडारित करना चाहिए। हर्ब की उपज कतार से कतार एवं पौधे से पौधे की दूरी पर निर्भर करती हैं। पौधों की रोपाई 15 × 10 सेंटीमीटर के अन्तराल पर करने से शुष्क हर्ब की औसत उपज 2000 किलोंग्राम प्रति हेक्टेयर तक प्राप्त की जा सकती हैं। हर्ब में फाइलेनथिन तत्व की मात्रा लगभग 0.4 से 0.5 तक प्रतिशत होती हैं।

पीपली

वानस्पतिक नाम– ***पाइपर लॉन्गम*** **एल.**

कुल– पैपेवरेसी

गुणसूत्र संख्या (2 एन)– 48

परिचय

पीपली एक बहुवर्षीय औषधीय महत्व की लता हैं। इसे सामान्य भाषा में पीपलामूल के नाम से भी जाना जाता हैं। यह मलेशिया तथा इंडोनेशिया मूल का पौधा हैं। इसकी खेती भारत के अतिरिक्त नेपाल, श्रीलंका, सिंगापुर, अफगानिस्तान, पाकिस्तान, फिलीपीन्स एवं बर्मा में की जाती हैं। भारत में इसकी खेती महाराष्ट्र, केरल, आंध्रप्रदेश, पश्चिम बंगाल, पूर्वी उत्तर प्रदेश, मध्य प्रदेश, कर्नाटक एंव तमिलनाडू में की जा रही हैं। पीपली की लता मृदा पर फैलती हैं। इसे वृक्षों के सहारे ऊपर भी चढाया जा सकता हैं। इसकी पत्तियाँ 5 से 7 सेंटीमीटर लम्बी एवं पान की पत्तियों के समान होती हैं। वर्षा ऋतु में इस पौधें पर फूल आकर सर्द ऋतु में फल तैयार हो जाते हैं। प्रारंभ में इसके फल हल्के पीले तथा पकने पर हरे रंग में परिवर्तित हो जाते हैं। पूर्ण रूप से पके हुए फलो का रंग काला एवं स्लेटी होता हैं। इसके फल शहतूत के फलों के समान दिखाई पडते हैं। इसके सूखे फलों एवं तने का औषधीय रूप में प्रयोग किया जाता हैं। पीपल की खेती इसके फलों (स्पाइक्स) तथा जड़ों (मूल) की प्राप्ति के लिए की जाती है। इसकी फसल अवधि तीन से पांच वर्ष की होती है। रोपाई के चार–पांच माह बाद पीपली के पौधों पर फल आना प्रारंभ हो जाते हैं और यह प्रक्रिया पांच वर्ष तक चलती रहती हैं। पांच वर्ष तक स्पाइक्स के रूप में पीपली की फसल लेने के उपरान्त इसके सम्पूर्ण पौधे को उखाड़कर इसका मूल (पीपलामूल) प्राप्त कर लिया जाता हैं। यह औद्योगिक उत्पादों के निर्माण जैसे–राइस बीयर के किण्वन एवं अनेक औषधियों में प्रयुक्त किया जाता है। इसके अतिरिक्त इसका प्रयोग सिरदर्द, खांसी, गले से संबंधित बीमारियों, अपच, पेट में गैस की समस्या तथा बवासीर आदि विकारों के

उपचार हेतु उपयोग किया जाता हैं। पीपली के फलों तथा मूल के साथ–साथ इसकी पत्तियों का उपयोग भी पान की तरह किया ज:ता हैं।

जलवायु

पान की खेती वाले क्षेत्रों में इसकी खेती सफलतापूर्वक की जा सकती हैं। इसकी खेती से अधिक उत्पादन प्राप्त करने के लिए गर्म तथा आर्द्र जलवायु की आवश्यकता होती हैं। समुद्र तल से लगभग 330 से 3300 फीट ऊंचाई वाले क्षेत्र इसकी खेती हेतु उपयुक्त होते हैं। प्राकृतिक रूप से यह अर्द्ध छायादार क्षेत्रों में पाया जाता है। इसलिए इसकी व्यावसायिक खेती के लिए कम से कम 25 प्रतिशत छायादार स्थानों का चयन करना चाहिए। ऐसे क्षेत्रों की उपलब्धता नही होने की दशा में कृत्रिम रूप से छाया की व्यवस्था करनी आवश्यक हैं।

मृदा

पीपल की खेती के लिए जीवांश पदार्थो से युक्त दोमट एवं लाल मृदाएं सर्वोतम मानी जाती है। जिनमें जल निकास की उचित व्यवस्था होनी चाहिए। इसके साथ–साथ उच्च जल धारण क्षमता युक्त सामान्य पी.एच. मान 6–7 वाली मृदाएं उपयुक्त रहती है। असम के चेरापूंजी क्षेत्र की मृदाओं में इसकी खेती बहुतायत से की जाती हैं क्योंकि इन मृदाओं में चूना एवं कैल्शियम प्रचुर मात्रा में पाया जाता हैं।

उन्नत किस्में

हमारे देश में अभी तक बहुत अधिक किस्मों का विकास नहीं हो पाया हैं। इसकी प्रमुख किस्मों का विवरण निम्न प्रकार हैं।

गोला टिपली

इस किस्म की खेती मुख्य रूप से पश्चिम बंगाल में की जाती हैं।

पीपल नान सोरी

यह किस्म महाराष्ट्र की मृदाओं के अनुकूल पाई गई हैं। इसलिए यहॉ पर इस किस्म को बहुतायत में लगाया जाता हैं।

असली और सुवाली

इन किस्मों की खेती असम में व्यावसायिक स्तर पर की जाती हैं।

विश्वम

यह किस्म केरल कृषि विश्वविद्यालय के द्वारा विकसित की गई हैं। यह किस्म केरल के विभिन्न क्षेत्रो के लिए उपयुक्त हैं।

नर्सरी तैयार करना

पीपली का प्रवर्धन मुख्यतः कलम द्वारा किया जाता हैं। नर्सरी तैयार करने के लिए फरवरी–मार्च का समय उपयुक्त रहता हैं। नर्सरी तैयार करने के लिए पुराने पौधों की 8 से 10 सेंटीमीटर लम्बी तथा प्रत्येक शाखा में 3 से 6 आंखे (नोड्स) आवश्यक होती हैं। शाखाओं को रोपाई से पूर्व मिट्टी, रेत तथा गोबर की खाद (प्रत्येक 33 प्रतिशत) का मिश्रण तैयार कर पॉलीथिन की थैलियों में भर देना चाहिए। थैलिया भरने के पश्चात चयन की गई शाखाओं से कलम काटकर तैयार की जाती हैं। रोपाई से पूर्व तैयार कलमों को गौमूत्र से उपचारित करना चाहिए। इसके पश्चात थैलियों को छायादार स्थान पर रख दिया जाता हैं। रोपाई के बाद प्रतिदिन हल्की सिंचाई करना आवश्यक हैं। रोपाई के लगभग डेढ़ से दो माह बाद पौधे खेत में रोपाई के लिए तैयार हो जाते हैं।

रोपाई का समय एवं विधि

रोपाई से पूर्व खेत की 2–3 बार मिट्टी पलटने वाले हल से जुताई करना चाहिए। अन्तिम जुताई के समय 5 से 7 टन प्रति एकड़ की दर से सड़ी हुई गोबर की खाद का प्रयोग करना चाहिए। वर्षा ऋतु प्रारम्भ होने से पहले खेत में 60×60 सेंटीमीटर की दूरी पर गड्ढे खोद कर 100 ग्राम प्रति गड्ढा सड़ा हुआ गोबर का खाद भर देना चाहिए। वर्षा ऋतु के बाद नर्सरी में तैयार पीपली के पौधों की रोपाई गड्ढो में कर देनी चाहिए। प्रत्येक गड्ढे में दो पौधों की रोपाई करनी चाहिए ताकि पौधों की ईष्टतम संख्या बनी रहें। इस प्रकार रोपाई के लिए लगभग 20000 से 25000 पौधे प्रति एकड की आवश्यकता होती हैं।

आरोहण व्यवस्था

पीपली की लताओं को चढ़ाने के लिए सहारा या आरोहण की आवश्यकता होती हैं। इसके लिए गड्ढे तैयार करते समय भी आरोहण की व्यवस्था की जा सकती हैं। गड्ढे तैयार करते समय इसके पास एक पौधा अरण्ड, पांगरा अथवा अगस्ती का लगा देना चाहिए। रोपाई के बाद इसके पौधो की बढ़वार तेजी से होती हैं एवं पीपल की लताऐं इन पर आसानी से चढ़ जाती हैं। आरोहण हेतु सूखी डालियां

भी लगाई जा सकती हैं। कई क्षेत्रों में इन्हें सूबबूल अथवा नारियल के पौधों पर भी चढ़ाया जाता है।

खाद एवं उर्वरक

खेत तैयारी की अन्तिम जुताई के समय 20 टन प्रति हेक्टेयर की दर से सड़ी हुई गोबर की खाद का प्रयोग करना चाहिए। इसके अतिरिक्त बुवाई से पूर्व नत्रजन 50 किलोंग्राम एवं फास्फोरस 35 किलोंग्राम प्रति हेक्टेयर की दर से प्रयोग करना चाहिए। इसके पश्चात खड़ी फसल में 20 किलोंग्राम नत्रजन प्रति हेक्टेयर की दर से बुवाई के 60–70 दिन बाद छिड़काव किया जाता हैं।

सिंचाई प्रबंधन

इसकी खेती मुख्यतः असिंचित फसल के रूप की जाती हैं। लेकिन अधिक उत्पादन प्राप्त करने के लिए सिंचाई की उचित व्यवस्था करनी चाहिए। पौधों की अच्छी वृद्दि एवं विकास के लिए हल्की सिंचाई की आवश्यकता होती हैं। हल्की सिंचाई करने के लिए फंव्वारा विधि का प्रयोग करना चाहिए। इस फसल के लिए बूंद–बूंद विधि भी काफी उपयोगी होती हैं। सिंचाई की पर्याप्त व्यवस्था के अभाव में गर्मी के दिनों में बिछावन (मल्चिंग) करना उपयुक्त रहता हैं।

खरपतवार नियंत्रण

फसल को खरपतवारों से मुक्त रखने के लिए फसल की प्रारंभिक अवस्था में हाथ से निराई–गुड़ाई करना चाहिए। इससे पौधों के आस–पास खरपतवारो की वृद्दि नही हो पाती हैं। लेकिन पौधों की लताऐं फैलने के बाद निराई–गुड़ाई की आवश्यकता नहीं होती हैं।

कटाई–छंटाई

पीपली की फसल से अधिक उत्पादन प्राप्त करने के लिए प्रतिवर्ष फसल लेने के उपरान्त फरवरी–मार्च माह में पौधों की कटाई–छंटाई करनी चाहिए। कटाई–छंटाई करने के बाद इन पौधों पर गौमूत्र अथवा बोर्डो मिश्रण का छिड़काव करना चाहिए। जिससे कटी–फटी शाखाओं को संक्रमण होने से बचाया जा सकता हैं। इस प्रकार प्रतिवर्ष कटाई–छंटाई करते रहने से 4–5 वर्ष तक फसल से अच्छा उत्पादन प्राप्त किया जा सकता हैं। कटाई–छंटाई से प्राप्त लताओं को प्रवर्धन हेतु कलमों के रूप में प्रयोग किया जा सकता हैं। पांच वर्ष बाद इन पौधों को खोदकर उनकी जड को छोटे–छोटे टुकड़ों में काटकर पिपलामूल बनाया जा सकता हैं।

रोग एवं कीट नियंत्रण

पीपली की फसल में पत्ती उत्तक क्षय, तना सडन एवं एन्थ्रेक्नोज रोग का प्रकोप होता हैं। जिसके परिणामस्वरूप पौधो की वृद्धि एवं विकास रूक जाने से उत्पादन पर प्रतिकूल प्रभाव पडता हैं। इन रोगो की रोकथाम के लिए 0.5 प्रतिशत बोर्डो मिश्रण का 15 दिन के अन्तराल पर छिडकाव करना चाहिए। इसके अतिरिक्त 1 प्रतिशत बोर्डो मिश्रण से मृदा को उपचारित किया जा सकता हैं।

पीपली की फसल को मिली बग तथा टिप्पा कीटों के द्वारा सबसें अधिक नुकसान पहुंचाया जाता हैं। मीली बग के प्रभाव से पौधे की जड़ों नष्ट हो जाती हैं। इस कीट का सर्वाधिक प्रकोप ग्रीष्म ऋतु में होता हैं। इनकी रोकथाम करने के लिए पौधों के आस–पास मई माह में निराई–गुडाई करनी चाहिए। इसके अतिरिक्त नीम की खली का घोल बनाकर पौधों पर छिड़काव करना भी लाभकारी रहता हैं।

फलो की तुड़ाई

रोपाई के लगभग 5–6 माह बाद पौधों पर फल (स्पाइक्स) तैयार हो जाते हैं। फलो के पकने पर इनका रंग हरे–काले रंग मे परिवर्तित हो जाता हैं। इस समय पके हुए फलो को एकत्रित कर लेना चाहिए। फलों की तुड़ाई वर्ष में एक से चार बार की जा सकती हैं। तुड़ाई के बाद इन फलों को 4–5 दिन तक धूप में सुखाया जाता हैं।

उपज

पीपली की फसल से प्रथम वर्ष में प्रति हेक्टेयर लगभग 8–10 कुंटल जबकी तीसरे से पांचवें वर्ष में 12–15 कुंटल सूखे फल (स्पाइक्स) प्राप्त होते हैं। इसके अतिरिक्त पांचवें वर्ष में प्रति हेक्टेयर लगभग 500 किलोंग्राम पिपलामूल भी प्राप्त हो जाता हैं।

कालमेघ

वानस्पतिक नाम – एन्ड्रोग्राफिस पैनकिलाटा एल.

कुल – आकेन्थीएसी

गुणसूत्र संख्या (2 एन) – 50

परिचय

कालमेघ वर्षा ऋतु में उगने वाला एक महत्वपूर्ण औषधीय पौधा हैं। हमारे देश में कालमेघ को कीर्ता, किरयता, कल्पनाथ, क्रिएट, ग्रीन चिरैता, बिट्स का राजा और माहा–चिता या भुई–नीम नाम से जाता हैं। क्योकि इसका स्वाद नीम की भाँति कड़वा होता हैं। यह भारत और श्रीलंका मूल का पौधा हैं। यह भारत के अतिरिक्त ताइवान और चीन में भी पाया जाता हैं। कालमेघ लगभग भारत के सभी राज्यों जैसे असम से लेकर उत्तर प्रदेश, मध्य प्रदेश, तमिलनाडू इत्यादि में उगाया जाता हैं। यह खरीफ में पडती तथा खेतों की मेडों पर खरपतवार के रूप में उगता हैं। कालमेघ एक सीधा बढनें वाला वार्षिक एवं शाकीय जड़ी–बूटी वाला पौधा हैं। जो नम और छायादार स्थानों में 30–110 सेंटीमीटर की ऊंचाई पर पाया जाता हैं। यह चतुष्कोणीय, पतला, बहुशाखिय एवं आसानी से टूटने वाला पौधा है। इसकी पत्तियां गहरे हरे रंग की, सरल, लसदार, 2 से 12 सेंटीमीटर लम्बी एवं 1–3 सेंटीमीटर चौड़ी ब्लेड के सामान होती हैं। पत्तियां अक्सर छोटे डंठल के रूप में निकलती हैं। इसके फूल 1 सेंटीमीटर लम्बे एवं गुलाबी रंग के होते हैं। इसके फूल मुख्यतः लम्बी एवं फैली हुई शाखाओं पर लगते हैं। कालमेघ की जड़ को छोडकर सम्पूर्ण पौधा औषधि के रूप में उपयोग किया जाता हैं। कालमेघ बलवर्धक एवं पौष्टिक होता हैं। यह ज्वर, कृमि, पेचिश, दुर्बलता एवं पेट की बीमारियों में उपयोगी हैं। बच्चो के जिगर तथा अपच के रोग में यह लाभपद्र है। विभिन्न परीक्षणों से देखा गया हैं कि कालमेघ में एंटीबायोटिक तथा टाइफाइड ज्वर तथा कुछ अन्य जीवाणुओं को रोकने वाले तत्व होते हैं। जो इनके चूर्ण, स्वरस व क्वांथ में पाया जाते हैं। हौम्योपैथिक में कालमेघ ड्रोप के रूप में भी प्रयोग की जाती हैं। यह ग्रामीण क्षेत्रों और कमजोर वर्ग के लिए वरदान हैं क्योंकि यह उनकी आय सृजन में महत्वपूर्ण भूमिका निभाता हैं।

जलवायु

कालमेघ समशीतोष्ण जलवायु में उगने वाला पौधा हैं। इसे औसतन 75–90 सेंटीमीटर वार्षिक वर्षा वाले क्षेत्रों में आसानी से उगाया जा सकता हैं। परन्तु इसके पौधों को वर्षा की अधिकता (125–160 सेंटीमीटर) वाले क्षेत्रो में भी उगाया जा सकता हैं। कालमेघ को नम जलवायु के साथ–साथ अधिक धूप की आवश्यकता होती हैं। मानसून के आगमन पर इसकी वृद्धि अधिक होती हैं। सितम्बर से दिसम्बर माह तक उत्तरी मैदानो में तापमान में गिरावट होने पर इसमे फल और फूल आने की प्रक्रिया जारी रहती हैं।

मृदा

यह सभी प्रकार की मृदाओं में उगने की क्षमता रखने वाला पौधा हैं। परन्तु पर्याप्त जीवांशयुक्त बलुई दोमट मिट्टी कालमेघ की खेती के लिए सबसे उत्तम मानी जाती हैं। इसके लिए मृदा में उचित जल निकास की व्यवस्था होनी चाहिए।

उन्नत किस्में

हमारे देश में अब तक कालमेघ की बहुत सीमित किस्मों का विकास किया गया हैं। सीमेप, लखनऊ के द्वारा ब्लड–डमहीं नामक किस्म विकसित की गई हैं। जो कालमेघ की सबसे महत्वपूर्ण किस्मों में से एक हैं। उत्तरी भारत में इस किस्म की अधिक खेती की जाती हैं। कालमेघ की अन्य किस्में जो खेती के लिए विकसित की गई हैं। जिनमें ए.के.–1 (आनंद कालमेघ–1), आई.सी. 111286, आई.सी. 111287, आई.सी. 111289 इत्यादि प्रमुख हैं।

खेत की तैयारी

इसकी खेती के लिए गर्मी के दिनों में एक से दो जुताई मिट्टी पलटने वाले हल के द्वारा करना चाहिए। इस समय खेत से खरपतवार एवं झाडीयों को खेत से निकालने से फसल में खरपतवारों का प्रकोप कम होता हैं। जुताई करने के बाद पाटा चलाकर खेत को समतल करना चाहिए।

नर्सरी तैयार करना

नर्सरी तैयार करने के लिए गहरी जुताई कर मिट्टी को भुरभुरा बना दिया जाता हैं। इसके बाद जमीन से 5–6 सेंटीमीटर उठी हुई लगभग एक मीटर चौडी छोटी–छोटी क्यारियाँ तैयार की जाती हैं। इन क्यारियों को कुदाल की सहायता से तैयार करना अच्छा रहता हैं। क्यारियों से कंकड–पत्थरों को निकालकर प्रत्येक

क्यारी में गोबर की खाद, जैविक खाद अथवा वर्मीकम्पोस्ट को अच्छी तरह से मिलाना चाहिए। एक हेक्टेयर क्षेत्र की रोपाई हेतु लगभग एक किलोंग्राम बीज की 200 वर्गमीटर नर्सरी क्षेत्र में छिटकवा विधि से बुवाई की जाती हैं। बुवाई के बाद बीजों को ऊपर से मिट्टी एवं गोबर की खाद से बने मिश्रण की एक पतली परत से ढ़क दिया जाता हैं। बुवाई करने के 6–7 दिन बाद बीजों का अंकुरण हो जाता हैं। अकुंरण के बाद समय–समय पर हल्की सिंचाई करते रहना चाहिए।

रोपाई का समय एवं विधि

नर्सरी में बुवाई के लगभग 40–45 दिन बाद पौधे मुख्य खेत में रोपाई करने योग्य हो जाते हैं। रोपाई करने के लिए जुलाई माह सर्वोत्तम रहता हैं। इस समय 30 × 30 सेंटीमीटर की दूरी पर रोपाई कर हल्की सिंचाई करनी चाहिए। अच्छी उपज प्राप्त करने के लिए प्रति हेक्टेयर 1,65,000 पौधों की संख्या ईष्टतम रहती हैं।

खाद एवं उर्वरक

अच्छी उपज के लिए जैविक खाद के साथ–साथ कुछ मात्रा में रासायनिक खादों का उपयोग किया जा सकता हैं। जैविक खाद के रूप में गोबर की खाद और वर्मीकम्पोस्ट का उपयोग किया जाना चाहिए। खेत की अन्तिम जुताई के समय 15–20 टन अच्छी सडी हुई गोबर की खाद को मिट्टी में मिलाना चाहिए। वर्मीकम्पोस्ट 3–4 टन प्रति हेक्टेयर के साथ–साथ नत्रजन 45 किलोंग्राम, फास्फोरस 25 किलोंग्राम एवं पोटेशियम 25 किलोंग्राम प्रति हेक्टेयर रासायनिक उर्वरकों का रोपाई से पूर्व प्रयोग करना चाहिए। इसके अतिरिक्त 25 किलोंग्राम नत्रजन को खड़ी फसल में प्रयोग करने से उपज में वृद्धि की जा सकती हैं।

सिंचाई प्रबंधन

कालमेघ की खेती सामान्यत असिंचित क्षेत्रों में की जाती हैं। परन्तु रोपाई के 8 से 10 दिन बाद पौधों की प्रारम्भिक वृद्धि के लिए नियमित अंतराल पर हल्की सिंचाई करना आवश्यक होता हैं। इसके बाद वर्षा के अभाव में 20–25 दिन के अंतराल पर खेत की सिंचाई की जा सकती हैं।

खरपतवार नियंत्रण

कालमेघ की फसल में खरपतवारों द्वारा उपज में कमी आ जाती हैं। इसलिए समय–समय पर निराई–गुडाई कर खेत को खरपतवारों से मुक्त रखा जा सकता हैं। बुवाई से पूर्व पेंडीमेथालिन एक किलोंग्राम प्रति हेक्टेयर का छिड़काव करने से वार्षिक खरपतवारो को नियंत्रित किया जा सकता हैं। इसके अतिरिक्त खडी

फसल में बुवाई के 20–25 दिन बाद क्विजेलोफॉप एथिल 50 ग्राम प्रति हेक्टेयर की दर से भी छिड़काव किया जा सकता हैं।

रोग एवं कीट नियंत्रण

कीट

कालमेघ की फसल में कीटों का प्रकोप बहुत कम होता हैं। इसकी फसल में कीटों को नियंत्रित करने के लिए मेलाथियान 2 मिलीलीटर प्रति लीटर पानी में घोल बनाकर प्रति हेक्टेयर की दर से छिडकाव करना चाहिए। इसके अतिरिक्त जैविक नियंत्रण के लिए नीम के पत्तियों के अर्क का 1 से 2 छिड़काव भी किया जा सकता हैं। गोभी की फसल को सीमावर्ती फसल के रूप में उगाने से यह कालमेघ के पौधों पर लगने वाले कीटो को अपनी तरफ आकर्षित करता हैं। जड गाठँ सूत्रकृमि के नियंत्रण के लिए खेत के मध्य गेंदा के पौधें लगाए जा सकते हैं।

पौध गलन रोग

कालमेघ की फसल का प्रमुख रोग पौध गलन हैं। इसका प्रकोप होने पर पौधे सडने–गलने लगते हैं। पौध गलन की रोकथाम के लिए बीजों को बुवाई से पूर्व 0.2 प्रतिशत बाविस्टीन नामक फफूंदनाशक से उपचारित करना चाहिए।

कटाई

कालमेघ से 2–3 कटाईयां की जा सकती हैं। इसकी फसल बुवाई करने के 120 दिन बाद कटाई करने योग्य हो जाती हैं। जब पौधों पर पत्तियों की संख्या ईष्टतम हो तब पौधों को जड़ सहित उखाड़ लिया जाता हैं। इसमें एंड्रोग्राफोलाइड (कड़वे पदार्थ) पुष्प आने के बाद अधिक मात्रा में पाया जाता हैं। इसलिए पहली कटाई फूल लगना प्रारम्भ होने की अवस्था पर जमींन से 10 से 15 सेंटीमीटर ऊपर से करनी चाहिए। जबकी बीज प्राप्त करने के लिए स्वस्थ एवं गुणवत्तायुक्त पौधों को चुनकर खेत में छोड़ देना चाहिए। इसके फलो को पूर्ण रूप से पकने के बाद तोड़कर धूप में सूखा लिया जाता हैं। सूखने के बाद फलो का फटना प्रारम्भ हो जाता हैं। इस प्रकार फटे हुए फलों से बीजो को निकालकर इकट्ठा कर लिया जाता हैं।

उपज

कालमेघ से प्रति हेक्टेयर औसतन 2.5 टन शुष्क पदार्थ प्राप्त होता है।

पत्थरचूर

वानस्पतिक नाम – *कोलियस फोर्सकोली* एल.

कुल – लेमिएसी

गुणसूत्र संख्या (2 एन) – 28

परिचय

पत्थरचूर एक औषधीय गुणों से युक्त पौधा हैं। इसको पाषाणभेद के नाम से भी जाना जाता हैं। भारत इसका उत्पत्ति स्थल हैं। इसकी खेती भारत के सभी उष्ण कटिबन्धीय एवं उप–उष्ण कटिबन्धीय क्षेत्रों के साथ–साथ पाकिस्तान, श्रीलंका, पूर्वी अफ्रीका, ब्राजील, मिश्र, ईथोपिया तथा अरब देशों में की जाती हैं। वर्तमान में भारत के विभिन्न राज्यों जैसे तमिलनाडू, आंध्रप्रदेश, महाराष्ट्र, कर्नाटक तथा राजस्थान में इसकी विधिवत खेती की जा रही हैं। पत्थरचूर का पौधा बहुवर्षीय एवं लगभग दो फुट ऊँचाई का होता हैं। इसकी जड़ें गाजर के समान एवं अदरक जैसी गंध वाली होती हैं। इसकी जड़ो का उपयोग औषधीय रुप में किया जाता हैं। इसकी जड़ों में बार्बेटुसिन, प्लैक्ट्रिन, प्लैक्ट्रिनॉन–ए, कोलियोल, एसीटोजाइकोलीसोल, एलाइलरोलीनोन, कोलियोनोन, कोलियोसोल, डीआक्सीकोलीनोल, क्रोसीटीन डायलीहाईड, नेप्थोपाईरोन्स, सीकोएबिटेन डिटरपीन एवं फोर्सकोलीन नामक तत्व पाए जाते हैं। यह शरीर के विभिन्न भागों जैसे किडनी, ब्लैडर आदि में पाई जाने वाली पथरी को तोड़ने एवं गलाने में सहायक होता हैं। इसके अतिरिक्त यह रक्त को पतला करने में भी सहायक हैं। इसलिए यह हृदयाघात के उपचार में प्रभावी पाया जाता हैं। यह शरीर में संग्रहित वसा को तोड़ने एवं वजन कम करने में सहायक होता हैं। इसके साथ–साथ यह एडीपोज उत्तक के संयोजन को रोकता हैं। यह लियोलाइटिक हार्मोन्स की गतिविधि को बढ़ाता हैं। पत्थरचूर के सेवन से स्लाइवा का स्त्राव बढ़ता हैं। जिससे हाईड्रोक्लोरिक अम्ल, पैप्सिन तथा पैनक्रीटिक एन्जाइम्स अधिक मात्रा में बनने से यह पाचन शक्ति बढ़ाने में सहायक होता हैं। इसके अतिरिक्त पत्थरचूर अस्थमा, एग्जिमा, आंतो के दर्द, पेशाब में दर्द, विभिन्न प्रकार के एलर्जी, महिलाओं में महावारी के दौरान होने वाले दर्द, उच्च रक्तचाप एवं चर्मरोग के प्रभावी उपचार में उपयोगी होता हैं।

जलवायु

पत्थरचूर के लिए उष्ण कटिबंधीय जलवायु उपयुक्त रहती हैं। इसे गर्म तथा आर्द्र मौसम में सफलतापूर्वक उगाया जा सकता हैं। यह दक्षिणी भारत के विभिन्न राज्यों जैसे कर्नाटक, आंध्रप्रदेश, केरल एवं तमिलनाडू के साथ–साथ मध्य भारत के मध्यप्रदेश, महाराष्ट्र, उत्तरप्रदेश तथा बिहार आदि राज्यों में सफलतापूर्वक उगाई जा सकती हैं। इसकी खेती के लिए समान रूप से वितरित 100 से 160 सेंटीमीटर वार्षिक वर्षा वाले क्षेत्र सर्वोत्तम माने जाते हैं। इससे अधिक उपज प्राप्त करने के लिए 60 से 85 प्रतिशत आर्द्रता एवं 10–25 डिग्री सेंटीग्रेट तापमान अनुकूल रहता हैं।

मृदा

पत्थरचूर की खेती लगभग सभी प्रकार की मृदाओं में सफलतापूर्वक की जा सकती हैं। लेकिन कार्बनिक पदार्थ युक्त रेतीली दोमट, हल्की कपासी एवं लाल मृदा इसकी खेती के लिए सर्वोत्तम मानी जाती हैं। अच्छे जल निकास युक्त 5.5 से 7 पी.एच. मान वाली मृदा में इसका वृद्धि एवं विकास अधिक होता हैं।

उन्नत किस्में

के–8 : यह किस्म कर्नाटक राज्य में पाई जाने वाली पत्थरचूर से चयनित कर विकसित की गई हैं। इस किस्म से अन्य किस्मों की तुलना में अधिक उत्पादन प्राप्त होता हैं। इसमें प्रचुर मात्रा में फोर्सकोलिन पाया जाता हैं।

सलेक्शन–के : यह एक फूल रहित किस्म हैं। जों की कर्नाटक एवं तमिलनाडू राज्यों के लिए अनुसंसित की गई हैं।

खेत की तैयारी

पौधों की रोपाई करने के लिए खेत की अच्छी तैयारी आवश्यक होती हैं। इसके लिए मई–जून माह में एक गहरी जुताई करने के बाद 2 से 3 जुताई कल्टीवेटर की सहायता से करके पाटा चलाना चाहिए। अंतिम जुताई के समय 10 से 15 टन प्रति हेक्टेयर की दर से अच्छी सड़ी हुई गोबर की खाद अथवा 8 टन केंचुआ खाद खेत में मिलानी चाहिए। इसके अतिरिक्त 120 किलोंग्राम प्रॉम जैविक खाद मिलाने से प्रति हेक्टेयर अधिक उपज प्राप्त की जा सकती हैं।

पौध तैयार करना

पत्थरचूर का प्रवर्धन मुख्यत बीज एवं कलम द्वारा किया जा सकता हैं। लेकीन व्यावसायिक खेती के लिए प्रवर्धन कलमों द्वारा किया जाता हैं। इसके लिए कलमों

को पहले पौधशाला में तैयार कर अथवा सीधे खेत में भी लगाया जा सकता हैं। पौध तैयार करने के लिए सर्वप्रथम मई माह में इसके पुराने पौधों से 10 से 15 सेंटीमीटर लम्बी, 6 से 7 पत्ती एवं 2 से 3 आंख युक्त कलम काटकर क्यारियों अथवा पॉलिथीन की थैलियो में लगाया जाता हैं। पौध से पौध के मध्य की दूरी कम से कम 7 से 8 सेंटीमीटर रखनी चाहिए। पॉलिथीन की थैलियो में कलमें रोपित करने से पूर्व इन्हें कम्पोस्ट खाद, मिट्टी तथा रेत को बराबर अनुपात में मिलाकर भरा जाता हैं। कलमों का जल्दी तथा सुनिश्चित उगाव के लिए रूटिंग हार्मोन या गौमूत्र से उपचारित करना चाहिए। पौध को 2 से 3 दिन के अंतराल पर पानी देना चाहिए। एक माह बाद पर्याप्त जड़े विकसित होने पर कलम रोपाई योग्य हो जाती हैं।

रोपाई का समय एवं विधि

मानसून आरंभ काल का समय रोपाई के लिए सर्वोत्तम माना जाता हैं। इस समय पौधशाला में तैयार की गई पौध को खुरपी की सहायता से निकाल कर मुख्य खेत में प्रतिरोपित करना चाहिए। प्रतिरोपित करते समय कतार से कतार की दूरी 60 सेंटीमीटर एवं पौधे से पौधे की दूरी 20 सेंटीमीटर रखना चाहिए। इस प्रकार एक हेक्टेयर में लगभग 80000 पौधे रोपित किए जा सकते हैं।

खाद एवं उर्वरक

पत्थरचूर का अधिक उत्पादन प्राप्त करने के लिए प्रति हेक्टेयर 10 से 15 टन अच्छी सडी हुई गोबर की खाद जुताई के समय खेत में मिलाना चाहिए। इसके अतिरिक्त 50 किलोंग्राम नत्रजन, 60 किलोंग्राम फास्फोरस एवं 50 किलोंग्राम पोटाश प्रति हेक्टेयर की दर से प्रयोग करना चाहिए। रोपाई के समय फास्फोरस एवं पोटाश की पूरी मात्रा एवं नत्रजन की आधी मात्रा को मृदा में मिलाया जाता हैं। शेष नत्रजन की मात्रा को रोपण के एक माह बाद खड़ी फसल में प्रयोग करना चाहिए।

सिंचाई प्रबंधन

पत्थरचूर की फसल मानसून पर निर्भर होती हैं। लेकिन नियमित अंतरालो पर वर्षा के अभाव में अतिरिक्त सिंचाई की आवश्यकता होती हैं। इसलिए नियमित वर्षा न होने की दशा में प्रतिरोपण के तुरंत बाद पहली सिंचाई करनी चाहिए। इसके बाद प्रारंभ में तीन दिन के अंतराल पर एवं बाद में एक सप्ताह के अंतराल पर सिंचाई करना उपयुक्त रहता हैं।

खरपतवार नियंत्रण

नियमित सिंचाई तथा मानसून की फसल होने के कारण इसमें खरपतवारों का प्रकोप अधिक होता हैं। जिससे उपज पर प्रतिकूल प्रभाव पड़ता हैं। इसलिए समय–समय पर खरपतवार नियंत्रण के लिए निराई–गुड़ाई करते रहना चाहिए। निराई –गुड़ाई करने से मृदा में वायुसंचार एवं जड़ों का अच्छा विकास होता हैं।

कीट एवं रोग नियंत्रण

पत्थरचूर की फसल में मुख्यत पत्ती लपेटक, मीली बग कीट तथा जड़ो को नुकसान पहुंचाने वाले सूत्रकृमि का प्रकोप होता हैं। कीटों के प्रभावी नियंत्रण हेतु 0.1 प्रतिशत मिथाईल पैराथियान का घोल बनाकर पौधों पर छिड़काव करना चाहिए। जबकि सूत्रकृमियों के नियंत्रण के लिए जड़ों की ड्रेंचिग करनी चाहिए। इसके अतिरिक्त कार्बोफ्युरॉन 20 किलोंग्राम प्रति हेक्टेयर की दर से भी मृदा में मिलाया जा सकता हैं। फसल पर बैक्टीरियल विल्ट का प्रकोप होने पर 0.2 प्रतिशत केप्टान का घोल बनाकर छिड़काव करना चाहिए। रोग का प्रभावी नियत्रण न होने की दशा में 15 दिन के अंतराल पर छिड़काव को दोहराया जा सकता हैं।

कटाई –छंटाई

पत्थरचूर के पौधों पर रोपण के 2 से 3 माह बाद हल्के नीले–जामुनी रंग के फूल आने लगते हैं। इन फूलों को समय–समय पर काटते रहना चाहिए क्योंकि इनसे जड़ों के विकास पर प्रतिकूल प्रभाव पड़ता हैं।

जड़ों की खुदाई

पत्थरचूर की फसल रोपाई के लगभग 5 से 6 माह के बाद कटाई के लिए तैयार हो जाती हैं। इसकी पत्तियाँ सदैव हरे रंग की रहती हैं। इसलिए जड़ें अच्छी तरह विकसित होने पर पौधो की खुदाई करनी चाहिए। खुदाई करने से पहले खेत में हल्की सिंचाई करने से जड़ें की खुदाई सरलतापूर्वक की जा सकती हैं। खुदाई के उपरांत जड़ों को साफ कर छोटे–छोटे टुकड़ों में काट लिया जाता हैं। इन जड़ों को सूखाने के बाद बोरियों में भरकर बिक्री के लिए भेज दिया जाता हैं।

उपज

पत्थरचूर की एक हेक्टेयर फसल से औसतन 20 कुंटल सूखी जड़ें प्राप्त की जा सकती हैं।

हल्दी

वानस्पतिक नाम – *करकुमा लौंगा* एल.

कुल – जिंजीवरेसी

गुणसूत्र संख्या (2 एन) – 63

परिचय

हल्दी एक उष्णकटिबंधीय मसाला हैं। दक्षिण एशिया को इसके उत्पति स्थल के नाम से जाना जाता हैं। इसकी खेती भारत एवं चीन सहित सम्पूर्ण एशिया महाद्वीप में की जाती हैं। भारत हल्दी का सबसे बड़ा उत्पादन एवं निर्यातक देश हैं। इसकी व्यापारिक खेती आंध्र प्रदेश, तमिलनाडू, उड़ीसा, कर्नाटक, पश्चिम बंगाल, गुजरात, मेघालय, महाराष्ट्र एवं असम में की जाती हैं। इसकी खेती मुख्यत भूमिगत कन्दों, घनकंदों एवं प्रकंदों के लिए की जाती हैं। वाणिज्यिक भाषा में इन्हीं कन्दों को हल्दी कहा जाता हैं। हल्दी का मुख्य उपयोग मसाले के रूप में किया जाता हैं। परन्तु यह रंग व औषधि के रूप में भी काम में ली जाती हैं। मसाले के रूप में हल्दी खाद्य पदार्थों का स्वाद बढ़ाने के साथ–साथ उनको अपने रंग से आकर्षक भी बनाती हैं। दवाईयों के रूप में हल्दी का उपयोग शरीर के कटे भाग पर हल्दी का चूर्ण लगाने, सर्दी जुकाम में दूध के साथ पीने, जोड़ों के दर्द में तथा पुरानी खॉसी में हल्दी का पाक बनाकर खिलाने में किया जाता हैं। आयुर्वेद में हल्दी का उपयोग कई दवाईयों के निर्माण में होता हैं। हल्दी की गुणवत्ता के आधार पर इसमें रंगीन पदार्थ ''क्युरक्युमिन'' व वाष्पशील तेल की मात्रा पाई जाती हैं। सूखी हल्दी या चूर्ण में क्युरक्युमिन की मात्रा 2.6 से 6.6 प्रतिशत तक होती हैं।

जलवायु

हल्दी की खेती के लिए उष्ण एवं आर्द्र जलवायु की आवश्यकता होती हैं। इसके पौधे हल्के छायादार स्थान में भी सफलतापूर्वक वृद्धि कर सकते हैं। अधिक बारिश वाले गर्म एवं आर्द्र क्षेत्र इसकी खेती के लिए उपयुक्त होते हैं। इसकी खेती समुद्र

तल से 1200 मीटर ऊँचाई वाले क्षेत्रों में सुगमतापूर्वक अच्छी सिंचाई व्यवस्था के साथ की जा सकती हैं।

मृदा

हल्दी की खेती के लिए उपजाऊ बलुई दोमट और मटियार दोमट मिट्टी उपयुक्त मानी जाती हैं। इसके लिए जल निकास की उचित व्यवस्था आवश्यक होती हैं। क्योंकि जल निकास के अभाव में कन्दों का विकास प्रभावित होता हैं। अधिक उपज प्राप्त करने के लिए भूमि का पी.एच. मान 6 से 7 के मध्य सर्वोत्तम माना जाता हैं। कम्पोस्ट का प्रयोग करके कम उपजाऊ बलुई दोमट मिट्टी में भी इसकी अच्छी उपज ली जा सकती हैं। क्षारीय मिट्टी इसकी खेती के लिए उपयुक्त नहीं होती हैं। मिट्टी में कंद सड़ने की समस्या होने पर कम से कम दो वर्ष तक फसल विन्यास पद्धति को अपनाना चाहिए।

खेत की तैयारी

हल्दी की फसल के लिए खेत की अच्छी तैयारी करना आवश्यक होता हैं। इसके लिए पहली गहरी जुताई मिट्टी पलटने वाले हल तथा 3–4 जुताई देशी हल या कल्टीवेटर से करके मिट्टी को भुरभुरी बना लेना चाहिए। अंतिम जुताई के समय खेत में 250 से 300 कुंटल प्रति हेक्टेयर की दर से देशी खाद या कम्पोस्ट मिलाकर खेत को समतल करना चाहिए।

उन्नत किस्में

बी.एस.आर–1

यह किस्म एक्स किरणों के उत्परिवर्तन द्वारा तैयार की गई हैं। यह जल भराव क्षेत्रों के लिये उपयुक्त हैं। इसका प्रकंद चमकीला नारंगी रंग का होता है। इसमें 4.2 प्रतिशत क्युरक्युमिन होता हैं। यह 285 दिन में परिपक्व होती है।

सुगंधम

इस किस्म का प्रकंद लालिमा युक्त पीले रंग का होता हैं। यह 210 दिन में परिपक्व होती है। इसके प्रकंद अगुलियों के समान लम्बे होते हैं।

स्वर्णा

इसका प्रकंद मध्यम आकार तथा गहरे नारंगी रंग का होता है। इसमें 8.7 प्रतिशत क्युरक्युमिन होता है। इसका प्रकंद गलन रोग प्रतिरोधी होता है।

रोमा

यह अधिक पैदावार तथा बीमारियों से कम प्रभावित होने वाली किस्म हैं। इसमें 9.3 प्रतिशत क्युरक्युमिन तथा 4.2 प्रतिशत तेल पाया जाता है। यह 253 दिन में परिपक्व होती हैं।

सुरोमा

यह भी अधिक पैदावार वाली किस्म है। इसके प्रकंद में अंगुलियाँ बेलनाकार तथा गूदा नारंगी–पीले रंग का होता है। इसमें 9.3 प्रतिशत क्युरक्युमिन तथा 4.4 प्रतिशत तेल होता है। यह 210 दिन में परिपक्व होती हैं।

सुगना (पी.सी.टी.–13)

इसका प्रकंद मोटा एवं स्थूल होता हैं। यह बीमारियों की प्रतिरोधी किस्म हैं। यह अगेती किस्म 190 दिन में तैयार होती है।

अन्य किस्में

इसकी अन्य किस्में मीठापुर, राजेन्द्र, सोनिया, सुगंधम, सुदर्शना, रशिम, मेघा, हल्दी–1, केसरी, अम्रुथापानी, कोठापेटा, दुग्गीराला, तेकुरपेट, मिदकुर एवं अरमुर आदि हैं।

बुवाई का समय एवं विधि

हल्दी की बुवाई मुख्यत अप्रैल से जुलाई माह तक की जा सकती हैं। लेकिन पर्याप्त सिंचाई उपलब्ध होने पर इसकी बुवाई अप्रैल–मई माह में भी की जा सकती हैं। हल्दी को तीन प्रकार से समतल भूमि में, मेंडों पर और ऊँची उठी हुई क्यारियों में लगाया जा सकता हैं। बलुई दोमट मिट्टी में हल्दी समतल भूमि में जबकि मध्यम एवं भारी भूमि में बुवाई सदैव मेंडों एवं उठी हुई क्यारियों में करनी चाहिए। बुवाई पंक्तियों में करने से सस्य कार्य करने में सुविधा रहती हैं। पंक्ति से पंक्ति की दूरी 30 से 40 सेंटीमीटर एवं पंक्तियों में कंद से कंद की दूरी 20 से 25 सेंटीमीटर रखनी चाहिए। इस प्रकार एक हेक्टेयर क्षेत्र के लिए 20 से 25 कुंटल बीज (कंद) की आवश्यकता होती हैं। कंद लगाते समय कंद की आंखें ऊपर की तरफ रखकर कंदों को 4–5 सेंटीमीटर की गहराई पर लगाकर मिट्टी से ढ़क देना चाहिए। कंद सदैव 20–22 ग्राम वजनी एवं कम से कम प्रत्येक कंद में दो आंखे होनी चाहिए। बुवाई से पूर्व कंदों को 0.2 प्रतिशत मैन्कोजेब के घोल में 5 मिनट तक डूबोकर उपचारित करना चाहिए।

पलवार लगाना

फसल की बुवाई के तुरंत बाद पलवार लगाना लाभदायक होता हैं। पलवार के लिए 150 से 200 कुंटल प्रति हेक्टेयर की दर से ढ़ैंचा, सनई या अन्य हरी पत्तियाँ उपयुक्त मानी जाती हैं। पलवार से भूमि में नमी अधिक समय तक बनी रहने से फसल अच्छी होने के साथ खरपतवारों की वृद्धि को भी रोका जा सकता हैं।

खाद एवं उर्वरक

हल्दी का अधिक उत्पादन प्राप्त करने के लिए प्रति हेक्टेयर 25 से 30 टन अच्छी सडी हुई गोबर की खाद अन्तिम जुताई के समय खेत में मिलाना चाहिए। इसके अतिरिक्त 30–100 किलोंग्राम नत्रजन, 30–80 किलोंग्राम फास्फोरस एवं 60–100 किलोंग्राम पोटाश प्रति हेक्टेयर की दर से प्रयोग करना चाहिए। बुवाई के समय फास्फोरस एवं पोटाश की पूरी मात्रा एवं नत्रजन की आधी मात्रा को मृदा में मिलाया जाता हैं। शेष नत्रजन की मात्रा को दो भागों में बांटकर बुवाई के 30 एवं 60 दिन बाद खड़ी फसल में प्रयोग करना चाहिए।

सिंचाई प्रबंधन

हल्दी की फसल को अधिक सिंचाई की आवश्यकता होती हैं। सिंचाई जल की आवश्यकता मुख्यत जलवायु, भूमि संरचना, वर्षा की मात्रा एवं पलवार पर निर्भर करती हैं। इसकी सम्पूर्ण फसलावधि में 16 से 18 सिंचाईयों की आवश्यकता होती हैं। मृदा में नमी के अनुसार 7 से 20 दिन के अंतराल पर सिंचाई करनी चाहिए।

खरपतवार नियन्त्रण

खरपतवारो द्वारा हल्दी के कन्द निर्माण की प्रक्रिया पर प्रतिकूल प्रभाव पड़ता हैं। इसलिए समय–समय पर निराई–गुड़ाई कर खरपतवारों की वृद्धि को रोका जा सकता हैं। इसकी फसल में दो–तीन निराई–गुड़ाई की आवश्यकता होती हैं। प्रथम निराई–गुडाई बुवाई के 30 से 45 दिन बाद तथा शेष 30 दिन के अंतराल पर करनी चाहिए। अक्टूबर–नवम्बर माह में निराई–गुड़ाई करते समय पौधों के आधार पर मिट्टी चढ़ाने से प्रकंदो का वृद्धि एवं विकास अधिक होता हैं।

कीट एवं रोग नियन्त्रण

हल्दी की फसल के मुख्य कीट एवं रोग निम्नलिखित हैं।

प्रमुख रोग

पत्ती–धब्बा रोग

यह रोग कोलेटोट्रीकम केप्सीसी नामक कवक से होता हैं। इस रोग से ग्रसित पौधे की पत्तियों पर 4 से 5 सेन्टीमीटर लम्बे एवं 3 सेन्टीमीटर चौड़े धब्बे बन जाते हैं। ये धब्बे आपस में मिलकर अधिक बड़े धब्बे बनाते हुए सम्पूर्ण पत्तियों पर फैल जाते हैं। इसकी रोकथाम के लिए कंदों को बुवाई से पूर्व 0.2 प्रतिशत मेन्कोजेब से उपचारित करना चाहिए। इसके अतिरिक्त खड़ी फसल में डाइथेन जेड–78 का 0.2 प्रतिशत का छिड़काव किया जा सकता हैं।

पत्ती चित्ती रोग

यह रोग टेफरीना मेक्यूलेन्स नामक कवक के कारण होता हैं। इस रोग में पत्तियों के भीतरी एवं बाहरी पटलों पर लालिमा युक्त भूरे धब्बे बन जाते हैं। जिससे पत्तियॉ पीली पड़ जाती हैं। रोग की प्रारंभिक अवस्था में पत्तियों पर हल्के धब्बे बनते हैं। जो धीरे–धीरे पीले होकर लालिमा युक्त भूरे धब्बों में बदल जाते हैं। इसकी रोकथाम के लिए खड़ी फसल में डाइथेन–जेड 78 (0.2 प्रतिशत) के घोल का छिड़काव करना चाहिए।

प्रकंद गलन रोग

यह रोग पीथीयम ग्रेमीनीकोलम कवक के कारण होता हैं। इस रोग से ग्रसित पौधों की पत्तियॉ सूखने लगती हैं। पत्तियों के सूखने के साथ ही प्ररोह के आधार पर जलीय गलन–धब्बे दिखाई देने लगते हैं। प्रभावित पौधों की जड़े गलना प्रारम्भ हो जाती हैं। रोग का प्रकोप बढ़ने पर प्रकंदो का रंग चमकीले हल्के संतरे से भूरा हो जाता हैं। तत्पश्चात प्रकंद नरम होकर गलना शुरू हो जाते हैं। इसकी रोकथाम के लिए कंदों को बुवाई से पूर्व 0.1 प्रतिशत मेन्कोजेव से उपचारित करना चाहिए। इसके अतिरिक्त रोग ग्रसित पौधों को निकालकर जला देना चाहिए। खड़ी फसल में रोकथाम के लिए सेरेसनवेट के 1 प्रतिशत घोल का छिड़काव करना चाहिए।

उत्तक बेधक कीट

यह कीट प्ररोह बेधक एवं प्रकंद मेगट प्रकार का होता हैं। प्ररोह बेधक कीट तने को खाकर मृत केन्द्र बना देता हैं। एक तने के मरने पर यह दूसरे तने में विकसित होता हैं। इसकी रोकथाम के लिए खड़ी फसल में क्यूनालफॉस दवा की 1.5 मिलीलीटर मात्रा को प्रति लीटर पानी में मिलाकर छिड़काव करना चाहिए।

हैस्पेरिड कातरा

यह कीट पत्तियों को खाकर नुकसान पहुचाता हैं। इसकी रोकथाम के लिए खड़ी फसल में फॉस्फोमिडान 85 ई.सी. की 0.5 मिलीलीटर या इमिडाक्लोप्रिड की 1 मिलीलीटर दवा को प्रति 3 लीटर पानी में घोल बनाकर छिड़काव करना चाहिए।

थ्रिप्स

यह कीट पत्तियों को खुरचकर खाता हैं। जिसके कारण पौधे कमजोर हो जाते हैं। इसकी रोकथाम के लिए खड़ी फसल में फॉस्फोमिडान 85 ई.सी. की 0.5 मिलीलीटर या इमिडाक्लोप्रिड की 1 मिलीलीटर दवा को प्रति 3 लीटर पानी में घोल बनाकर छिड़काव करना चाहिए।

खुदाई

हल्दी की फसल 8–10 माह में खुदाई योग्य हो जाती हैं। फसल के पकने पर पत्तियां पीली पडकऱ सूखने लग जाती हैं। इस समय घनकंद पूर्ण विकसित हो जाते हैं। इनको भूमि से निकालकर ऊपर की पत्तियाँ आदि काटकर अलग कर दिया जाता हैं। इन प्रकंदो की मिट्टी हटाकर पानी से अच्छी तरह धो लिया जाता हैं।

उपचार एवं सुखाना

फसल की खुदाई के बाद प्रकंदों को साफ करके ढ़ेर बनाकर पत्तियों से अच्छी तरह ढ़ककर रख दिया जाता हैं। 5–7 दिन बाद ढ़ेर से प्रकंदो को निकालकर उनको आकार के अनुसार छोटे एवं बड़े आकार वाले प्रकंदों में विभक्त कर देते हैं। फिर इनको मिट्टी के घड़ों या लोहे की कड़ाही में उबालते हैं। उबालते समय पानी में थोड़ा गोबर एवं हल्दी की पत्तियाँ डालने से हल्दी का रंग अधिक आकर्षक हो जाता हैं। गोबर की जगह चूने के पानी या सोडियम बाई कार्बोनेट या सोडियम कार्बोनेट के हल्के घोल का भी प्रयोग किया जा सकता हैं। जब प्रकंद मुलायम होकर अंगुलियों से दबने लग जाए तो उबालना बंद कर दिया जाता हैं। बर्तन में झाग तथा भाप में हल्दी की खुशबू आने पर उबालना बंद कर देना चाहिए। उबली हुई गांठों को 7–8 दिन तक धूप में सुखाने के बाद गांठों को किसी खुरदरी चीज से रगड़ा जाता हैं। जिससे वह पूर्णतया साफ हो जाती हैं। घिसाई के समय हल्दी का चूर्ण मिलाया जाता हैं। जिससे गांठों पर अच्छी पॉलिश होती हैं। इन सूखी एवं पॉलिश की हुई गांठों को बोरियों में भरकर नमी–रहित गोदामों में रखा जाता हैं।

उपज

सिंचित क्षेत्रों में शुद्ध फसल से 150 से 200 कुंटल प्रति हेक्टेयर कच्ची हल्दी प्राप्त होती हैं। जबकी सूखाने के बाद कच्ची हल्दी की यह उपज 15 से 25 प्रतिशत तक कम प्राप्त होती हैं।

प्रकंदों का भण्डारण

बीज के लिए मातृ प्रकंद या सुविकसित ऑखों वाली फिन्गर्स को छांटकर भण्डारित किया जाता है। इन प्रकंदों को 0.25 प्रतिशत सेरेन कवकनाशी के घोल में डूबोकर एक दिन छायादार स्थान पर सूखाया जाता हैं। जमीन में दो मीटर लम्बा, दो मीटर चौड़ा तथा एक मीटर गहरा गड्ढा खोदकर गड्ढ़ो की चारों ओर दीवार की सतह से लगाकर हल्दी की सूखी पत्तियों को डालकर हल्दी की गाठें भरना चाहिए। भरने के बाद ऊपर थोड़ी जगह छोड़कर लकड़ी के पतले तख्ते रखकर इसके उपर मिट्टी का लेप करना चाहिए। लकड़ी के तख्ते एवं प्रकंदों की परत के मध्य 8–10 सेन्टीमीटर खाली स्थान छोड़ना चाहिए। इस तख्ते में हवा के आवागमन के लिए छेद कर दिये जाते हैं ताकि प्रकंदों को पर्याप्त मात्रा में हवा मिल सके। इस प्रकार 3 से 5 माह तक हल्दी का बीज सुरक्षित रखा जा सकता है।

काली मिर्च

वानस्पतिक नाम – *पाइपर नाइग्रम* एल.

कुल – पिपरेसी

गुणसूत्र संख्या (2 एन) – 52

परिचय

पिपरेसी कुल के बारहमासी फूलों युक्त लता के अधपके और सूखे फलों को काली मिर्च के नाम से जाना जाता हैं। भारत में काली मिर्च को काला सोना के नाम से भी जाना जाता हैं। काली मिर्च का उत्पति स्थल दक्षिण भारत को माना जाता हैं। भारत के अतिरिक्त इसकी खेती इंडोनेशिया, बोर्नियो, इंडोचीन, मलय, श्रीलंका और स्याम इत्यादि देशों में की जाती है। भारत में इसकी खेती कोचीन, मालाबार, मैसूर, कुर्ग, महाराष्ट्र एवं असम के सिलहट और खासी के पहाड़ी क्षेत्रो में की जाती हैं। काली मिर्च एक सदाबहार पौधा हैं। इसकी पत्तियाँ हरे रंग की होती हैं। काली मिर्च का व्यास लगभग 5 मिलीमीटर होता हैं। इसका उपयोग मसालों के साथ–साथ औषधीय रूप में किया जाता हैं। काली मिर्च के प्रयोग से पेट और आँखों से संबंधित बीमारियां नही होती हैं। भारत में मसालें वाली फसलों के अन्तर्गत कुल क्षेत्रफल का 54 प्रतिशत हिस्सा केवल काली मिर्च के अर्न्तगत है लेकिन उत्पादन में इसकी हिस्सेदारी दुनिया में केवल 26.6 प्रतिशत है। विश्व प्रसिद्ध भारतीय गरम मसाले में, ऐतिहासिक और आर्थिक दोनों दृष्टियों से काली मिर्च का महत्वपूर्ण स्थान हैं। इसके पके हुए सूखे फलों का छिलका उतारकर सफेद मिर्च बनाई जाती हैं।

जलवायु

समुद्रतल से 1500 मीटर ऊँचाई वाले क्षेत्रों में काली मिर्च की खेती की जा सकती हैं। यह पर्याप्त वर्षा युक्त उष्णकटिबंधीय जलवायु का पौधा हैं। इसकी खेती के लिए 2000 मिलीमीटर वार्षिक वर्षा वाले क्षेत्र अच्छे माने जाते हैं। काली मिर्च की बेल ज्यादा ठंड को सहन नही कर पाती हैं। जिसके कारण इसकी खेती ठंडे

प्रदेशों में नही की जा सकती हैं। जबकि गर्म और आर्द्र जलवायु वाली जगहों पर इसकी खेती आसानी से की जा सकती हैं। परन्तु ऐसे क्षेत्रों में सिंचाई की अधिक आवश्यकता होती हैं। काली मिर्च की बेल के लिए 25 से 30 डिग्री सेंटीग्रेड तापमान सर्वोतम रहता हैं। यह अधिकतम 40 डिग्री सेंटीग्रेड तापमान को सहन करने में सक्षम होती हैं। काली मिर्च के पौधों की अच्छी वानस्पतिक वृद्धि के लिए न्यूनतम 10 डिग्री सेंटीग्रेड तापमान की आवश्यकता होती हैं। जबकि 10 डिग्री सेंटीग्रेड से कम तापमान होने पर इसके पौधों की वृद्धि रूक जाती हैं।

मृदा

काली मिर्च की खेती के लिए दक्षिण भारत की मिट्टी सबसे उपयुक्त होती हैं। इस कारण दक्षिण भारत में इसकी खेती अधिकता से की जाती हैं। इसकी खेती के लिए लाल लैटेराइट मिट्टी एवं लाल मिट्टी दोनों ही सबसे उपयुक्त रहती है। क्योंकि इस प्रकार की मिट्टीयों में अधिक पानी भरने पर पौधों की जड़ें गलने या खराब होने की संभावनाएं काफी कम रहती है। लाल मिट्टी के अतिरिक्त सभी प्रकार की मिट्टीयों में इसकी खेती की जा सकती हैं। इसके लिए मिट्टी का पी. एच. मान 5 से 6 के मध्य होना चाहिए। काली मिर्च की खेती के लिए जल भराव वाले क्षेत्र उपयुक्त नही होते हैं। क्योकि ऐसे क्षेत्रों में जड़ गलन रोग की समस्या अधिक होती हैं।

उन्नत किस्में

भारत में काली मिर्च की कई किस्में विकसित की गई है। जिनमें दक्षिण केरल की कोट्टनाडन, मध्य केरल की नरायकोडी, केरल की कारीमुंडा सबसे बढ़िया किस्में हैं। इनके अतिरिक्त नीलमुंडी, बालनकोट्टा और कुतिरवल्ली, पन्नियूर 1, 2, 3, 4, 5, 6 और 7, करीमुंडा, श्रीकारा, सुभकारा, पंचमी, पूर्णमणी, आई.आई.एस.आर. थेवम, मालाबार एक्सेल, गिरिमुंडा, जीप 2 इत्यादि किस्में भी बहुतायत में उगाई जाती है। ये सभी पुरानी एवं परंपरागत किस्में हैं। इन सभी किस्मों में गुणवत्ता के आधार पर दक्षिण केरल की कोट्टनाडन सबसे अच्छी किस्म हैं। इसमे तेल की मात्रा 17.8 प्रतिशत तक पाई जाती हैं।

प्रवर्धन

काली मिर्च का प्रवर्धन कलम एवं बीज द्वारा किया जा सकता हैं। लेकिन इसके पौधों को कलम के माध्यम से उगाना सबसे अच्छा माना जाता हैं। जबकि बीज से प्रवर्धन करने पर पहले पौध तैयार कर रोपाई की जाती हैं।

पौध तैयार करना

काली मिर्च के बीज को सीधा खेत में नही लगाया जा सकता हैं। इसके लिए सर्वप्रथम पौध तैयार की जाती हैं। जिसके बाद पौध की खेतों में रोपाई की जाती हैं। इसके लिए कई विधि उपयोग में ली जाती हैं।

साधारण विधि (स्कोरेफिकेशन)

इस विधि के माध्यम से बीज से पौधे तैयार किये जाते हैं। इसके लिए उपजाऊ मिट्टी को पॉलीथिन या गमले में भरकर उसमें बीज डाल देते हैं। बीज को गमलें में उगाने से पहले उसे एक रात सिरका मिले पानी में डालकर रखते हैं। पानी में डालते समय पानी की ऊपरी सतह पर तैरने वाले बीजों को निकाल दिया जाता हैं। इसके बाद बीजों को गमलों में रोपित करके मिट्टी से ढक दिया जाता हैं। इस विधि से पौध तैयार होने में एक माह का समय लगता हैं।

परंपरागत विधि

इस विधि के माध्यम से उच्च गुणवत्ता वाले पौधों के प्ररोह को मृदा में लगाकर पौध तैयार की जाती हैं। इसके लिए मृदा में समान मात्रा में गोबर की खाद डालकर मिला दिया जाता हैं। जिसके बाद प्ररोह के भाग पर रूटींग हार्मोन लगाकर मृदा में रोपाई की जाती हैं। इसको लगाने का सबसे सही समय मार्च और अप्रैल माह होता हैं। मृदा में नमी बनाये रखने के लिए प्रतिदिन हल्की सिंचाई करनी चाहिए। प्ररोह से जड़ें एवं शाखाएं निकलने पर यह मुख्य खेत में रोपण योग्य हो जाते हैं। पौधों को खेत में लगाने से पहले पॉलीथिन को हटा देना चाहिए।

प्लग ट्रे प्रवर्धन (बिना मिट्टी के उपयोग) से पौध उगाना

इस विधि में पौधों को उगाने के लिए मिट्टी की आवश्यकता नही होती है। इस विधि में नारियल के जूट और केचुँए की खाद (वर्मी कम्पोस्ट) की आवश्यकता होती हैं। जिसके लिए इन दोनों को 75 : 25 के अनुपात के साथ ट्राइकोड्रमा चूर्ण की 10 ग्राम मात्रा मिलाकर मिश्रण तैयार किया जाता हैं। तैयार मिश्रण को प्लग ट्रे में भरकर पौधों की रोपाई की जाती हैं। पौधों को लगाने के बाद ट्रे को समान ताप वाले पॉलीहाऊस में रखकर समय–समय पर उसमें पानी देते रहते हैं। कुछ दिनों बाद पौधों में गांठे बनना शुरू हो जाती हैं। इन गांठों को रूटेड मीडियम में दबाकर नई पौध तैयार की जाती हैं। गांठों पर नई पत्तियाँ आने पर इनको खोदकर छायायुक्त हवादार जगह पर भंड़ारित करना चाहिए।

रोपाई का समय एवं विधि

काली मिर्च की पौध शुरूआती समय में अधिक धूप को सहन नही कर पाती हैं। इसलिए शुरूआती तेज धूप से बचाव के लिए इन्हें सितम्बर माह के बाद खेतों में रोपाई करना चाहिए। पौधों को खेत में लगाने के बाद इन्हें दो साल तक धूप से बचाकर रखा जाता हैं। ऐसे में पौधों को धूप से बचाने के लिए उसे किसी बड़े तिरपाल से ढक देना चाहिए। इसके अलावा इनकी रोपाई मानसून के शुरू होने के साथ मुख्य खेत में की जाती हैं। इस समय इसे सहायक पौधों के पास उत्तर दिशा में लगाना चाहिए। पौधों की रोपाई करते समय पौधे से पौधे के बीच की दूरी 3 मीटर से अधिक होनी चाहिए। इसकी रोपाई ढलान वाली भूमियों में करने से उपज में वृद्धि होती हैं क्योंकी इससे सीधी धूप पौधों तक पहॅुच नही पाती हैं। बांस के अलावा इसकी रोपाई सहायक पौधा लगाकर भी कर सकते हैं। काली मिर्च का पौधा बेल के रूप में बढ़ता हैं। इस कारण रोपाई से पहले सहायक पौधों को तीन तीन मीटर की दूरी पर लगा देना अच्छा रहता हैं। जब सहायक पौधा बड़ा होने लगे तब काली मिर्च के पौधों को सहायक पौधे के पास लगाना चाहिए। सहायक पौधों के साथ में लगाने के लिए 50 सेंटीमीटर का गड्ढा खोदकर नीचे लगाना चाहिए। इस दौरान पौधे की एक गांठ (नोड) को मिट्टी के अंदर दबा देना चाहिए। काली मिर्च की खेती के लिए एक हेक्टेयर में बिना सहायक पौधे के 1600 से ज्यादा पौधे लगाये जा सकते हैं। जबकि सहायक पौधों के साथ 1100 पौधे लगाये जा सकते हैं। काली मिर्च की बेल की लम्बाई 30 मीटर से भी अधिक होती है। लेकिन सामान्यतः बेल की लम्बाई 8 से 10 मीटर तक ही रखनी चाहिए। इससे फल तोड़ने में आसानी रहती हैं।

खेत की तैयारी

काली मिर्च का पौधा बेल के रूप में वृद्धि करता हैं। जबकि मिट्टी में इसकी जड़ें 2 मीटर की गहराई तक जा सकती हैं। इसलिए खेत की अच्छी तैयारी करने की आवश्यकता होती हैं। काली मिर्च खेत में रोपाई करने के बाद लगातार 25 से 30 वर्ष तक उपज देती रहती हैं। काली मिर्च का पौधा रोपाई के तीन साल बाद पैदावार देना शुरू करता हैं। इसकी खेती बागवानी तरीके से भी की जाती हैं। जुताई करने के बाद खेत में एक समान दूरी पर कतार में गड्ढे बनाकर इन गड्ढों के सहारे लम्बे बांस गाड देना चाहिए। जिससे बेल उन पर आसानी से चढ़ जाती हैं। इन गड्ढों के बीच की दूरी 10 से 12 फुट तक रखनी चाहिए।

खाद एवं उर्वरक

काली मिर्च के पौधों को खेत में लगाते समय गड्डों में उर्वरकों का संतुलित मात्रा में प्रयोग करना चाहिए। क्योंकि उर्वरकों की संतुलित मात्रा पौधों की अच्छी वृद्धि में सहायक होती हैं। शुरुआत में पौधा लगाने से पहले प्रत्येक गड्डे में 10 किलोंग्राम कम्पोस्ट या गोबर की खाद एवं एक किलोंग्राम नीम की खली के मिश्रण को मिट्टी में मिलाना चाहिए। अम्लीय मृदा होने पर प्रत्येक पौधे के थाले में 500 ग्राम चूना या डोलामाइट मिलाना चाहिए। इसका प्रयोग बारिश के मौसम से पहले अप्रैल या मई माह में करना चाहिए। पौधा पूर्ण रूप से विकसित होने पर प्रथम वर्ष में नत्रजन, फास्फोरस और पोटेशियम को 1:1:3 के अनुपात में मिलाकर एक तिहाई भाग को पौधों में प्रयोग करना चाहिए। दूसरे साल में 1:1:4 के अनुपात में दो तिहाई भाग तथा तीसरे वर्ष में इसके 1:1:5 वाले मिश्रण को साल में दो बार जून तथा सितम्बर माह में प्रयोग करना चाहिए। अधिक पैदावार प्राप्त करने के लिए सूक्ष्म पोषक तत्वों का मिश्रण 5 ग्राम को एक लीटर पानी में मिलाकर पौधों पर छिडकाव करना चाहिए। इसका प्रयोग मुख्यतः फूल आते समय करना चाहिए।

सिंचाई प्रबंधन

काली मिर्च के पौधों को पानी की अधिक आवश्यकता होती हैं। इस कारण इसकी पहली सिंचाई पौध रोपाई के तुरंत बाद करना चाहिए। इसके बाद निरन्तर पानी देते रहना चाहिए। लेकीन कम सिंचाई करने पर पौधों की पत्तियाँ पीली पडकर झड़ने लग जाती हैं। फूल आने की अवस्था में पौधों को कम पानी की आवश्यकता होती हैं। क्योंकि ज्यादा पानी देने से पौधों के फूल झडनें से पैदावार कम प्राप्त होती हैं।

कीट एवं रोग नियंत्रण

काली मिर्च के पौधों में रोग एवं कीटों के प्रकोप से अधिक हानि होती हैं। इसलिए इनकी रोकथाम करना आवश्यक हैं।

फाइटोफ्थोरा रोग

इस रोग का प्रभाव पौधे के शुरुआती समय में होता है। इस रोग के लगने से प्रभावित पौधों की जड़ें सड़ने लगती हैं। जिससे पौधों की पत्तियों और तने पर काले रंग के धब्बे बनने शुरू हो जाते हैं। इसके बाद पत्तियों पर इन धब्बों का आकार बढ़ने से पत्तियां सडकर टूट जाती हैं और धीरे–धीरे पूरा पौधा नष्ट हो जाता हैं। इसकी रोकथाम के लिए रोग के लक्षण दिखाई देने पर बोर्डेक्स मिश्रण

का छिडकाव करना चाहिए। इसके अतिरिक्त कॉपर ओक्सिक्लोराइड से पौधों के आस–पास की मिट्टी को उपचारित कर देना चाहिए।

एन्थ्रेकनोज

इस फसल में यह रोग कवक के माध्यम से फैलता हैं। यह कोलोटोट्राइकम ग्लोयोस्पोरोयाड्स नामक कवक से होता हैं। इसके प्रकोप से पौधों की पत्तियों को सबसे ज्यादा नुकसान होता हैं। इसके प्रकोप से प्रभावित पौधों की पत्तियों पर पीले भूरे रंग की चित्तियाँ बन जाती हैं। इसकी रोंकथाम के लिए 1.0 प्रतिशत बोर्डेक्स मिश्रण अथवा 0.1 प्रतिशत कार्बेन्डाजिम का छिडकाव किया जा सकता हैं।

पर्ण चित्ती रोंग

पौधों पर पर्ण चित्ती रोग गर्मी के समय में होता हैं। यह राइजोक्टोनिया सोलानी कवक के माध्यम से फैलता हैं। इसका प्रभाव पूरे पौधे पर होता हैं। जिससे पौधों की पत्तियॉ और तना काला पड़ने लगता हैं। इसके कुछ समय बाद पूरा पौधा सूखकर मर जाता हैं। यह मुख्यतः पौधों पर ऊपर से नीचे की तरफ फैलता हैं। इसकी रोंकथाम के लिए 1 प्रतिशत बोर्डेक्स मिश्रण का छिडकाव करना चाहिए।

मूल म्लानि

पौधों पर यह रोग जून से सितम्बर के बीच में लगता हैं। इस रोग का प्रभाव तने से शुरू होता हैं। इस रोग के लगने पर पौधों के तने पर गहरे भूरे रंग के निशान बन जाते हैं। जिससे धीरे–धीरे पूरा तना अंदर से खाली होकर पत्तियाँ सूखने लगती हैं। इसकी प्रारंभिक अवस्था में पता चलने पर आस–पास के पौधों की साफ सफाई कर रोका जा सकता हैं।

पाद गलन

काली मिर्च की खेती में इस रोग द्वारा सर्वाधिक नुकसान होता हैं। यह रोग मुख्य रूप से दक्षिण पश्चिम से आने वाले मानसून के कारण होता हैं। इसके प्रकोप से पौधों का शीर्ष भाग काला पड़कर पौधों पर काले धब्बे बनने लग जाते हैं। प्रभावित पौधों पर इस रोग के लक्षण बारिश के मौसम के बाद दिखाई देते हैं। इस रोग के लग जाने के बाद पौधे को जड़ के पास से काटकर अलग कर देंना चाहिए।

काली मिर्च की तुड़ाई

काली मिर्च से ही सफेद मिर्च बनाई जाती हैं। इसलिए इसकी तुड़ाई समय पर करना आवश्यक हैं। काली मिर्च के पौधों पर फूल मई या जून माह में आते हैं।

जिसके बाद इनको पूरी तरह से तैयार होने में 6 से 8 माह का समय लगता हैं। सफेद और काली दोनों मिर्च एक ही पौधे पर लगती हैं। लेकिन इन्हें तोडने के बाद काला और सफेद रूप दिया जाता हैं। सफेद मिर्च बनाने के लिए फल को पकने से पहले ही तोड़ लिया जाता हैं। जिसके बाद उसे पानी में डालकर इनका ऊपरी छिलका उतार लिया जाता हैं। फिर उसे धूप में तीन से चार दिन तक सूखाया जाता हैं। जिससे इनका रंग सफेद दिखाई देने लगता हैं। काली मिर्च बनाने के लिए फल को पूरी तरह से पकने देते हैं। जब फल का रंग हरा से बदलकर चमकीला नारंगी हो जाए तो फल पूरी तरह से पककर तैयार हो जाता हैं। जिसके बाद उसे पौधे से अलग कर लिया जाता हैं। काली मिर्च के फल गुच्छों में पायें जाते हैं। जिन्हें तोड़कर अलग–अलग किया जा सकता हैं। अलग किए हुए फलों को गर्म पानी में एक मिनट तक डालकर रखा जाता हैं। जिसके बाद सूखने के लिए धूप में रखने से फल का काला रंग ज्यादा आकर्षक होता हैं।

उपज

काली मिर्च के प्रत्येक पौधे से प्रति वर्ष 4 से 6 किलोंग्राम तक उपज प्राप्त होती हैं। इस प्रकार प्रति हेक्टेयर क्षेत्रफल से औसतन 40 से 60 कुंटल तक उपज प्राप्त हो सकती हैं।

सहजन

वानस्पतिक नाम – *मोरिंगा ओलीफेरा* एल.

कुल –मोरिंगंसी

गुणसूत्र संख्या (2 एन) – 22

परिचय

सहजन भारतीय मूल का एक बहुवर्षीय, कमजोर तने एवं छोटी पत्तियों वाला पौधा हैं। इसे स्थानिय भाषा में ड्रमस्टिक, सहजना, सुजना, सेंजन और मुनगा इत्यादि नामों से जाना जाता हैं। इसकी खेती भारत, फिलीपिंस, मैक्सिको, श्रीलंका, मलेशिया में की जाती हैं। भारत में इसकी खेती आंध्रप्रदेश, तमिलनाडू, कर्नाटक, बिहार, महाराष्ट्र एवं उत्तर प्रदेश इत्यादि में की जाती हैं। सहजन औषधीय गुण एवं अनेक पोषक तत्वों से भरपूर होता हैं इसलिये इसके विभिन्न भागों का विविध प्रकार से उपयोग किया जाता हैं। इसके पौधों की ऊँचाई 4 से 6 मीटर तक होती हैं। सहजन की फलियॉ प्रोटीन, लवण, लोहा, विटामिन–बी और विटामिन–सी से भरपूर होती हैं। फलियों में विटामिन सी (120 मिलीग्राम प्रति 100 ग्राम), कैरोटीन (110 मिलीग्राम), फास्फोरस (110 मिलीग्राम), मैग्नीशियम (28 मिलीग्राम), पोटेशियम (259 मिलीग्राम) और सल्फर (137 मिलीग्राम) पाए जाते हैं। दक्षिण भारतीय लोग सहजन के फूल, फल, पत्ती का उपयोग अपने विभिन्न प्रकार के व्यंजनों को स्वादिष्ट बनाने के लिए करते हैं। सहजन के बीज से तेल भी निकाला जाता हैं। इसके बीजों से चूर्ण बनाकर विदेशों में निर्यात किया जाता हैं। इसकी पत्तियों और फलियों का सब्जी के रूप में उपयोग किया जाता हैं। बाजार में सहजन का फूल एवं फली भी ऊँचे दामों में बिकती हैं। एशिया, अफ्रीका, कम्बोडिया, फिलीपिंस, दक्षिणी भारत, श्रीलंका और अफ्रीका में इसकी पत्तियों को खाया जाता हैं। इसके फूलों का स्वाद मशरूम के समान होने के कारण इनको भी पकाकर खाया जाता हैं। कुछ देशों में इसकी छाल, रस, पत्तियों, बीजों, तेल

और फूलों से पारम्परिक दवाईयाँ तैयार की जाती हैं। जमैका में इसके रस को नीली डाई के रूप में उपयोग किया जाता हैं।

जलवायु

सहजन एक सूखा सहनशील फसल हैं। इसकी वृद्धि के लिए गर्म नमीयुक्त जलवायु और फूल खिलने के लिए सूखा मौसम उपयुक्त रहता हैं। सामान्यतया 25–30 डिग्री सेंटीग्रेड के औसत तापमान पर सहजन का पौधा अच्छी बढ़वार करता हैं। यह ठंड को भी आसानी से सहन कर लेता हैं परन्तु पाले से पौधों को नुकसान होता है। पुष्पन के समय 40 डिग्री सेंटीग्रेड से अधिक तापमान होने पर फूल झड़ने लगते हैं।

मृदा

सहजन की खेती सभी प्रकार की मृदाओं में की जा सकती है। इसकी खेती बंजर और कम उपजाऊ मृदाओं में भी आसानी से की जा सकती हैं। इसकी व्यावसायिक खेती के लिए कार्बनिक पदार्थ से भरपूर बलुई दोमट मृदा जिसका पी.एच. मान 6 से 7.5 के मध्य हो, सर्वोत्तम मानी जाती हैं।

उन्नत किस्में

हमारे देश में सहजन की अनेक किस्में विकसित की गई हैं। इनमें से एक साल में दो बार फलने वाली किस्में जैसे पी.के.एम.1, पी.के.एम.2, कोयम्बटूर 1, कोयम्बटूर 2, धनराज एवं रोहित 1 प्रमुख हैं।

रोहित –1

यह किस्म रोपाई के 4 से 6 माह बाद उत्पादन देना शुरू कर देती हैं और निरन्तर 10 साल तक व्यावसायिक उत्पादन देती रहती हैं। इसकी फलियाँ गहरे हरे रंग एवं 45 से 60 इंच लम्बी होती हैं। इसका गुदा मुलायम, स्वादिष्ट एवं गुणवत्ता युक्त होता हैं।

कोयम्बटूर–2

इस किस्म की फलियाँ 25 से 35 सेंटीमीटर लम्बी एवं बहुत अधिक स्वादिष्ट होती हैं। फलियों का रंग गहरा हरा होता हैं। इसके प्रत्येक पौधें से लगभग 250 से 375 फलियों की उपज प्राप्त होती हैं। यह लगातार 4 से 5 साल तक उपज देता हैं।

पी.के.एम.–2

इस किस्म का पौधा रोपाई के 8 से 9 माह बाद उत्पादन देना शुरू करता हैं। इसकी फलियाँ लम्बी होती हैं। स्थानीय बाजार के मुकाबले इसकी मांग खासकर बड़े शहरों में अधिक होती हैं। इसके प्रत्येक पौधे से लगभग 200 से 350 फलियों की उपज प्राप्त होती हैं। यह लगातार 4 से 5 साल तक उपज देता हैं।

खेत की तैयारी

सहजन से अधिक उपज प्राप्त करने के लिए मृदा को खरपतवार रहित करके 2.5 × 2.5 मीटर की दूरी पर 45 × 45 × 45 सेंटीमीटर आकार के गड्ढे तैयार करना चाहिए। गड्ढे को ऊपरी सतह की मिट्टी के साथ 10 किलोंग्राम अच्छी सड़ी हुई गोबर की खाद मिलाकर भरना चाहिए।

रोपाई का समय एवं विधि

सहजन की रोपाई मानसून के आगमन (जून से जुलाई) के समय करना सर्वोतम रहता हैं। सहजन का प्रबर्धन बीज एवं कलम दोनों से किया जा सकता हैं। साल में दो बार फलन के लिए बीज से प्रवर्धन करना उपयुक्त रहता हैं। एक हेक्टेयर खेत में रोपाई करने के लिए 625 ग्राम बीज पर्याप्त रहता हैं। बीज को सीधे तैयार गड्ढों में या पहले पॉलीथीन बैग में नर्सरी तैयार कर लगाया जा सकता हैं। पॉलीथीन बैग में पौध एक माह बाद रोपाई योग्य हो जाती हैं। कलम से प्रवर्धन करने के लिए 45 सेंटीमीटर लम्बी एवं 10 सेंटीमीटर मोटाई वाली कलमों को सीधे खेत या फिर पॉलीथीन बैग में नर्सरी तैयार कर लगाया जा सकता हैं। रोपाई करते समय कलम का एक तिहाई हिस्सा मृदा के अंदर दबा देना चाहिए।

खाद एवं उर्वरक

सहजन की जैविक खेती करने के लिए 15 किलोंग्राम गोबर की अच्छी सड़ी हुई खाद प्रति गड्ढा तथा 5 किलोंग्राम एजोस्पिरिलम प्रति हेक्टेयर की दर से प्रयोग करना चाहिए। अकार्बनिक खेती के लिए पौध रोपाई के तीन माह बाद 100 ग्राम यूरिया, 100 ग्राम सिंगल सुपर फास्फेट एवं 50 ग्राम पोटाश प्रति गड्ढे की दर से प्रयोग करना चाहिए। इसके तीन माह बाद 100 ग्राम यूरिया प्रति गड्ढे के हिसाब से पुनः प्रयोग करना चाहिए।

सिंचाई प्रबंधन

सहजन का अच्छा उत्पादन प्राप्त करने के लिए सिंचाई करना लाभप्रद रहता हैं। शुष्क क्षेत्रों में रोपाई के बाद दो माह तक नियमित सिंचाई करना आवश्यक होता

हैं। सहजन का पौधा पर्याप्त नमी की उपलब्धता होने पर फूल और फल देता रहता हैं। सूखे की स्थिति में फूल खिलने की प्रक्रिया को सिंचाई के माध्यम से तेज किया जा सकता हैं। व्यावसायिक खेती के लिए बूँद–बूँद विधि से सिंचाई करना लाभप्रद रहता हैं। ऐसे क्षेत्र जहां पानी की समस्या रहती हैं वहां दो सप्ताह में एक बार जीवन रक्षक सिंचाई करनी चाहिए।

खरपतवार नियंत्रण

इसकी फसल को निराई–गुड़ाई की आवश्यकता नहीं होती हैं। लेकिन फसल में खरपतवारों का अधिक प्रकोप होने पर एक से दो निराई–गुड़ाई करके खेत को खरपतवारों से मुक्त रखा जा सकता हैं।

कंटाई–छटाई

सहजन की कटाई–छटाई का काम पौधा रोपाई के 1 से 2 साल बाद ठंडे मौसम में करना चाहिए। इसके लिए दो फुट की ऊँचाई पर प्रत्येक पेड़ से 3 से 4 शाखाएं काटकर हटा देना चाहिए।

कीट एवं रोग नियंत्रण

सहजन पर सबसे ज्यादा आक्रमण भुआ पिल्लू नामक कीट का होता हैं। इसे अगर नियंत्रित नहीं किया जाए तो यह सम्पूर्ण पौधे की पत्तियों को खा जाता है तथा आसपास के क्षेत्रों में भी फैल जाता हैं। अंडो से निकलने के बाद नवजात अवस्था में यह कीट समूह में एक स्थान पर रहता हैं और बाद में भोजन की तलाश में यह सम्पूर्ण पौधों पर फैल जाते हैं। इसके नियंत्रण के लिए कीट की नवजात अवस्था में नीम (न्यूमेरीन) से बने कीटनाशी का छिड़काव करना उपयुक्त रहता हैं। व्यस्क अवस्था में 0.5 मिलीलीटर डाइक्लोरोवास (नूवान) एक लीटर पानी में घोलकर पौधों पर छिड़काव करने से कीट नष्ट हो जाता हैं। सहजन के पौधों पर कभी–कभी फल मक्खी का भी प्रकोप होता हैं। इसके नियंत्रण के लिए भी 0.5 मिलीलीटर डाइक्लोरोवास एक लीटर पानी में घोलकर पौधों पर छिड़काव करना लाभप्रद रहता हैं।

कटाई

इसका पौधा 4 से 6 मीटर ऊँचाई तक बढ़ता है तथा 90 से 100 दिनों में इसमें फूल आने लगते हैं। रोपाई के लगभग 160 से 170 दिन बाद फल तैयार हो जाते हैं। साल में दो बार फल देने वाली सहजन की किस्मों की तुड़ाई सामान्यतः

फरवरी से मार्च और सितम्बर से अक्टूबर माह में की जाती हैं। सहजन की तुड़ाई बाजार और मात्रा के अनुसार 1 से 2 माह तक चलती हैं। सहजन के फल में रेशा आने से पहले तुड़ाई करने पर बाजार मूल्य अधिक प्राप्त होता हैं।

उपज

इसके एक पौधें से प्रतिवर्ष औसतन 200 से 400 फलियाँ (40–50 किलोंग्राम) प्राप्त होती हैं। यह काफी गूदेदार होती है तथा पकाने के बाद इसका 70 प्रतिशत भाग खाने योग्य होता हैं। इसका पौधा पांच वर्ष तक उपज देता रहता हैं। प्रतिवर्ष फसल लेने के बाद पौधे को जमीन के एक मीटर ऊपर से काटना आवश्यक होता हैं।

उपयोग

सहजन एक बहुउपयोगी पौधा हैं। इसके सभी भागों का प्रयोग भोजन, दवा एवं औद्योगिक कार्यो में किया जाता हैं। सहजन में प्रचुर मात्रा में पोषक तत्व व विटामिन पाया जाता हैं। एक अध्ययन के अनुसार इसमें दूध की तुलना में चार गुणा पोटेशियम तथा संतरा की तुलना में सात गुणा अधिक विटामिन 'सी' पाया जाता हैं। सहजन का फूल, फल और पत्तियों को भोजन के रूप में प्रयोग किया जाता है। सहजन की छाल, पत्ती, बीज, गोंद, जड़ आदि से आयुर्वेदिक दवाईयाँ तैयार की जाती हैं। जो की लगभग 300 प्रकार की बीमारियों के ईलाज में काम आती हैं। सहजन के पौधों से गूदा निकालकर कपड़ा और कागज उद्योग में भी उपयोग किया जाता हैं।

ब्राह्मी

वानस्पतिक नाम– *बाकोपा मोनिएरी* एल.

कुल – सक्रोफुलेरीएसी

गुणसूत्र संख्या (2 एन) – 64

परिचय

ब्राह्मी की खेती औषधीय पौधे के रूप में की जाती हैं। यह भारतीय मूल का पौधा हैं। ब्राह्मी की खेती मुख्यतः उत्तरी और दक्षिणी अमेरिका, यूरोप, ऑस्ट्रेलिया, दक्षिणी भारत, एशिया और अफ्रीका आदि देशों में की जाती हैं। भारत में इसकी खेती उत्तर प्रदेश, पंजाब, हरियाणा, बिहार, पश्चिमी बंगाल, तमिलनाडू, केरल, कर्नाटक, हिमाचल एवं उत्तराखंड के तलहटी क्षेत्रों में की जाती हैं। यह एक वर्षीय औषधीय पौधा हैं। जिसकी ऊँचाई 30 से 45 सेंटीमीटर और जड़ें गांठों के रूप में वृद्वि करती हैं। इसके फूलों का रंग सफेद या पीला–नीला होता है। फल छोटे और अंडाकार होते हैं। इसके बीजों का आकार 0.2 से 0.3 मिलीमीटर और रंग गहरा भूरा होता हैं। इसका तना और पत्ती दोनों मुलायम और गुदेदार होते हैं। इसके सभी भाग जैसे बीज, जड, पत्तियाँ एवं गांठों आदि का प्रयोग विभिन्न प्रकार की दवाईयाँ बनाने के लिए किया जाता है। ब्राह्मी से तैयार दवाई कैंसर, मिरगी, मूत्र वर्धक, दमा, गठिया, वात, पागलपन, अरक्तता और पेट संबंधित बीमारियों में किया जाता हैं। ब्राह्मी में रक्त शुद्ध करने के गुण भी पाये जाते है। यह हृदय के लिये भी लाभदायक होती हैं। ब्राह्मी नाम इसके बुद्धिवर्धक गुण के कारण दिया गया हैं। इसका प्रयोग सांप के काटने पर इलाज के तौर पर भी किया जाता हैं।

जलवायु

ब्राह्मी की खेती के लिए उष्णकटिबंधीय जलवायु को उपयुक्त माना जाता हैं। इसके पौधें गर्म एवं आर्द्र मौसम में अच्छा विकास करते हैं। इसके लिए 33–44 डिग्री सेंटीग्रेड तक का तापमान एवं 60–65 प्रतिशत आर्द्रता फसल की वानस्पतिक वृद्वि के लिए आदर्श मानी जाती हैं। इसके पौधे सामान्य गर्मी और सर्दी दोनों मौसम में

अच्छा विकास करते हैं। यह अधिकतम 40 डिग्री सेंटीग्रेड और सर्दियों में न्यूनतम 10 डिग्री सेंटीग्रेड तक तापमान सहन कर लेता हैं।

मृदा

इसकी खेती सभी प्रकार की मृदाओं में की जा सकती हैं। लेकीन अच्छी वृद्धि एवं विकास के लिए जलभराव, अम्लीय एवं दलदली भूमि सबसे उपयुक्त मानी जाती हैं। यह रेतीली से दोमट रेतीली और हल्की काली मिट्टी में भी लगाया जा सकता है। इसकी खेती के लिए भूमि का पी.एच. मान 5 से 7 के मध्य उपयुक्त रहता हैं।

उन्नत किस्में

ब्राह्मी का पौधा भारत में जंगली रूप में पाया जाता हैं। इसकी उन्नत किस्में निम्नलिखित हैं।

प्रज्ञा शक्ति

ब्राह्मी की यह किस्म केंद्रीय औषधीय एवं सगंध पौधा संस्थान, लखनऊ द्वारा उड़ीसा से चयनित कर तैयार की गई हैं। इसे स्थानीय क्षेत्रों में आसानी से उगाया जा सकता हैं। इस किस्म के पौधों में 1.8 से 2 प्रतिशत तक बाकोसाइड पाया जाता हैं।

सुबोधक

यह किस्म केंद्रीय औषधीय एवं सगंध पौधा संस्थान, लखनऊ द्वारा तैयार की गई हैं। इसे भी स्थानीय और बाहरी क्षेत्रों में उगाया जा सकता हैं।

सिम–जागृति

यह किस्म केंद्रीय औषधीय एवं सगंध पौधा संस्थान, लखनऊ द्वारा तैयार की गई हैं। इस किस्म से प्रति हेक्टेयर 85 किलोंग्राम बाकोसाइड एवं 40 कुंटल सूखा पदार्थ प्राप्त होता हैं।

आर. आर. एल.

यह किस्म क्षेत्रीय अनुसंधान प्रयोगशाला, जम्मू से विकसित की गई हैं। इस किस्म के पौधों में 1.8 से 2.2 प्रतिशत तक बाकोसाइड पाया जाता है।

खेत की तैयारी

ब्राह्मी की खेती के लिए भुरभुरी और समतल मिट्टी की जरूरत होती हैं। इसके लिए खेत को अच्छी प्रकार तैयार करना आवश्यक होता हैं। इसके लिए मिट्टी

पलटने वाले हल से 2 से 3 बार गहरी जुताई कर पाटा लगाना उपयुक्त रहता हैं। अंतिम जुताई के समय 15 से 20 टन अच्छी सड़ी हुई गोबर की खाद या कम्पोस्ट डालकर मिट्टी में अच्छी तरह मिला देना चाहिए। खेत को समतल बनाने के बाद आवश्यकतानुसार खेत में क्यारी और मेड़ों का निर्माण करना चाहिए।

प्रवर्धन

ब्राह्मी का प्रवर्धन बीज एंव तना कलम द्वारा किया जाता हैं। बीजों का अंकुरण कम होने के कारण इसकी रोपाई तना कलम द्वारा करना लाभप्रद रहता हैं। इसलिए रोपाई से पहले नर्सरी में पौध तैयार की जाती हैं।

पौध तैयार करना

इसकी पौध तैयार करने का सबसे उपयुक्त समय मई से जुलाई माह होता हैं। इसके लिए नर्सरी में उचित आकार की क्यारियों में 3 किलोंग्राम प्रति वर्ग मीटर की दर से गोबर की खाद का प्रयोग करना चाहिए। एक हेक्टेयर क्षेत्र में रोपाई के लिए 200 वर्ग मीटर पौध क्षेत्र की आवश्यकता होती हैं। पौध तैयार करने हेतु 5 से 10 सेंटीमीटर लम्बी एंव जड़ युक्त तना कलमों को 5×10 सेंटीमीटर की दूरी पर मिट्टी में दबाकर सिंचाई की जाती हैं। इन कलमों से एक सप्ताह बाद जड़े निकलना प्रांरम्भ हो जाती हैं। जिन्हें 35–40 दिन बाद काटकर मुख्य खेत में रोपाई की जा सकती हैं। एक हेक्टेयर में खेती करने के लिए लगभग 60 हजार तना कलमों की आवश्यकता होती हैं।

रोपाई का समय एवं विधि

इसकी रोपाई जून से जुलाई माह में की जाती हैं। तना कलमों की रोपाई सदैव गीली मिट्टी में करनी चाहिए। अधितकतम उपज प्राप्त करने के लिए कलमों के बीच 10 × 10 सेंटीमीटर की दूरी रखना चाहिए। रोपाई से पूर्व 3 से 4 सेंटीमीटर लम्बी तना कलमों को कैप्टान नामक फफूंदीनाशक दवा की उचित मात्रा से उपचारित कर मुख्य खेत में रोपाई करनी चाहिए।

खाद एवं उर्वरक

सामान्यतः उर्वरकों का प्रयोग मृदा परीक्षण की संस्तुतियों के आधार पर किया जाना लाभदायक रहता है। लेकिन ब्राह्मी की अच्छी उपज के लिए 5 से 10 टन अच्छी सड़ी हुई गोबर की खाद खेत की तैयारी के समय मृदा में मिलाना चाहिए। इसके अतिरिक्त नत्रजन 100 किलोंग्राम, फास्फोरस 50–60 किलोंग्राम, पोटाश

50–60 किलोंग्राम एवं सल्फर 30 किलोंग्राम प्रति हेक्टेयर की दर से प्रयोग करना चाहिए। नत्रजन की आधी मात्रा तथा फास्फोरस, पोटाश एवं सल्फर की पूरी मात्रा रोपाई से पूर्व कूड़ों में प्रयोग करना चाहिए। शेष नत्रजन को तीन बराबर भाग में बाटकर रोपाई के लगभग 45 दिन, 70–80 दिन तथा पहली कटाई के 20 दिन पश्चात प्रयोग करना चाहिए।

सिंचाई प्रबंधन

ब्राह्मी के पौधों को पानी की अधिक आवश्यकता होती हैं। इसलिए पौधों की रोपाई के तुरंत बाद सिंचाई करना लाभप्रद रहता हैं। उसके बाद फसल की अच्छी वृद्धि के लिए मृदा में उचित नमी बनाए रखना चाहिए। सर्दियों के मौसम में 15–20 दिन और गर्मी के मौसम में 7–10 दिन के अंतराल पर सिंचाई करना चाहिए।

खरपतवार नियंत्रण

इस फसल में सामान्यत 3 से 4 निराई–गुड़ाई की आवश्यकता होती है। इसमें जुलाई से सितम्बर (मानसून) माह में खरपतवारों का प्रकोप अधिक होता है। इस समय 20 दिन के अंतराल पर निराई–गुड़ाई करनी चाहिए। औषधीय फसल होने के कारण खड़ी फसल में रासायनिक विधि से खरपतवार नियंत्रण नहीं करना चाहिए। लेकिन खेत में खरपतवारों का प्रकोप अधिक होने पर रोपाई से पूर्व ब्यूटाक्लोर 30 ई. सी. की 3 किलोंग्राम मात्रा को 60 किलोंग्राम बालू में मिलाकर प्रयोग करना चाहिए। इसके लिए खेत में 4 से 5 सेंटीमीटर पानी का भरा होना आवश्यक होता हैं।

कीट एवं रोग नियंत्रण

ब्राह्मी के पौधों पर कीट एवं रोगों का प्रकोप कम होता हैं। टिड्डी का आक्रमण होने पर यह पत्तियों को खाकर नुकसान पहुचाता हैं। इसका अधिक प्रकोप होने पर सम्पूर्ण फसल नष्ट हो जाती हैं। जिससे उपज पर प्रतिकूल प्रभाव पडता हैं। टिड्डी की रोकथाम के लिए पौधों पर नुवोक्रोन 0.2 प्रतिशत या नीम से बने कीटनाशकों का छिडकाव करना चाहिए।

कटाई एवं उपज

ब्राह्मी के पौधों की एक बार रोपाई करने के बाद दो से तीन कटाई की जा सकती हैं। इसकी फसल रोपाई के लगभग 75–90 दिन बाद पहली कटाई के लिए तैयार हो जाती हैं। ब्राह्मी की कटाई करने के लिए सबसे उपयक्त समय अक्टूबर से

नबंवर माह होता है। क्योंकि इस समय पौधों की लम्बाई 20–30 सेंटीमीटर तक हो जाती हैं। इस समय अधिकतम वानस्पतिक उत्पादन प्राप्त किया जा सकता है। तने को जमीन से 4–5 सेंटीमीटर ऊपर से काटा जाता हैं तथा शेष बचे हुये तने को पुन प्रस्फुटित होने के लिए छोड़ दिया जाता हैं। इसकी 2 से 3 कटाई करने पर प्रति हेक्टेयर 24 से 30 कुंटल सूखी पत्तियों की उपज प्राप्त हो जाती हैं।

भण्डारण एवं मूल्य संवर्धन

इसको सूखाने के लिए पारंपरिक विधि का उपयोग किया जाता हैं। इसे कमरे के तापमान पर छाया में जमीन पर फैलाकर सूखाया जाता है। 8 से 10 दिन में फसल पूरी तरह से सूख जाती है। सूखाई गई सामग्री को वायुरोधी पॉलीथीन के बैग में भर दिया जाता हैं। पौधों को सूखाने के दौरान उन्हें हवा उचित मात्रा में मिलनी चाहिए। जिससे पौधें जल्दी सूख जाते हैं। जब इसकी पत्तियां अच्छे से सूख जाती हैं तब उन्हें बाजार में बेचने के लिए भेज दिया जाता हैं। सूखने के 6 माह बाद तक इसमे बाकोसाइड की मात्रा स्थिर रहती है। लेकिन लम्बे समय तक भण्डारण करने से इसकी मात्रा में कमी हो जाती हैं। इस सूखी पत्तियों से ब्राह्मी घृतम, सरस्वतरिस्तम, ब्राह्मी ताइलम, मिसराक सनिहाम, मैमरी पलस आदि उत्पाद तैयार किए जाते हैं।

भृंगराज

वानस्पतिक नाम – *एक्लिप्टा अल्बा* एल.

कुल – एस्टरेसी

गुणसूत्र संख्या (2 एन) – 22

परिचय

भृंगराज एक महत्वपूर्ण जड़ी–बूटी वाली नगदी फसल हैं। इस पौधे को संस्कृत में भृंगराज या केसरजा एवं भांगड़ा नाम से भी जाना जाता हैं। भृंगराज एशिया मूल का पौधा हैं। यह भारत, चीन, थाईलैंड और ब्राजील सहित सम्पूर्ण विश्व में व्यापक रूप से वितरित है। भारत में यह छोटा नागपुर, उडीसा, बिहार एवं पंजाब सहित पूरे देश में एक खरपतवार के रूप में पाया जाता हैं। भृंगराज शब्द का शाब्दिक अर्थ हैं बालों को श्रेष्ठ बनाना। यह बालों की जड़ों को अच्छी तरह से विकसित कर शानदार रंग प्रदान करता हैं। भृंगराज का फूल सामान्यतः सुरक्षा तथा फल को भंगरो के रूप में जाना जाता हैं। इसके पौधों की लम्बाई लगभग 30–40 सेंटीमीटर एवं पत्तियाँ विपरीत अक्ष पर होती हैं। इसकी शाखायें हरी कालिमा युक्त एवं पत्तियाँ लिए होती हैं। इसकी पत्तियाँ 1 से 3 इंच लम्बी होती हैं। इसका तना मुख्यतः बेलनाकार, चपटा तथा सफेद रंग का होता हैं। इसके पुष्प के सिर का व्यास 6–8 मिलीमीटर, एकान्त, श्वेत और संकीर्ण पंख वाले होते हैं। इसके फल में भूरे रंग का एक बीज पाया जाता हैं। भृंगराज भारतीय लोक कथाओं के अनुसार दवा में प्रयोग होने वाला एक आम पौधा हैं। इस पौधे में फैटिक एसिड और निकोटीन जैसे कई तत्व प्रचुर मात्रा में पाए जाते हैं। भृंगराज आयुर्वेद में लिखित लीवर की बीमारियों जैसे सिरोसिस, हेपेटाइटिस, संक्रामक एवं यकृत वृद्धि के इलाज के लिए सबसे अच्छी दवा हैं। इस जड़ी बूटी को बालों का राजा भी कहा जाता हैं। यह व्यापक रूप से बालों की देखभाल जैसे बालो का तेल और शैंपू जैसे उत्पाद बनाने में उपयोग होता हैं। भृंगराज की पत्तियों का ताजा रस बालों के विकास के साथ–साथ मस्तिष्क को आराम और ठंडक पहुँचाता हैं। भृंगराज

का उपयोग कड़वा, कृमिनाशक, मानसिक विकारों, एनीमिया, सिरदर्द, कान दर्द, अनिद्रा, पेचिश, बुखार और हल्के जुलाब जैसी बीमारियों को दूर करने में किया जाता हैं। यह बुढ़ापे की रोकथाम और बुढ़ापे के लक्षणों को धीमा करने में काफी कारगर साबित होता हैं। इसका उपयोग ढीले दाँतो तथा संक्रमित मसूड़ों के लिए एक सामान्य एंटीसेप्टिक एवं मुंह धोने के रूप में काम करता हैं। यह दांतों, हड्डियों, कान की सुनने और आँख से देखने के साथ साथ मस्तिक की स्मृति क्षमता को बनाए रखने और फिर से जीवंत करने में मदद करता हैं। इसका उपयोग कटने या चोटों, एथलीट फुट, एक्जिमा आदि में भी किया जा सकता हैं।

जलवायु

भृंगराज को लगभग सभी प्रकार की जलवायु में लगाया जा सकता हैं। लेकीन इसकी अधिक वृद्वि एवं उपज के लिए 25 से 35 डिग्री सेंटीग्रेड तापमान वाली गर्म जलवायु उपयुक्त मानी जाती हैं।

मृदा

यह मुख्यतः बंजर एवं सडको के किनारे खरपतवार के रूप में उगता हैं। यह अत्यंत सख्त प्रवृति का होता हैं। इसलिए इसकी खेती लगभग सभी प्रकार की मृदाओं जैसे बलुई, चिकनी आदि में की जा सकती हैं। यह धान के खेत तथा कम पानी में भी उगाया जा सकता हैं। लेकीन इसकी अधिक वृद्वि एवं उपज के लिए कार्बनिक पदार्थ युक्त लाल दोमट मृदा सर्वोत्तम मानी जाती हैं।

उन्नत किस्में

हमारे देश में इसकी खेती के उद्देश्य से उन्नत किस्में उपलब्ध नही हैं। इसकी मुख्यतः तीन प्रजातियाँ सफेद, पीली तथा काली होती हैं। इन तीनों प्रजातियों में से सफेद एवं पीली प्रजाति के पौधे गुणों में लगभग समान होते हैं। इसकी काली प्रजाति उच्च गुणवत्ता युक्त होती हैं। लेकिन इस प्रजाति के पौधें बहुत कम मिलते हैं।

खेत की तैयारी

फसल से अधिक एवं गुणवत्ता युक्त उपज प्राप्त करने के लिए खेत की अच्छी तैयारी की आवश्यकता होती हैं। इसके लिए 2 से 3 गहरी जुताई कर खेत को समतल किया जाता हैं। अंतिम जुताई के समय मृदा में 15 टन अच्छी सड़ी हुई गोबर की खाद को मिलाना चाहिए।

प्रवर्धन

भृंगराज का प्रवर्धन बीज एवं कलमों द्वारा किया जा सकता हैं। अधिक उपज प्राप्त करने के लिए बीजों द्वारा पौध तैयार करने से प्रति हेक्टेयर पौधों की अधिकतम संख्या प्राप्त की जा सकती हैं। क्योंकि इस विधि में बीजों का अंकुरण 75–85 प्रतिशत होता हैं।

नर्सरी तैयार करना

नर्सरी तैयार करने के लिए ताजा एवं परिपक्व बीजों को एकत्रित करके अच्छी तरह से तैयार नर्सरी में बुवाई की जाती हैं। बुवाई कार्य सदैव फरवरी–मार्च या बरसात के मौसम में किया जाता हैं। उत्तर–पूर्वी भारत की जलवायु परिस्थितियों में मई या अगस्त माह में बीजारोपण का कार्य किया जा सकता हैं। एक हेक्टेयर के लिए 450–500 ग्राम बीज या 25,000 कलमों और खाली स्थान को भरने के लिए 10 प्रतिशत अधिक बीज दर की आवश्यकता होती हैं। कलमो से नर्सरी तैयार करने के लिए 10–15 सेंटीमीटर लम्बी एवं 5–6 नोड्स युक्त कलमो का चुनाव किया जाता हैं। इन कलमो को अच्छी तरह तैयार नर्सरी अथवा पोलिथिन की थैलियों में लगाया जाता है। 30 से 45 दिन बाद जड़ें निकलने पर कलमें मुख्य खेत में रोपाई योग्य हो जाती हैं।

रोपाई का समय एवं विधि

उत्तर–पूर्वी भारत में अप्रैल–मई माह को रोपाई के लिए सर्वोतम माना जाता है। वर्षा की अधिकता वाले क्षेत्रों में मानसून के समय पौध तैयार करने पर इसे अगस्त माह में भी लगाया जा सकता हैं। पौधों की ईष्टतम संख्या प्राप्त करने के लिए पौधें से पौधें की दूरी 20 × 20 सेंटीमीटर रखना चाहिए।

खाद एवं उर्वरक

भृंगराज की खेती के लिए प्रति हेक्टेयर 15 टन अच्छी सड़ी हुई गोबर की खाद, 30 किलोंग्राम नत्रजन, 40 किलोंग्राम फास्फोरस एवं 20 किलोंग्राम पोटाश की आवश्यकता होती हैं। गोबर की खाद, फास्फोरस, पोटाश की पूरी मात्रा एवं नत्रजन की आधी मात्रा को रोपाई के समय प्रयोग किया जाता हैं। जबकी शेष नत्रजन को रोपाई के 20–30 एवं 50 दिन के बाद खड़ी फसल में प्रयोग करना चाहिए।

सिंचाई प्रबंधन

इसकी खेती मुख्यतः असिंचित क्षेत्रो में की जाती हैं। इसलिए सिंचाई की आवश्यकता नहीं होती हैं। लेकीन रोपाई के बाद एक माह तक सप्ताह में दो बार सिंचाई की जाती हैं। इसके पश्चात वर्षा तथा मृदा में नमी की स्थिति के अनुसार सिंचाई करनी चाहिए।

खरपतवार नियंत्रण

इसकी फसल में खरपतवारों का कम प्रकोप होता हैं। लेकीन खरपतवारों का प्रकोप अधिक होने पर उपज में कमी आ जाती हैं। इसलिए समय–समय पर हाथ से खरपतवारों को निकालते रहना चाहिए। पहली निराई पौध रोपाई के 30–35 दिन बाद तथा दूसरी निराई खरपतवारों की वृद्वि के अनुसार करनी चाहिए।

रोग एवं कीट नियंत्रण

इस फसल में रोग एवं कीटों का प्रकोप अत्यन्त कम होता हैं। फिर भी कीटों का प्रकोप होने पर रोकथाम के लिए 0.30 प्रतिशत रोजर का 2–3 बार छिड़काव करना चाहिए। इसमें पत्ती धब्बा रोग होने पर रोकथाम के लिए 0.2 प्रतिशत फफूंदनाशक का छिड़काव किया जा सकता हैं।

कटाई

भृंगराज के पौधों के पूर्ण रूप से परिपक्व होने पर इन्हे जड़ सहित उखाड़कर जड़ो को पौधें से काट कर अलग कर लिया जाता हैं। फसल की कटाई मुख्यतः बीज काले होने पर करनी चाहिए। इसके बाद इन्हे छायादार स्थान पर सुखाया जाता हैं। सूखने के उपरान्त छोटे–छोटे टुकड़ो में काट कर पुनः अच्छी तरह सूखाया जाता हैं।

उपज

भृंगराज के पौधों से प्रति वर्ष 3000–6000 किलोंग्राम सूखा पदार्थ प्राप्त होता हैं।

सिनकोना

वानस्पतिक नाम – *सिनकोना ऑफिसिनैलिस* एल.

कुल – रूबिएसी

गुणसूत्र संख्या (2 एन) – 34

परिचय

सिनकोना एक बहुवर्षीय सदाबहार एवं औषधीय वृक्ष हैं। इसे कुनैन के नाम से भी जाना जाता हैं। इसका उत्पत्ति स्थल एंडीज और दक्षिणी अमेरिका की पहाड़ियों को माना जाता हैं। यह प्राकृतिक रूप से मध्य अमेरिका, जमैका, फ्रांस, पोलिनेशिया, सुलावेसी, दक्षिण अटलांटिक में सेंट हेलेना और उष्णकटिबंधीय अफ्रीका के तट से साओ टोमे और प्रिंसीपे में पाया जाता हैं। भारत और जावा में इसकी संकर किस्मों की खेती की जाती हैं। यह भारत के तमिलनाडू के नीलगिरी, अन्नामलाई पर्वत श्रृखलाओ तथा दार्जिलिंग में पाया गया हैं। सिनकोना वृक्ष की ऊँचाई लगभग 10–12 मीटर तक होती हैं। इसकी पत्तियाँ हल्की लाल, अंडाकार, चौडी एवं आगे से नुकीली होती हैं। इसके फूल सुगन्धित, संपुष्पक एवं द्विबीजपत्री होते हैं। इसकी छाल पीले रंग एवं स्वाद में कड़वी होती हैं। इसकी शाखाओं के मध्य की दूरी अधिक एवं शाखाओं से प्रशाखाएँ जुडी होती हैं। जिनमे असंख्य पुष्प लगे होते हैं। इस पौधे की छाल में कुनैन नामक औषधि पाई जाती हैं। जिसका उपयोग मलेरिया ज्वर के उपचार में किया जाता हैं। सिनकोना के 10–15 वर्ष या उससे पुराने वृक्षों में एल्केलाइड्स की मात्रा सर्वाधिक होती हैं। इसलिए वृक्षों के गिर जाने के बाद वृक्षों के आधार से एक मीटर ऊँचाई तक की छाल को संग्रह कर लिया जाता हैं। सिनकोना की छाल में क्विनिन एवं क्विनिडाइन नामक एल्केलाइड्स पाए जाते हैं। जिनमे मलेरिया रोधी, एंटी पाईरेटिक गुण विद्यमान होते हैं। इसके अलावा इससे निकलने वाले अन्य तत्वों का उपयोग फर, पंख, ऊन और वस्त्रों के संरक्षण के लिए कीटनाशक के रूप में किया जाता हैं।

जलवायु

सिनकोना आर्द्र एवं गर्म जलवायु का पौधा होता हैं। इसके लिए उष्ण तथा उपोष्ण कटिबंधीय क्षेत्र सर्वोत्तम माने जाते हैं। इसके लिए 20 डिग्री सेंटीग्रेड तापमान तथा 250–325 सेंटीमीटर वार्षिक वर्षा वाले क्षेत्र उपयुक्त माने जाते हैं। सिनकोना का पौधा समुद्र तल से 1000 से 2000 मीटर की ऊँचाई पर भी उगाया जा सकता हैं। सिनकोना का पौधा पाला तथा तेज हवा को सहन करने में असमर्थ होता हैं।

मृदा

सिनकोना की अच्छी खेती के लिए उचित जल निकास युक्त 4.5 से 6.5 के मध्य पी.एच. मान वाली मृदाएँ उत्तम मानी जाती हैं। इसके लिए पर्याप्त जीवांश पदार्थ युक्त तथा नत्रजन की मात्रा 8 प्रतिशत से ज्यादा होनी चाहिए।

प्रजातियाँ

हमारे देश में इसकी मुख्य रूप से चार प्रजातियों सिनकोना लेडग्रियाना, सिनकोना ऑफिसिनैलिस, सिनकोना सक्सीरुबरा एवं सिनकोना कैलिसाया की खेती की जाती हैं।

खेत की तैयारी

सिनकोना की खेती के लिए छायादार स्थान की आवश्यकता होती हैं। इसलिए इसके पौधों की रोपाई के 1–2 वर्ष पूर्व बड़े वृक्ष लगाए जाते हैं। इन छायादार पौधों को स्थापित होने के बाद इनकी छाया में इस पौधे की रोपाई की जाती हैं। सिनकोना के खेतो में उचित जल निकास की व्यवस्था होनी चाहिए। क्योकि सिनकोना का पौधा रोपाई के तीन साल तक जलभराव से प्रभावित होता हैं। सिनकोना की खेती अधिक वर्षा वाले क्षेत्रों में होने के कारण भूमि कटाव ज्यादा होता हैं। इसलिए इसे संरक्षित करना आवश्यक होता हैं। इसकी रोपाई से पूर्व खेत की 1–2 जुताई कर गोबर की खाद का प्रयोग करना चाहिए।

प्रवर्धन

सिनकोना का प्रवर्धन बीजों द्वारा किया जाता हैं। इसके लिए स्वस्थ पौधों का चयन कर परिपक्व फलों से नवंबर–दिसंबर माह में बीज एकत्रित कर सूखा लेना चाहिए। इन बीजों को भंडारित कर नर्सरी तैयार करने से रोपाई में लागत कम आती हैं। सिनकोना का प्रसार इसके विभिन्न भागो को काटकर, लेयरिंग, पैच एवं स्टूलिंग विधि द्वारा भी किया जा सकता हैं।

बुवाई का समय एवं विधि

सिनकोना के बीजों की बुवाई करने के लिए फरवरी–मार्च माह सबसे उपयुक्त माना जाता हैं। इसकी बुवाई पेड़ों की छाया में गड्ढा बनाकर उसमे अच्छी तरह सड़ी हुई गोबर की खाद मिलाने के बाद की जाती हैं। इसके बाद ऊपर से पत्तियों और मिट्टी की पतली परत से ढक देते हैं। इस प्रकार 20–25 दिन बाद बीजों का अंकुरण होने लगता हैं।

नर्सरी तैयार करना

इसके बीजों की अप्रैल माह में क्यारियाँ तैयार कर बुवाई की जाती हैं। बुवाई के 20–25 दिन बाद अंकुरण होना आरम्भ हो जाता हैं। इसके बाद इसमें से स्वस्थ एवं अंकुरित पौधों को छाँटकर छोटे–छोटे गमलो या पॉलीथिन के बैग में प्रत्यारोपित कर दिया जाता हैं।

नर्सरी की रोपाई

रोपाई करने के एक साल पहले से खेत में खरपतवारों की साफ–सफाई करते रहना चाहिए। रोपाई करने के लिए तैयार गड्ढे के चारों ओर सिल्वर ऑक एवं अन्य वृक्षों को आस–पास 30 × 30 × 45 सेंटीमीटर की दूरी पर लगा देना चाहिए। खेतो की ऊपरी मिट्टी में कार्बनिक पदार्थ की पर्याप्त मात्रा पाई जाती है। इसलिए ऊपर की मिट्टी को ही गड्ढे भरने में प्रयोग करना चाहिए। इन छायादार पौधों की आयु एक वर्ष होने पर इनकी छाया में सिनकोना के पौधों को 1.25 × 1.25 मीटर की दूरी पर प्रत्यारोपित कर देना चाहिए। रोपाई करते समय खेत में पर्याप्त नमी होना चाहिए। सघन रोपाई के लिए पौधों के बीच की दूरी 1.0 × 1.25 मीटर होनी चाहिए। 25 वर्षो के बाद जिन पौधों में अच्छी वृद्धि नही होती हैं उन पौधों को धीरे–धीरे काटकर निकालते रहना चाहिए। इस प्रकार प्रति हेक्टेयर पौधों की संख्या 800 तक रखनी चाहिए।

खाद एवं उर्वरक

सिनकोना के पौधों में प्रति वर्ष नत्रजन 115 किलोंग्राम, फास्फोरस 15 किलोंग्राम एवं पोटाश 115 किलोंग्राम प्रति हेक्टेयर की दर से उर्वरकों का प्रयोग करना चाहिए। सिनकोना के पौधों को फास्फोरस की कम आवश्यकता होती हैं क्योकि मिट्टी में प्रचुर मात्रा में फास्फोरस पाया जाता हैं। मृदा का पी.एच. मान 4.5 से कम होने पर खेत में 1.0–1.5 टन प्रति हेक्टेयर बुझे हुए चूने का प्रयोग करना चाहिए।

सिंचाई प्रवर्धन

सिनकोना के पौधों को कम सिंचाई की आवश्यकता होती हैं। इसके पौधों को वर्षा ऋतु में सिंचाई की आवश्यकता नही होती हैं। लेकीन वर्षा के अभाव में 30–35 दिन के अन्तराल पर सिंचाई करनी चाहिए।

खरपतवार नियंत्रण

सिनकोना की खेती सामान्य रूप से पर्वतीय क्षेत्रों में की जाती हैं। इन क्षेत्रों में हवाओं की गति अत्यंत तेज होती हैं। जिसके कारण सिनकोना के पौधों के टूटने की समस्या रोपाई के पहले तीन साल तक सबसे अधिक रहती है। इस समस्या से बचने के लिए पौधों के आस–पास खूटा गाड़कर पौधों को उससे बांध देते हैं। हवा का आवागमन सुचारू रूप से होने के लिए समय–समय पर निराई–गुड़ाई करते रहना चाहिए। इसके अतिरिक्त खरपतवार नियंत्रण के लिए 30 मिलीलीटर पैराक्वाट एवं 25 ग्राम 2, 4–डी सोडियम लवण को 10 लीटर पानी में मिलाकर प्रति हेक्टेयर की दर से छिड़काव करना चाहिए।

कीट एवं रोग नियंत्रण

सिनकोना में मुख्यत कीटों का प्रकोप नही होता हैं। फिर भी कीटों का प्रकोप होने पर नीम के तेल का छिडकाव किया जा सकता हैं।

जड गलन रोग

यह रोग फाइटोफ्थोरा पाल्मिवोरा नामक कवक के द्वारा फैलता हैं। इसके प्रकोप से प्रभावित पौधों की जड़े सडने–गलने लगती हैं। इसके नियंत्रण के लिए 10 दिन के अंतराल पर 0.5 प्रतिशत कॉपर ऑक्सिक्लोराइड का पौधों की जड़ो में छिड़काव करना चाहिए।

अन्य रोग

सिनकोना में स्ट्राइप कैंकर, गर्डल कैंकर और स्टेम कैंकर रोग होने पर प्रभावित पौधों का तना खराब हो जाता हैं। जिससे सम्पूर्ण पौधा नष्ट हो जाता हैं।

उपज

सिनकोना के 10–15 वर्ष पुराने पेड़ों को जमीन से 5 सेंटीमीटर की ऊँचाई से काट दिया जाता हैं। पेड़ के कटे हुए तने (ठूठ) से बहुत सारी शाखाएँ निकलती हैं। जिनसे स्वस्थ एवं भारी शाखाओं को छोड़कर शेष शाखाओ को काटकर निकाल

दिया जाता हैं। यह शाखाएँ बड़ी होकर 8–10 वर्ष बाद पुनः उपज देना आरम्भ कर देती हैं। यह क्रिया लगभग 30–40 साल तक करते रहते हैं। जब तक की उसकी गुणवत्ता कम नही हो जाती हैं। सबसे अच्छी गुणवत्ता वाली छाल से दो कटाई की जा सकती हैं। इस प्रकार वृक्ष को जड़ से उखाड़ने से पूर्व प्रति हेक्टेयर लगभग 4000 किलोंग्राम छाल प्राप्त की जा सकती हैं। सिनकोना की खेती अधिक ऊँचाई वाले क्षेत्रों पर करने से छाल की उपज प्रभावित होती हैं। सिनकोना के वृक्ष से छाल को काटकर धूप में 50 प्रतिशत से अधिक सूखाया जाता हैं। शेष 50 प्रतिशत छायादार स्थान में सूखाना चाहिए। अच्छी तरह सूखने के बाद इसे हवादार भंडार गृह में भंडारित करना चाहिए। गुणवत्ता में तने की छाल की अपेक्षा जड़ो की छाल श्रेष्ठ मानी जाती हैं।

प्रसंस्करण

क्विनोंन एल्केलॉइड को वृक्ष से निकालने के लिए इसकी छाल को चाकू अथवा हाथ द्वारा पेड़ो से छिलकर अलग किया जाता हैं। छिलने के बाद यह बहुत ही कठोर होता हैं। इसकी कठोरता को कम करने के लिए इसे डंडे से हल्के–हल्के पिटते हैं। अल्केलॉइड के क्षय को छाल से रोकने के लिए इसे धूप में सूखाया जाता हैं। धूप में अच्छी तरह से सूखाने के बाद इसे उद्योगों में क्विनोन निकालने के लिए भेज दिया जाता है। जहॉ इसे बारीक चूर्ण के रूप में पीस लिया जाता हैं। छाल में पाये जाने वाले क्विनोन विलायक को निकलने के लिए इसके चूर्ण को बुझे हुए चूने (60 प्रतिशत से अधिक कैल्शियम हाइड्रॉक्साइड), एथिल एल्कोहल एवं ईथर से उपचारित किया जाता हैं। जिससे यह एल्केलॉइड पानी को अम्लीय बना देता हैं। अम्लीय पानी को क्षारीय बनाते समय इसकी सतह पर एल्केलॉइड की एक परत बन जाती हैं। जिसे अलग कर सूखाया एवं पीसा जाता हैं। यह पदार्थ कुनैन के निर्माण हेतु शुरुआती सामग्री के रूप में उपयुक्त होता हैं। सिनकोना के पौधों की छाल से निकले कुनैन का उपयोग विभिन्न देशो में रासायनिक दवाओं को बनाने में किया जाता हैं।

बेलाडोना

वानस्पतिक नाम – *एट्रोपा बेलाडोना* एल.

कुल – सोलेनेसी

गुणसूत्र संख्या (2 एन) – 72

परिचय

बेलाडोना एक बहुवर्षीय औषधीय लता हैं। यह गहरे अंधेरे के नाम से प्रसिद्ध हैं। इसका उत्पत्ति स्थल यूरोप, उत्तरी अफ्रीका और पश्चिमी एशिया को माना जाता हैं। यह भारत के अतिरिक्त दक्षिण अफ्रीका, ब्रिटेन, यूक्रेन, कन्नाडा, तुर्की एवं ईरान में पाया जाता हैं। यह औषधीय पौधा हमारे देश में प्राकृतिक रूप से हिमालय की चोटियों एवं कश्मीर से लेकर हिमांचल प्रदेश तक पाया जाता हैं। इसकी खेती उत्तराखण्ड, हिमांचल प्रदेश, जम्मू एवं कश्मीर तथा लेह लद्दाख के कुछ भागों में की जाती हैं। इसकी ऊचाँई लगभग 1.5–2.0 मीटर तक होती हैं। पत्तियाँ आकर में लम्बी, दोनो किनारों पर सकरी तथा हल्की सुगंधमयी होती हैं। इसके फूलों का रंग बैंगनी एवं घंटी के समान लटके हुए होते हैं। जबकी फल जामुनी काले रंग के होते हैं। यह सम्पूर्ण पौधा जहरीला होता हैं। क्योकीं इसमें एट्रोपीन नामक विषेला एल्केलॉयड उपस्थित होता हैं। जो की एक न्यूरोटोक्सिन हैं। यह अपना प्रभाव मस्तिष्क के न्यूरोट्रांमिटर पर डालता हैं। अधिकांश पशुओ द्वारा इसकी पत्तियों एवं जड़े खाने से मृत्यु भी हो जाती हैं। इस पौधे मे एट्रोपिन की मात्र 100 से 200 मिलीग्राम होता हैं। इसकी जड़ों एवं पत्तियों से निकलने वाले एट्रोपिन एल्केलॉयड का प्रयोग आँखो से संबंधित निवारण, काली खाँसी, दमा, अवसादक, गठियॉ तथा अफीम के नशीलें प्रभाव को कम करने में किया जाता हैं। इसकी पत्तियों से प्राप्त एल्केलॉयड से टिंचर तथा जड़ों का उपयोग बेलाडोना प्लास्टर बनाने में किया जाता हैं। इसकी पत्तियों एवं तना में बेलाडोना के अलावा स्कोपोलेमाईन, होयोसायमिन, होमोट्रीपिन, ट्रोपेन इत्यादि भी पाए जाते हैं।

जलवायु

बेलाडोना शीतोष्ण, हिमाद्र कटिबंधीय एवं नम जलवायु का पौधा हैं। इसके लिए 10 डिग्री सेंटीग्रेड औसत तापमान एवं 150–225 सेंटीमीटर वार्षिक वर्षा उपयुक्त होती हैं। बेलाडोना का पौधा समुद्र तल से 1000 से 2000 फुट की ऊँचाई पर भी आसानी से उगाया जा सकता हैं। बेलाडोना के पौधों के लिये पाला तथा तेज हवा हानिकारक होती हैं।

मृदा

बेलाडोना की खेती के लिए अधिक नमी युक्त मिट्टी की आवश्यकता होती हैं। इस फसल के लिए उचित जल निकासी की व्यवस्था होनी चाहिए क्योंकि जल भराव की स्थिति में इसकी उपज पर प्रतिकूल प्रभाव पडता हैं। सिनकोना की खेती के लिए मिट्टी में अधिक मात्रा में कार्बनिक पदार्थ उपलब्ध होना चाहिए। इसके लिए मिट्टी का पी.एच. मान 4.5 से 6.5 के मध्य होना चाहिए।

उन्नत किस्में

बेलाडोना की अभी तक उन्नत किस्में विकसित नही की गई हैं।

खेत की तैयारी

इसकी खेती के लिए गर्मी के दिनों में एक से दो जुताई मिट्टी पलटने वाले हल के द्वारा करना चाहिए। इस समय खेत से खरपतवार एवं झाडीयों को खेत से निकालने से फसल में खरपतवारों का प्रकोप कम होता हैं। जुताई करने के बाद पाटा चलाकर खेत को समतल करना चाहिए।

प्रवर्धन

बेलाडोना का प्रवर्धन बीजो एवं जड़ों के द्वारा होता हैं। इसकी नर्सरी तैयार करने के लिए 3 × 1 मीटर की क्यारियॉ तैयार कर मई से अक्टूबर तक बीजों की बुवाई की जा सकती हैं। बीजों की अकुंरण क्षमता बढ़ाने के लिए 40 प्रतिशत गंधक के अम्ल से 2 मिनट तक उपचारित करना चाहिए। बीजों को उपचारित करने के बाद 5 से 6 बार पानी से धुलाई की जाती हैं। धुलाई के बाद छायादार स्थान पर सूखाकर बुवाई करनी चाहिए। बुवाई के बाद हल्की सिंचाई करना आवश्यक है।

रोपाई का समय एवं विधि

बेलाडोना की रोपाई का सबसे उपयुक्त समय मार्च–अप्रैल या अक्टूबर–नवम्बर माह होता हैं। इसकी रोपाई के लिए कतार से कतार की दूरी 80 से 90

सेंटीमीटर एवं पौधे से पौधे की दूरी 40 से 50 सेंटीमीटर रखना चाहिए। पौधों को फफूंदजनित रोगों से बचाने के लिए बुवाई से पूर्व ऐग्लाल नामक फफूंदीनाशक से उपचारित करना चाहिए।

खाद एवं उर्वरक

बेलाडोना की खेती के लिए अन्तिम जुताई के समय 15–20 टन अच्छी सडी हुई गोबर की खाद को मिट्टी में मिलाना चाहिए। इसके बाद पाटा चलाकर खेत को समतल करना चाहिए।

सिंचाई प्रबंधन

बेलाडोना की फसल को वर्षा एवं सर्द ऋतु में सिंचाई की आवश्यकता नही होती हैं। इससे अधिक उपज प्राप्त करने के लिए ग्रीष्म ऋतु में 10 से 15 दिन के अन्तराल पर सिंचाई करनी चाहिए।

खरपतवार नियंत्रण

बेलाडोना से अधिक एवं गुणवत्ता युक्त उपज प्राप्त करने के लिए खेत को खरपतवारों से मुक्त रखना आवश्यक है। खरपतवारों को निकालने के लिए ग्रीष्म ऋतु में 2 से 3 निराई करनी चाहिए।

कीट एवं रोग नियंत्रण

बेलाडोना की फसल में कीट एवं रोगो का प्रकोप बहुत कम होता हैं। फिर भी कीटों का प्रकोप होने पर नीम के तेल का छिडकाव किया जा सकता हैं। रोगो का प्रकोप होने पर 0.2 प्रतिशत फफूंदनाशक का छिडकाव करना चाहिए।

कटाई

इसकी पहली कटाई रोपाई के तीन माह बाद की जाती हैं। कटाई मुख्यतः फूल आने की अवस्था पर करनी चाहिए क्योंकी इस समय एल्केलॉयड की मात्रा अधिकतम होती हैं। इस समय पत्तियों को काटकर छायादार स्थान पर सूखाना चाहिए। जबकी इसकी जडों की खुदाई रोपाई के तीन वर्ष बाद की जाती हैं। जडों की धुलाई करने के बाद 10–15 सेंटीमीटर के टुकडों में काटकर सूखाया जाता हैं।

उपज

बेलाडोना से पहले वर्ष में औसतन 1000 किलोंग्राम सूखी पत्तियाँ प्रति हेक्टेयर प्राप्त होती हैं। इसके बाद दूसरे एवं तीसरे बर्ष में प्रति हेक्टेयर 1500 किलोंग्राम सूखी पत्तियाँ प्रति वर्ष प्राप्त होती हैं। जबकी तीसरे वर्ष के अन्त में प्रति हेक्टेयर 170–350 किलोंग्राम सूखी जडें प्राप्त की जा सकती हैं।

सुगंधित पौधें

मेंथा

वानस्पतिक नाम – *मेंथा आरवैन्सिस* एल.

कुल – लेमिएसी

गुणसूत्र संख्या (2 एन) – 36

परिचय

मेंथा लेमिएसी कुल से संबंधित एक बारह मासी एवं खुशबुदार अन्तःभूस्तारी प्रकार का पौधा हैं। इसे साधारण भाषा में पोदिना तथा अग्रेंजी में मिंट के नाम से जाना जाता है। यूरेसिया, उत्तरी एवं दक्षिण अमेरिका तथा आस्ट्रेलिया को इसका उत्पति स्थल माना जाता है। वर्तमान में इसकी खेती विश्वभर के शीतोष्ण क्षेत्रों में की जाती है। हमारे देश में उत्तर प्रदेश मेंथा की खेती में अग्रणीय राज्य है। उत्तर प्रदेश के बदायूं, रामपुर, मुरादाबाद, बरेली, पीलीभीत, बाराबंकी, फैजाबाद, अम्बेडकर नगर, लखनऊ आदि जिलों में बडे पैमाने पर इसकी खेती की जा रही हैं। इसकी खेती मुख्यतः हरी, ताजा एवं खुशबूदार पत्तियों तथा तेल के लिए की जाती हैं। मेंथा से निकलने वाले सुगंधित तेल एवं अन्य घटकों का उपयोग सौंदर्य प्रसाधनों, विभिन्न प्रकार के खाद्य पदार्थो एवं उच्चस्तर की सुगंधित शराब बनाने में किया जाता है। इसके अतिरिक्त इसका प्रयोग औषधि तथा ग्रीष्मकाल के दौरान लू से बचने हेतु तरल पेय पदार्थ बनाने में किया जाता हैं। मेंथा का ताजा तेल का बाजार मूल्य 1600 से 1800 रुपये एवं एक वर्ष पुराना तेल के बाजार मूल्य 2800 से 3000 रुपये प्रति लीटर होता है। इसे गाँव–घरों में पनियारी के पास नियमित रूप से लगाया जा सकता है। क्योंकि यहॉ सदैव नमी बनी रहती है। शहरों में लोग अपनी छतों पर मेंथा को गमलों में लगा सकते हैं। धान उत्पादन करने वाले क्षेत्रों में इसका प्रयोग हरी खाद के रूप में भी किया जा सकता हैं। यदि किसान मेंथा उत्पादन की आधुनिक तकनीकियों का समावेश करता हैं तो प्रति इकाई क्षेत्रफल से अधिक से अधिक लाभ प्राप्त किया जा सकता हैं।

जलवायु

यह शीतोष्ण जलवायु का पौधा है। लेकिन जापानी पोदिना की खेती उष्ण तथा उपोष्ण से लेकर शीतोष्ण क्षेत्रों में की जा सकती है। अत्यंत गर्म जलवायु में इसके बीजो का अंकुरण अच्छा नही होता है। 20 से 40 डिग्री सेंटीग्रेट तापमान में इसके पौधों की वृद्वि एवं विकास अच्छा होता है। जिसके परिणामस्वरूप वनस्पति एवं तेल दोनों की ही अधिक उपज प्राप्त होती है। इसकी खेती के लिए औसत 100 से 1100 सेंटीमीटर वार्षिक वर्षा वाले क्षेत्रों को सर्वोत्तम माना जाता है।

मृदा

मेंथा की खेती लगभग सभी प्रकार की मृदाओं में की जा सकती हैं परन्तु अच्छी उपज के लिए पर्याप्त जीवांश पदार्थ युक्त मृदा सर्वोतम मानी जाती है। इसकी खेती के लिए उचित जल निकासयुक्त बलुई दोमट एवं मटियारी दोमट भूमि उपयुक्त रहती हैं। मेंथा से अधिक उपज प्राप्त करने के लिए पी.एच. मान 6–7.5 के मध्य होना चाहिए। भारी और चिकनी मिट्टी इसकी खेती के लिए उपयुक्त नहीं मानी जाती क्योंकि इस प्रकार की मृदाओं में जड़ों का समुचित विकास नहीं हो पाता हैं।

खेत की तैयारी

मेंथा की बुवाई करने से पहले खेत को अच्छी तरह तैयार करना आवश्यक होता हैं। इसके लिए मिट्टी पलटने वाले हल से 2 से 3 बार गहरी जुताई करने के बाद पाटा लगाकर खेत को समलत करना चाहिए। अंतिम जुताई के समय 15 से 20 टन अच्छी सड़ी हुई गोबर की खाद या कम्पोस्ट मिट्टी में मिला देना चाहिए। दीमक तथा सूत्रकृमि से बचाव के लिए 10 कुंटल प्रति हेक्टेयर की दर से नीम की खली मिट्टी में मिलाना चाहिए। खेत तैयार होने के उपरांत खेत को छोटी–छोटी क्यारियों में विभाजित कर देंना चाहिए। जिससे सिंचाई जल, लागत और सकर्स की कम मात्रा में आवश्यकता होती है।

मेंथा के प्रकार

भारत में सामान्यतः जापानी प्रजाति के पुदीना की खेती की जाती हैं। यह उत्तर प्रदेश, मध्य प्रदेश तथा राजस्थान में बहुतायत से उगाया जाता हैं। वर्तमान में दो प्रकार के मेंथा की खेती की जाती है। 1. मेंथा पिपरीटा (विलायती पुदीना) 2. मेंथा आर्वेन्सिस (जापानी पुदीना)

उन्नत किस्में

खेत की स्थिति एवं संसाधनों की उपलब्धता के आधार पर किस्मों का चयन करना चाहिए। मेंथा की प्रमुख किस्में निम्नलिखित है।

मेंथा की प्रजातियाँ	प्रमुख किस्में
जापानी पोदीना	सी.आई.एम.ए.पी.–एम.ए.एस.–1, एम.ए.–2, हाईबीड–77, इ.सी.–41911, सी.आई.एम.ए.पी. संकर–77, शिवालिक, गोम्बी, हिमालय, काल्का, गौमती, डमरू, संभव, सक्षम एवं कोसी (समय व देर से रोपाई हेतु उत्तम)
पहाड़ी पुदीना	सी.आई.एम.ए.पी. – एम.एस.एस.–1, सी.आई.एम.ए.पी. – एम.एस.एस.–5, सी.आई.एम.ए.पी. – एम.एस.एस.– 98, पंजाब पुदीना – 1, गंगा एवं नीरकल्का
बर्गमोट पुदीना	थ्करन
विलायती पुदीना	कुकरैल, प्राँजल एवं तुषार
देशी पोदीना	मेंथा स्पाइकाटा

प्रवर्धन

मेंथा का प्रवर्धन आमतौर पर जड़ भाग/सकर्स द्वारा किया जाता हैं। इसके लिए 5 से 7 सेंटीमीटर लम्बे एवं 4 से 5 कुंटल सकर्स प्रति हेक्टेयर क्षेत्रफल के लिए पर्याप्त होते है। प्रत्येक सकर्स के टुकड़े में कम से कम एक आंख (नोड) होनी चाहिए। अच्छे सकर्स मांसल, रसीले, सफेद तथा रोगमुक्त होते है। पहले से लगाई गई फसल को उखाड़कर उसके निचली हिस्से से भी सकर्स प्राप्त किए जा सकते हैं।

पौध रोपाई का समय

मेंथा की रोपाई अधिक सर्दी वाले मौसम को छोड़कर वर्षभर की जा सकती हैं। परन्तु अच्छी उपज प्राप्त करने के लिए फरवरी से मार्च एवं मई से जून तक रोपाई करना उपयुक्त रहता हैं। भारत में मध्य जनवरी से मध्य फरवरी तक का समय मेंथा की बुवाई के लिए सर्वोत्तम हैं। परन्तु जिन क्षेत्रों में रबी की फसल लगाई जाती है वहाँ पर रबी की फसल की कटाई के बाद 30 मार्च तक जापानी पुदीना की बुवाई की जा सकती हैं।

पौध रोपण की विधि

मेंथा की बुवाई दो विधियों द्वारा की जाती हैं। नर्सरी द्वारा और मुख्य खेत में सीधी बुवाई। जो की इस प्रकार है।

नर्सरी द्वारा

सबसे पहले सुविधानुसार 5 × 10 फीट की क्यारियाँ बनाते हैं। इन क्यारियों के किनारे को लगभग एक फीट ऊँचा तथा खरपतवार मुक्त कर लिया जाता हैं। इसके पश्चात जुलाई के समय प्रत्येक क्यारी में 50 किलोंग्राम गोबर की सड़ी हुई खाद डालकर मिट्टी को भुरभुरी बनाया जाता है। अब तैयार क्यारियों में धान की क्यारी की तरह पानी से भरकर मेंथा की कटी हुई सकर्स को बिखेर दिया जाता है। सकर्स को बिखेरने से पहले उन्हें साफ कर रात भर गोमूत्र (एक भाग गोमूत्र तथा दस भाग पानी) में डूबोकर रखते हैं। इसके अलावा कार्बेन्डाजिम से भी उपचारित किया जा सकता है।

मुख्य खेत में सीधी बुवाई

इस विधि में नर्सरी में पौधों को तैयार करने की आवश्यकता नहीं होती हैं। सकर्स की सीधे ही मुख्य खेत में रोपाई कर दी जाती है। यह शार्ट–कट विधि है परन्तु उपयुक्त नहीं है क्योंकि ऐसा करने से फसल के साथ खरपतवार भी उग आते हैं। जिससे इनकी रोकथाम में काफी खर्च आता हैं। दूसरी तरफ सकर्स का पूर्ण रूप से जमाव न होने के कारण खाली स्थान रह जाता है। इस विधि से बुवाई के लिए एक से दो कुंटल सकर्स की जरूरत पड़ती है। इसके लिए खेत में पानी भरने की आवश्यकता नहीं होती हैं। मुख्य खेत में पौधों को 60 × 45 सेंटीमीटर की दूरी पर लगाया जाना उपयुक्त रहता हैं।

उत्पादन सामग्री

क्रम संख्या	सामग्री	प्रति एकड़	प्रति हेक्टेयर
1.	सकर्स (किलोंग्राम)	160	400
2.	गोबर की खाद (टन)	16	40
3.	उर्वरक (किलोंग्राम)	एन पी के (किलोंग्राम)	एन पी के (किलोंग्राम)
	पहाड़ी पुदीना	48 20 16	120 50 40
	जापानी पुदीना	64 20 16	160 50 40
	विलायती पुदीना	50 20 16	125 50 40
	बर्गमोट पुदीना	48 20 16	120 50 40

खाद एवं उर्वरक

सामान्यतः उर्वरकों का प्रयोग मृदा परीक्षण की संस्तुतियों के आधार पर किया जाना लाभदायक होता है। लेकिन मेंथा की अच्छी उपज के लिए नत्रजन 120–150 किलोंग्राम, फास्फोरस 50–60 किलोंग्राम, पोटाश 40 किलोंग्राम तथा सल्फर 20 किलोंग्राम प्रति हेक्टयर की दर से प्रयोग करना चाहिए। नत्रजन की आधी मात्रा तथा फास्फोरस, पोटाश एवं सल्फर की पूरी मात्रा रोपाई से पूर्व कूड़ों में प्रयोग करनी चाहिए। शेष नत्रजन को तीन बराबर भाग में बाटकर रोपाई के लगभग 45 दिन, 70–80 दिन तथा पहली कटाई के 20 दिन पश्चात प्रयोग करना चाहिए।

सिंचाई प्रबंधन

मेंथा की अच्छी बढ़वार तथा अधिक उपज प्राप्ति के लिए पर्याप्त सिंचाई की जरूरत होती है। इसकी खेती सदैव सिंचित क्षेत्रों मे ही की जाती हैं। अधिक उत्पादन प्राप्त करने के लिए जल्दी–जल्दी एवं हल्की सिंचाई देते रहना चाहिए ताकि खेत मे पर्याप्त नमी की मात्रा बनी रहे। मार्च माह में 10 से 15 दिन के अंतराल पर, अप्रैल से जून में 6 से 8 दिन के अंतराल पर और सर्दियों में 20 से 25 दिन के अंतराल पर हल्की सिंचाई करनी चाहिए। बूँद–बूँद सिंचाई पद्धति द्वारा सिंचाई करने से समय के साथ–साथ पानी की भी बचत होती हैं। फसल की प्रत्येक कटाई के बाद सिंचाई करना आवश्यक होता हैं।

खरपतवार नियंत्रण

खरपतवार मेंथा की बढ़वार को रोकने के साथ ही तेल में अनैच्छिक बदबू उत्पन्न कर इसकी गुणवत्ता को प्रभावित करते हैं इसलिए खरपतवारों की रोकथाम करना अत्यंत आवश्यक है। समय–समय पर निराई–गुड़ाई करने से खरपतवारो का प्रभावी नियंत्रण किया जा सकता हैं। लेकिन खेत में खरपतवारो की समस्या अधिक होने की स्थिति मे कारमेक्स 80 डब्ल्यू.पी. खरपतवारनाशी 700 ग्राम प्रति हेक्टेयर की दर से 700 से 800 लीटर पानी में घोलकर जमाव से पहले छिड़काव करना चाहिए। रोपाई के 30 से 40 दिन बाद निराई–गुडाई करना चाहिए। इसी तरह दूसरी कटाई के एक माह बाद भी एक निराई–गुड़ाई करनी चाहिए।

रोग एवं कीट नियंत्रण

दीमक

जमाव होने के बाद दीमक पौधों की जड़ों को क्षति पहुंचाती हैं एवं अधिक प्रकोप हो जाने पर पौधें सूख जाते है। खड़ी फसल में दीमक का प्रकोप होने पर

क्लोरोपाइरीफास 2.5 लीटर प्रति हेक्टेयर की दर से सिंचाई जल के साथ प्रयोग करने से प्रभावी नियंत्रण किया जा सकता हैं।

बालदार सूंड़ी

यह पत्तियों की निचली सतह पर रहकर पत्तियों को खाती है। जिससे तेल की प्रतिशत मात्रा कम हो जाती है। इस कीट से फसल की सुरक्षा के लिए डाइकलोरवास 500 मिलीलीटर या फेनवेलरेट 750 मिलीलीटर प्रति हेक्टेयर की दर से 600–700 लीटर पानी में घोलकर छिड़काव करना चाहिए। झुन्ड में दिये गये अण्डों एवं प्रारम्भिक अवस्था में झुण्ड में खा रही सूंड़ियों को इक्कठा कर नष्ट कर देना चाहिए। इसके अतिरिक्त खेत में प्रकाशपाश लगाकर पतंगों को आकर्षित कर भी नष्ट किया जा सकता हैं।

पत्ती लपेटक कीट

इसकी सूड़ियां पत्तियों को लपेटते हुए खाती हैं। इसकी रोकथाम के लिए मोनोक्रोटोफास 36 ई.सी. 1.0 लीटर प्रति हेक्टेयर की दर से 600–700 लीटर पानी में घोल बनाकर छिड़काव करना चाहिए।

जड़ गलन

इस रोग में जड़े काली पड़ जाती है और जड़ों पर गुलाबी रंग के धब्बे दिखाई देते हैं। इसकी रोकथाम के लिए रोपाई से पूर्व भूस्तारियों को 0.1 प्रतिशत कार्बेन्डाजिम से उपचारित करना चाहिए। इसके अतिरिक्त रोगमुक्त भूस्तारियों का प्रयोग भी किया जा सकता हैं।

पर्णदाग

इस रोग का प्रकोप होने पर प्रभावित पौधों की पत्तियों पर गहरे भूरे रंग के धब्बे बन जाते हैं। जिससे पत्तियां पीली पड़कर गिरने लगती हैं। इस रोग के निदान के लिए मैंकोजेब 75 डब्लू. पी. नामक फफूंदीनाशक की 2 किलोंग्राम मात्रा को 600–800 लीटर में मिलाकर प्रति हेक्टेयर की दर से छिड़काव करना चाहिए।

कटाई एवं उपज

मेंथा की कटाई प्रायः दो बार की जाती है। पहली कटाई बुवाई के लगभग 100–120 दिन बाद जब पौधों में कलियां आने लग जाती है तथा दूसरी कटाई, पहली कटाई के लगभग 70–80 दिन बाद करनी चाहिए। पौधों की कटाई जमीन की सतह से 4–5 सेंटीमीटर ऊँचाई से करनी चाहिए। कटाई के बाद पौधों को

2 से 3 घन्टे तक खुली धूप में छोड़ देंना चाहिए। तत्पश्चात फसल को छाया में हल्का सूखाकर आसवन विधि द्वारा तेल निकाल लिया जाता हैं। इससे प्रति हेक्टेयर लगभग 250–300 कुन्टल शाक या 125–150 किलोंग्राम तेल प्राप्त होता है।

कटाई उपरान्त प्रबंधन एवं प्रसंस्करण

मई के आखिरी सप्ताह से लेकर जून–जुलाई तक किसान मेंथा की पेराई आसवन विधि से कर सकते हैं। कटाई के बाद मेंथा का ढेर न लगाकर एक दिन सूखाने के बाद टंकी में दबाकर भर देना चाहिए। इसके लिए टंकी पूरी तरह साफ–सुथरी होनी चाहिए। इसके बाद डिस्टिलेशन यूनिट को गर्म किया जाता हैं। जिससे जल वाष्प के साथ तेल बाहर निकलता हैं। अब जल वाष्प को ठंडा कर तेल को अलग कर लिया जाता हैं। इससे प्राप्त अवशेषो का प्रयोग मल्चिंग करने, खाद बनाने, पेपर एवं कार्ड बोर्ड बनाने मे किया जा सकता है। ध्यान रहे की टंकी की धुलाई किसी भी प्रकार के केमिकल युक्त धावक सोडा से नहीं की गई हों। टंकी में लगे कंडेंसर का पानी लगातार बदलते रहने से अधिक तेल प्राप्त किया जा सकता हैं।

लेमन घास

वानस्पतिक नाम – *सिम्बेपोगोन फ्लक्सुओसस* एल.

कुल – पोएसी

गुणसूत्र संख्या (2 एन) – 20

परिचय

लेमन घास एक सुगंधित बारहमासी फसल हैं। इसे स्थानीय भाषा में नीम्बू घास, मालाबार घास एवं कोचिन घास के नाम से जाना जाता हैं। भारत, श्रीलंका, बर्मा एवं थाइलैंड को इसके उत्पति स्थल के रूप में जाना जाता हैं। वर्तमान में यह दक्षिण–पूर्वी एशिया तथा अफ्रीका के ऊष्ण एवं ऊपोष्ण कटिबन्धीय क्षेत्रों में पाया जाता हैं। भारत में इसकी खेती महाराष्ट्र, कर्नाटक, तमिलनाडू, अरुणाचल प्रदेश तथा सिक्किम में व्यावसायिक स्तर पर की जाती हैं। लेमन घास एंटी आक्सीडेंट का सबसे बेहतर स्त्रोत हैं। जिसमे विटामिन सी अधिक मात्रा में पाया जाता है। भारत में लेमन घास के तेल में सिट्रल नामक उच्च गुणवत्तायुक्त तत्व पाया जाता हैं। जिसके कारण हमेशा इसकी मांग बनी रहती हैं। इसकी पत्तियों से लेमन–टी यानि नींबू चाय के साथ साबुन, डिटर्जेंट, तेल, हेयर ऑयल, मच्छर लोशन, सिरदर्द की दवा, इत्र एवं सौन्दर्य प्रसाधन बनाने में भी प्रयोग किया जाता हैं। इसकी फसल एक बार लगाने के बाद यह 3 से 4 साल तक उत्पादन देती हैं।

जलवायु

नींबू घास की खेती करने के लिए उष्ण एवं उपोष्ण दोनों प्रकार की जलवायु उपयुक्त रहती हैं। इसकी खेती शुष्क जलवायु एवं कम पानी की उपलब्धता वाले क्षेत्रों में सफलतापूर्वक की जा सकती हैं। परन्तु अधिक वर्षा वाले क्षेत्रों में इसकी वृद्धि एवं विकास अच्छा होता हैं। इसकी खेती प्रमुख रूप से वर्षा आधारित असिंचित दशा में की जाती है। समान रूप से वितरित 250 से 300 मिली मीटर वर्षा वाले क्षेत्र इसके लिए उपयुक्त माने जाते हैं।

मृदा

नींबू घास की खेती सिंचित एवं असिंचित दोनो प्रकार की परिस्थितियों में कम अनुपजाऊ मृदाओं में की जाती हैं। इसकी खेती बेकार पड़ी बंजर एवं क्षारीय मृदाओं तथा 9.5 पी.एच. मान वाली मृदाओं में सफलतापूर्वक की जा सकती है। परन्तु अच्छे जल निकास वाली बलूई दोमट एवं पहाडी मृदाए इसके लिए अनुकूल मानी जाती हैं।

उन्नत किस्में

लेमन घास की बहुत अधिक किस्मों का विकास नही हो पाया हैं। इसकी खेती के लिए प्रमुख किस्मे निम्नप्रकार हैं।

सुगंधी (ओ.डी. 19)

यह किस्म विभिन्न प्रकार की मृदाओं एवं जलवायु के लिए उपयुक्त हैं। इसके तने का रंग लाल तथा ऊंचाई 1 से 1.75 मीटर तक होती हैं। इस किस्म के द्वारा प्रति हेक्टेयर 80–100 किलोंग्राम तेल प्राप्त होता हैं। कुल सिट्रल उत्पादन का 85–88 प्रतिशत भाग वर्षा आधारित क्षेत्रों से प्राप्त किया जाता हैं।

प्रगति

यह किस्म औषधीय एवं संगधीय पौधा संस्थान (सीमैप) लखनऊ द्वारा विकसित की गई है। यह लम्बी बढने वाली किस्म है। इसके पत्ती सिरा गहरे बैगनी रंग के होते हैं। यह उत्तरी भारत तथा तराई क्षेत्रों के ऊष्ण एवं उपोष्ण जलवायु वाले क्षेत्रों के लिए सर्वोतम किस्म है। इस किस्म में 0.63 प्रतिशत तेल तथा 75–82 प्रतिशत सिट्रल पाया जाता हैं।

प्रमान

यह किस्म औषधीय एवं संगधीय पौधा संस्थान (सीमैप) लखनऊ द्वारा क्लोनल चयन के द्वारा विकसित की गई हैं। यह मध्यम ऊंचाई तक बढने वाली किस्म हैं। इस किस्म में तेल की मात्रा सबसे अधिक पाई जाती हैं। इसमें लगभग 82 प्रतिशत सिट्रल पाया जाता हैं।

जामा रोजा

यह किस्म कठोर एवं अधिक वृद्वि वाली होती हैं। इस किस्म की पत्तियों की उपज लगभग 30–35 टन प्रति हेक्टेयर होती हैं। इसमें 0.4 प्रतिशत तेल पाया जाता

हैं। जिससे प्रति हेक्टेयर 4–5 कटाई करने पर लगभग 300 किलोंग्राम तेल प्राप्त किया जा सकता हैं। इसकी अवधि 16–18 माह की होती हैं।

आर.आर.एल. 16

इस किस्म की पत्तियों की उपज लगभग 15–20 टन प्रति हेक्टेयर प्राप्त होती है। इसमें 0.6–0.8 प्रतिशत तेल पाया जाता है। जिससे प्रति हेक्टेयर लगभग 100–110 किलोंग्राम तेल प्राप्त किया जा सकता हैं। इसमें लगभग 80 प्रतिशत सिट्रल पाया जाता हैं।

सी.के.पी. 25

यह एक संकर किस्म हैं। यह उत्तरी भारत के समतल एवं सिंचित क्षेत्रों में बुवाई के लिए अनुकूल हैं। इससे प्रति हेक्टेयर 60 टन पत्तियाँ प्राप्त की जा सकती हैं। इसमें लगभग 82–85 प्रतिशत सिट्रल पाया जाता हैं।

ओ.डी. 408

यह किस्म ओ.डी 19 किस्म से चयनित की गई है। जिसमें तेल तथा सिट्रल पाया जाता हैं।

कावेरी

यह किस्म अधिक नमी वाले क्षेत्रों के लिए विकसित की गई हैं। जिसे मुख्यतः नदियों के किनारे लगाया जाता हैं।

अन्य किस्में – कृष्णा, ओ.डी.–19, ओ. डी. – 40 इत्यादि हैं।

खेत की तैयारी

लेमन घास की खेती करने के लिए किसी विशेष तैयारी की आवश्यकता नही होती हैं। क्योंकि यह मुख्यतः बंजर मृदाओं में उगाई जाने वाली फसल है। इससे अधिक उपज प्राप्त करने के लिए एक से दो जुताई कल्टीवेटर या डिस्क हैरो की सहायता से करनी चाहिए। जुताई के बाद हल्का पाटा लगाकर खेत को समतल बना देना चाहिए।

प्रवर्धन

लेमन घास का प्रवर्धन बीज एवं जड़ो द्वारा किया जा सकता हैं। बीजों के द्वारा पहले नर्सरी तैयार की जाती हैं। जबकि जड़ों की सीधे ही खेत में रोपाई कर दी जाती हैं।

नर्सरी तैयार करना

लेमन घास की नर्सरी तैयार करने के लिए अप्रैल–मई का समय उपयुक्त रहता हैं। इसके लिए 1–1.5 मीटर चौडी एवं ऊठी हुई क्यारियाँ तैयार कर बीजों की बुवाई की जाती हैं। एक हेक्टेयर क्षेत्र में रोपाई करने हेतु नर्सरी के लिए 4–5 किलोंग्राम बीज की आवश्यकता होती हैं। बीजों की बुवाई करने के तुरन्त बाद सिंचाई करना आवश्यक होता है। इस तरह 5–6 दिन बाद बीज अंकुरित हो जाते हैं।

रोपाई का समय एवं दूरी

बुवाई के लगभग 60 दिन बाद नर्सरी में पौधे रोपाई के लिए तैयार हो जाते है। इसकी रोपाई के लिए जून–जुलाई माह उपयुक्त रहता हैं। इसकी रोपाई 40 × 40 सेंटीमीटर अथवा 40 × 30 सेंटीमीटर की दूरी पर की जाती है। जड़ों की रोपाई वर्षा ऋतु में 15 सेंटीमीटर गहराई पर की जाती है। इसके लिए लगभग 50 हजार से 1 लाख स्लिपस की आवश्यकता होती हैं।

खाद एवं उर्वरक

लेमन घास की फसल के लिए विशेषतः खाद एवं उर्वरकों की आवश्यकता नही होती हैं। लेकिन अधिक उत्पादन प्राप्त करने के लिए 5–10 टन अच्छी सडी हुई गोबर की खाद जुताई के समय खेत में मिला देना चाहिए। इसके अतिरिक्त नत्रजन 120 किलोंग्राम, फास्फोरस 50 किलोंग्राम एवं पोटाश 30 किलोंग्राम प्रति हेक्टेयर की दर से प्रयोग करना चाहिए। नत्रजन को तीन बराबर भागो में बांटकर एक भाग नत्रजन, फास्फोरस एवं पोटाश की पूरी मात्रा अन्तिम जुताई के समय प्रयोग करना चाहिए। नत्रजन की शेष मात्रा का प्रयोग खडी फसल में करने से उपज में अच्छी वृद्धि होती हैं।

सिंचाई प्रबंधन

लेमन घास एक सूखा सहनशील फसल हैं। इसके लिए कम सिंचाई जल की आवश्यकता होती हैं। लेकिन पर्याप्त मात्रा में सिंचाई उपलब्ध होने पर गर्मियों में 10 दिन एवं सर्दियों में 15 दिन के अंतराल पर सिंचाई करनी चाहिए। वर्षा ऋतु में सिंचाई की आवश्यकता नहीं होती हैं। रोपाई के तुरंत बाद मृदा में नमी की कमी होने पर सिंचाई करनी चाहिए। सिंचाई जल की उपलब्धता कम होने पर बूंद–बूंद सिंचाई पद्वति को अपनाकर अधिक उपज प्राप्त की जा सकती हैं।

खरपतवार नियंत्रण

कम उपजाऊ जमीन में खरपतवारो का प्रकोप कम होता है। लेकिन फसल की अवधि अधिक होने के कारण खरपतवार नियंत्रण करना आवश्यक होता हैं। इसलिए समय–समय पर निराई एवं गुड़ाई करने से खरपतवारो का प्रभावी नियंत्रण किया जा सकता हैं। खेत में खरपतवारो की समस्या अधिक होने की स्थिति मे खरपतवारनाशी का भी प्रयोग किया जा सकता हैं।

कीट एवं रोग नियंत्रण

प्रमुख कीट

तना छेदक

यह कीट तने में छेद कर नुकसान पहुंचाता हैं। जिससे पत्तियाँ सूखने लग जाती हैं। इसके नियंत्रण के लिए फोरेट 10 जी या कार्बोफ्यूरान 3 जी की 10 से 12 किलोंग्राम मात्रा को मिट्टी में मिलाकर प्रति हेक्टेयर की दर से प्रयोग करना चाहिए।

दीमक

दीमक का प्रकोप होने पर प्रभावित पौधे सूखने लग जाते हैं। इसके नियंत्रण के लिए नीम एव करंज की खली का प्रयोग करना चाहिए। इससे बचाव के लिए स्लिपस को क्लोरोपाइरीफॉस (0.1 प्रतिशत) से उपचारित करके लगाना चाहिए।

सफेद मक्खी

सफेद मक्खी पादप के कोमल भागो से रस चूसकर नुकसान पहुँचाती हैं। इसके नियंत्रण के लिए मोनोक्रोटोफॉस को 0.05 प्रतिशत की दर से प्रयोग करना चाहिए।

प्रमुख रोग– लेमन घास के प्रमुख रोग निम्नलिखित हैं।

लाल पत्ती धब्बा रोग

इस रोग का प्रकोप होने पर प्रभावित पौधों की पत्तियों की निचली सतह पर भूरे रंग के गोलाकार धब्बे बन जाते हैं। धीरे–धीरे धब्बे बढ़कर पूरे पौधें पर फैल जाते हैं। जिससे पौधा सूखने लग जाता हैं। इसके नियंत्रण के लिए बाविस्टिन 0.1 प्रतिशत या डाईथेन एम–45 का 0.2 प्रतिशत की दर से लक्षण दिखने पर छिड़काव करना चाहिए तथा आवश्यकता पड़ने पर छिड़काव को 15 दिन के अंतराल पर दोहराया जा सकता हैं।

पत्ती झुलसा रोग

इस रोग का प्रकोप होने पर पत्तियों पर लाल–भूरे रंग के धब्बे बन जाते हैं। जिससे धीरे–धीरे अपरिपक्व पत्तियाँ गिरने लग जाती हैं। इसके नियंत्रण के लिए डाईथेन एम–78 के 0.2 प्रतिशत या कॉपर ऑक्सीक्लोराइड के 0.3 प्रतिशत का 15 दिन के अंतराल पर छिड़काव करना चाहिए।

छोटी पत्ती रोग

इस रोग का प्रकोप होने पर पत्तियों का विकास रुक जाता हैं। जिससे पत्तियाँ छोटी रह जाती हैं। इसके नियंत्रण के लिए फूल आने से पूर्व डाईथेन एम–78 के 0.2 प्रतिशत का 10–12 दिन के अंतराल पर छिड़काव करना चाहिए।

कटाई

नींबू घास पाँच वर्षीय फसल हैं। इसे एक बार लगाने के बाद पाँच वर्ष तक निरंतर कटाई की जाती हैं। लेकिन अनुपजाऊ भूमि में फसल को 3 साल बाद बदलते रहना चाहिए। इसकी पहली कटाई रोपाई के 3 माह बाद जबकी दूसरी कटाई पहली कटाई के 60 दिन बाद करनी चाहिए। फसल को सतह से 10 से 15 सेंटीमीटर ऊपर से काटना चाहिए। मृदा के उपजाऊपन तथा उर्वरको की मात्रा के आधार पर कटाईयो की संख्या घट–बढ़ सकती हैं। इसके बाद प्रत्येक वर्ष में 4 कटाई की जाती हैं। जो निरन्तर पाँच वर्षो तक की जाती हैं।

उपज

लेमन घास से प्रतिवर्ष लगभग 10 से 25 टन प्रति हेक्टेयर तक हरी पत्तियाँ प्राप्त होती हैं। जिससे 60 से 80 किलोंग्राम तेल प्राप्त होता हैं। इन पत्तियों मे ताजा वजन के आधार पर 0.35 प्रतिशत तेल पाया जाता हैं।

तेल निस्सारण विधि

हरी पत्तियों का उपयोग मुख्यतः तेल निकालने के लिए किया जाता हैं। इसकी पत्ती, तना एवं पुष्पक्रम में तेल पाया जाता हैं। इसलिए इसके सभी भागों से तेल निकाला जा सकता हैं। लेमन घास को काटने के बाद या फिर 24 घंटे तक सूखने के बाद तेल निकाला जा सकता हैं। वाष्प आसवन या जल आसवन विधि से फसल को काटकर छोटे टुकड़ों में कर आसवन टैंक में डाला जाता हैं। आसवन की क्रिया प्रारंभ होने के साथ ही सेपरेटर में तेल एकत्रित होने लग जाता हैं। तेल पानी में अघुलनशील तथा हल्का होने के कारण पानी की सतह पर तैरता रहता हैं। जिसे आसानी से अलग कर एकत्रित कर लिया जाता हैं।

खस घास

वानस्पतिक नाम– ***वेटिवरिया जिजानियोइड्स*** **एल.**

कुल – पोएसी

गुणसूत्र संख्या (2 एन) – 20

परिचय

खस एक भारतीय मूल की बहुवर्षीय घास हैं। इसे सामान्य भाषा में खस–खस नाम से जाना जाता हैं। वर्तमान में इसकी व्यावसायिक खेती भारत के पड़ौसी देशों पाकिस्तान, बांग्लादेश, श्रीलंका, चीन और मलेशिया में की जा रही हैं। इसके अलावा अफ्रीका, आस्ट्रेलिया, इण्डोनेशिया, ग्वाटेमाला, मलेशिया, फिलीपींस, जापान, अंगोल, कांगो, डोमिनिकन गणराज्य, अर्जेंटीना, जमैका, मॉरीशस और होंडुरास में भी खस की खेती की जाती हैं। भारत में खस घास की खेती राजस्थान, असम, बिहार, उत्तरप्रदेश, केरल, कर्नाटक, तमिलनाडू, आन्ध्रप्रदेश और मध्यप्रदेश में बहुतायत से की जाती हैं। इसकी खेती मुख्यतः तेल प्राप्ति के लिए की जाती हैं। इसकी जड़े हल्के पीले या भूरे से लाल रंग की होती हैं। जिनका प्रयोग तेल निकालने के लिए किया जाता हैं। विश्व में इसके तेल का प्रतिवर्ष 200–250 टन उत्पादन किया जाता हैं। जिसका 10–15 प्रतिशत भारत में उत्पादित होता हैं। उत्तर भारत में उत्पादित होने वाले खस के सुगन्धित तेल की गुणवत्ता अधिक होने के कारण इसकी कीमत अन्तर्राष्ट्रीय बाजार में बहुत अधिक प्राप्त होती हैं। खस के तेल का प्रमुख घटक वेटीवरौल हैं। जो की 55–75 प्रतिशत तक पाया जाता हैं। इसके सुगन्धित तेल को राष्ट्रीय एवं अन्तर्राष्ट्रीय बाजार में 20 से 25 हजार रुपये प्रति लीटर तक बेचा जा सकता हैं। इसके तेल का प्रयोग मुख्यतः शर्बत, पान मसाला, खाने का तम्बाकू, इत्र, साबुन तथा अन्य सौन्दर्य प्रसाधनों में प्रयोग किया जाता है। इसकी सूखी हुई जड़ें लिनन एवं कपड़ों में सुगन्ध हेतु प्रयुक्त की जाती हैं। खस का इस्तेमाल ठंड दूर करने एवं आयुर्वेद चिकित्सा प्रणाली में औषधी के रूप में किया जाता हैं। इसके अतिरिक्त इसका प्रयोग जलन को कम

करने एवं त्वचा सम्बन्धी विकारों को दूर करने में किया जाता है। खस की जड़ों से तेल निकालने के बाद बची हुई घास को खिड़की एवं कूलर के पर्दे बनानें में काम लिया जाता हैं।

यह एक सदैव हरी–भरी रहने वाली घास हैं। इसके पौधे 1 से 2 मीटर ऊँचाई तथा चौड़े गुच्छे वाले होते हैं। पौधों का तना उभरा हुआ एवं कठोर होता हैं। इसकी पत्तियाँ 120–150 सेंटीमीटर लंबी तथा 0.8 सेंटीमीटर चौडी एवं कठोर होती हैं। इसकी जड़ें रेशेदार, मजबूत और सुगंधित होती हैं। जो की मृदा में 2 से 4 मीटर गहराई तक जाती हैं। जिससे यह मिट्टी और जल संरक्षण करने में सहायक होता हैं।

जलवायु

खस घास की खेती करने के लिए शीतोष्ण एवं समशीतोष्ण जलवायु सर्वोत्तम मानी जाती हैं। इसकी खेती करने के लिए अत्यधिक ठण्ड वाले क्षेत्र उपयुक्त नहीं रहते हैं। लेकिन अधिक नमी तथा आर्द्रता वाले क्षेत्रों में इसका वृद्धि एवं विकास अच्छा होता हैं। इसके पौधे –15 डिग्री सेंटीग्रेड से 5 डिग्री सेंटीग्रेड तापमान सहन करने में सक्षम होते हैं। लेकिन 30 से 35 डिग्री सेंटीग्रेड तापमान सर्वोत्तम रहता हैं। इसकी जड़ों के विकास के लिए मृदा का ईष्टतम तापमान 25 डिग्री सेंटीग्रेड होना चाहिए। यह सूखा, बाढ़ एव जलमग्नता के प्रति सहिष्णु पौधा हैं। इसकी खेती 1000 से 2000 मिलीमीटर वार्षिक वर्षा वाले क्षेत्रों में आसानी से की जा सकती हैं। वर्ष भर जलमग्न रहने वाले क्षेत्रो में भी इसकी खेती कर अधिक उत्पादन प्राप्त किया जा सकता हैं।

मृदा

खस घास को लगभग सभी तरह की मृदाओं में उगाया जा सकता हैं। लेकिन इसकी खेती के लिए 8 से 9 पी.एच. मान वाली महीन बलुई दोमट मिट्टी उपयुक्त होती हैं। अच्छे जल निकास वाली रेतीली दोमट और कार्बनिक पदार्थों से प्रचुर लाल दोमट मिट्टी को खेती के लिए आदर्श माना जाता हैं। इसे 8.5 से 10 पी.एच. मान वाली लवणीय एवं क्षारीय मृदाओं में भी सफलतापूर्वक उगाया जा सकता हैं। अत्यधिक हल्की मृदाओं में खेती करने पर जड़ों से कम मात्रा में तेल प्राप्त होता हैं। यह प्रदूषित जल में पायी जाने वाली भारी धातुओं को भी अवशोषित कर लेता हैं। इसमें आर्सेनिक, कैडमियम, क्रोमियम, निकील, लेड, मरकरी, सेलेनियम और जिंक जैसे हानिकारक तत्वों को सहन करने की अपार क्षमता होती हैं।

उन्नत किस्में

वैज्ञानिक शोध के फलस्वरूप विकसित की गई किस्मों से अधिक मात्रा में तेल की प्राप्ति होती हैं। इसकी प्रमुख किस्में पूसा हाइब्रिड–7, पूसा हाइब्रिड–8, हाइब्रिड–16, कानपुर हाइब्रिड–8, कानपुर हाइब्रिड–40, सुगंध, के.एस.–1, के.एस.–2, के.एच.–8, के.एच–40, एच. वाई. बी.–8, एन. सी.–66404, एन. सी. –66416 तथा ओ.डी.वी.–3 आदि हैं। इसकी कुछ उन्नत किस्में सीमैप लखनऊ द्वारा भी विकसित की गई हैं। जिनमें धारिणी, के.एस.–1, केशरी, गुलाबी, सिम वृद्धि, सीमैप खस–15, सीमैप खस–22 और सिम समृद्धि प्रमुख हैं। इन किस्मों में सुगन्धित जड़ एवं तेल अधिक मात्रा में पाया जाता हैं।

खेत की तैयारी

इसकी खेती मुख्यतः अनुपजाऊ भूमि, नदियों के किनारों और दलदल में की जाती हैं। इसके पौधे कठोर होते हैं। इसलिये खेती के लिए खेत की विशेष तैयारी करने की आवश्यकता नहीं होती हैं। लेकिन पर्याप्त संसाधन उपलब्ध होने पर दो–तीन बार गहरी जुताई कर खेत को समतल कर देना चाहिए।

बुवाई का समय एवं विधि

खस का प्रवर्धन मुख्यतः बीज एवं स्लिप्स के द्वारा किया जाता हैं। लेकिन व्यावसायिक खेती के लिए स्लिप्स का प्रयोग किया जाता हैं। स्लिप्स तैयार करने के लिए एक वर्ष पुराने पौधे अथवा पुरानी फसल की जड़ों का झुण्ड निकालकर उसमें से एक–एक कलम अलग कर ली जाती हैं। इन कलमों को स्लिप्स कहा जाता हैं। स्लिप्स को तैयार करते समय हरी पत्तियों को काटकर अलग कर देना चाहिए तथा नीचे की सूखी पत्तियों एवं लम्बी जड़ों को 15 से 20 सेंटीमीटर लम्बाई में काटकर अलग कर देना चाहिए। खेत तैयार होने के तुरन्त बाद इसकी रोपाई प्रारम्भ कर देनी चाहिए। दक्षिण भारत में अधिक तेल उत्पादन करने के लिए जनवरी से अप्रैल तक सिंचाई कर रोपाई की जा सकती हैं। लेकिन रोपाई के तुरन्त बाद सिंचाई करना आवश्यक होता हैं। असिंचित क्षेत्रो में मानसून आने पर रोपाई कार्य करना चाहिए। स्लिप्स को 60 सेंटीमीटर पंक्ति से पंक्ति की दूरी, 45 सेंटीमीटर पौधे से पौधे की दूरी एवं 8 से 10 सेंटीमीटर गहराई पर रोपित किया जाता है। एक हेक्टेयर क्षेत्रफल की रोपाई के लिए 38,000 से 40,000 स्लिप्स की आवश्यकता होती हैं।

खाद एवं उर्वरक

खस घास की जड़ों का फैलाव अधिक होने के कारण पोषक तत्व मृदा से ही प्राप्त कर लिए जाते हैं। लेकिन तेल का अधिक उत्पादन प्राप्त करने के लिए 5 से 10 टन अच्छी सडी हुई गोबर की खाद जुताई के समय खेत में मिला देना चाहिए। इसके अतिरिक्त प्रति वर्ष 120 किलोंग्राम नत्रजन, 60 किलोंग्राम फास्फोरस एवं 40 किलोंग्राम पोटाश प्रति हेक्टेयर की दर से प्रयोग करना चाहिए। खेत की तैयारी के समय फास्फोरस एवं पोटाश की पूरी मात्रा एवं नत्रजन की आधी मात्रा को मृदा में मिलाया जाता हैं। शेष नत्रजन की मात्रा को 2 बराबर भागों में बांटकर 3–4 माह के अन्तराल पर खड़ी फसल में प्रयोग करना चाहिए।

सिंचाई प्रबंधन

खस घास एक सूखा सहनशील फसल होती हैं। इसलिए अधिक सिंचाई की आवश्यकता नहीं होती हैं। लेकिन शुष्क क्षेत्रों में अधिक उपज प्राप्त करने के लिए 6 से 8 हल्की सिंचाई देना उपयुक्त रहता हैं। अधिक वर्षा वाले क्षेत्रों में सिंचाई की आवश्यकता नहीं होती है। मृदा में उपयुक्त नमी बनाये रखने के लिए मल्च का प्रयोग भी किया जा सकता हैं। घास की कटाई के 7 से 10 दिन पहले सिंचाई बंद कर देनी चाहिए।

खरपतवार नियंत्रण

खस घास का अधिक उत्पादन प्राप्त करने के लिए खरपतवार नियंत्रण करना आवश्यक होता हैं। इस फसल में 35–40 दिनों तक खरपतवारो द्वारा अधिक हानि होती हैं। एक बार खस का पौधा स्थापित होने के बाद खरपतवारों की बढ़वार नहीं हो पाती हैं। इसलिए 2 से 3 बार निराई–गुड़ाई कर प्रकाश, नमी और पोषक तत्वों की खरपतवारों से प्रतिस्पर्धा को कम किया जा सकता हैं।

कीट एवं रोग नियंत्रण

खस की फसल पर रोग एवं कीटों का प्रकोप बहुत कम होता हैं। लेकिन बरसात के मौसम में कभी–कभी कीटों एवं रोगों का प्रकोप हो जाता हैं। इसमे पत्ती धब्बा एवं फ्यूजेरियम का आक्रमण होता हैं। जिससे उपज पर किसी प्रकार का प्रभाव नहीं पडता हैं। रोपाई के तुरंत बाद फसल में दीमक एवं स्केट कीट का प्रकोप होने से उत्पादन प्रभावित होता हैं। दीमक की रोकथाम के लिए क्लोरोपायरीफॉस की 500–600 मिली लीटर प्रति हेक्टेयर की दर से छिड़काव किया जा सकता हैं। जबकि स्केट कीट के नियंत्रण के लिए मेलाथियान (0.2 प्रतिशत) दवा को सिंचाई

जल मे मिलाकर प्रयोग करना चाहिए। कीटों का प्रकोप अधिक होने पर 15 से 20 दिन के अंतराल पर छिड़काव को दोहराया जा सकता हैं।

तनों की कटाई

खस घास की फसल अवधि 18 से 24 माह की होती हैं। इसलिए रोपाई के 18 माह बाद जड़ें खुदाई के लिए तैयार हो जाती हैं। सितंबर–जनवरी के माह में पौधों की सुसुप्तावस्था में तनों की कटाई करनी चाहिए। इस कटी हुई घास को पशु चारे अथवा ईंधन के रूप में उपयोग किया जा सकता हैं। एक बार कटाई करने के बाद पौधों की वृद्धि एवं विकास अधिक होता हैं।

जड़ों की खुदाई

कटाई के तुरंत बाद अथार्त रोपाई के 18 से 24 माह बाद खस की जडें खुदाई करने योग्य हो जाती हैं। जडों की खुदाई का सबसे उपयुक्त समय नवंबर से फरवरी माह होता हैं। क्योंकि इस समय जड़ों की खुदाई करने पर उच्च गुणवत्ता युक्त एवं अधिक मात्रा में तेल की प्राप्ति होती हैं। अधिक ठंडें क्षेत्रो में इसकी खुदाई का उपयुक्त समय फरवरी माह होता हैं। जड़ों की खुदाई करने से पूर्व खेत में नमी रहने से खुदाई में आसानी रहती हैं। जड़ों की खुदाई ट्रैक्टर चालित मिट्टी पलटने वाले हल से 40 से 45 सेंटीमीटर गहराई तक की जा सकती है।

उपज

दो वर्ष की फसल अवधि पर खुदाई करने से प्रति हेक्टेयर 30 कुंतल जड़े प्राप्त होती हैं। जिससे 20 से 25 किलोंग्राम प्रति हेक्टेयर तेल प्राप्त किया जा सकता हैं। इसकी जड़ों में औसतन 0.2 से 0.5 प्रतिशत तक तेल होता हैं। तेल की मात्रा खस घास की प्रजाति, जड़ की आयु एवं आसवन विधि पर निर्भर करती हैं।

आसवन एवं तेल का भण्डारण

खस की जड़ों से सुगन्धित तेल का उत्पादन वाष्प आसवन द्वारा किया जाता हैं। इसकी जड़ों से तेल निकालने के लिए 14–16 घंटे तक आसवन करना उपयुक्त रहता हैं। आसवन से पूर्व खस की जड़ों को छोटे–छोटे टुकड़ों में काट लेना चाहिए। जड़ों की खुदाई के तुरन्त बाद अथवा 1–2 माह रखने के बाद भी तेल निकाला जा सकता हैं। नमी, हवा और सूर्य के प्रकाश का तेल की गुणवत्ता पर विपरीत प्रभाव पड़ता हैं। इसीलिए तेल को स्टील या एल्यूमिनियम के हवा बंद पात्र में एकत्र करके किसी छायादार स्थान पर भण्डारित करना चाहिए। तेल को सदैव स्वच्छ और जंग से मुक्त कंटेनर में रखा जाना चाहिए।

जिरेनियम

वानस्पतिक नाम – *पेलरगोनियम ग्रेविओलेंस* एल.

कुल – जिरेनेईसी

गुणसूत्र संख्या (2 एन) – 77

परिचय

जिरेनियम एक महत्वपूर्ण सुगंधिय पौधा हैं। दक्षिण अफ्रीका को इसके उत्पति स्थल के नाम से जाना जाता हैं। वर्तमान में इसकी व्यावसायिक खेती भारत, दक्षिण अफ्रीका, बेल्जियम, चीन, कांगो, मिश्र, फ्रांस, मैडागास्कर, मोरक्को, स्पेन एवं अमेरिका में की जा रही हैं। भारत में जिरेनियम की खेती उत्तरप्रदेश, पंजाब, हरियाणा, बिहार, हिमाचल प्रदेश और उत्तर पूर्वी राज्यों में बहुतायत से की जाती हैं। इसकी खेती मुख्यतः तेल प्राप्ति के लिए की जाती हैं। जिरेनियम पौधे की पत्तियों और तने से सुगंधित तेल निकलता हैं। इसका तेल गुलाब जैसी सुगंध के कारण बहुत अधिक मांग में रहता हैं। जिसका बाजार मूल्य बहुत अधिक होता हैं। तेल का मुख्य रासायनिक घटक जिरेनियाल एवं सिट्रोनेलोल है। शुद्ध जिरेनियम तेल इत्र के समान होता है इसलिए इसको अन्य इत्रों के साथ अच्छी तरह से मिलाया जा सकता हैं। इसके तेल का प्रयोग साबुन, सौंदर्य प्रसाधन, उच्च स्तरीय इत्र एव तंबाकू के साथ मिलाकर ऐरोमाथेरेपी में किया जाता हैं। जिरेनियम की फसल को कम जल उपलब्धता वाले क्षेत्रों में आसानी से उगाया जा सकता हैं। इसकी फसल को जंगली जानवरों के द्वारा किसी प्रकार का नुकसान नहीं होता हैं।

जलवायु

जिरेनिगम एक उपोष्ण, ठंडी एवं शुष्क जलवायु में उगने वाला पौधा हैं। इसकी अच्छी वृद्धि एवं विकास के लिए कम नमी और हल्का गर्म मौसम उपयुक्त रहता हैं। जबकि इसकी अच्छी बढ़वार के लिए 25–30 डिग्री सेंटीग्रेड़ तापमान एवं 60 प्रतिशत से कम आर्द्रता उपयुक्त रहती हैं। इसकी खेती के लिए 100 से 150

सेंटीमीटर वार्षिक वर्षा वाले क्षेत्र सर्वोत्तम माने जाते हैं। समुद्र तल से 1000 से 2100 मीटर ऊंचाई वाले क्षेत्रों में इसे सफलतापूर्वक उगाया जा सकता हैं।

मृदा

जिरेनियम को लगभग सभी तरह की मृदाओं में सफलतापूर्वक उगाया जा सकता हैं। लेकिन अधिक उपज प्राप्त करने के लिए 5.5 से 8 पी.एच. मान वाली, जीवांश युक्त एवं अच्छे जल निकास वाली दोमट मृदा उपयुक्त रहती हैं। इसके अतिरिक्त अच्छे जल निकास युक्त लवणीय एवं क्षारीय मृदाओं में भी इसकी खेती की जा सकती हैं।

उन्नत किस्में

अभी तक जिरेनियम की बहुत अधिक किस्में विकसित नहीं हुई हैं। अल्जेरियन, रीयूनियन, सिम–पवन, बोरबन, सिमैप बायों जी–17, के.के.एल.–1, सेल–8, हेमन्ती, बिपुली, कुन्ती इत्यादी इसकी उन्नत किस्में हैं। अल्जेरियन एव रीयूनियन किस्में कम और अधिक वर्षा वाले क्षेत्रो के लिए उपयुक्त हैं।

खेत की तैयारी

जिरेनियम की रोपाई करने से पहले खेत की अच्छी तैयारी करना आवश्यक होता हैं। इसके लिए मिट्टी पलटने वाले हल से 2–3 बार गहरी जुताई कर पाटा लगाना उपयुक्त रहता हैं। अंतिम जुताई से पहले 10 से 15 टन अच्छी सड़ी हुई गोबर की खाद या कम्पोस्ट मिट्टी में अच्छी तरह मिला देना चाहिए। दीमक तथा सूत्रकृमि से बचाव के लिए 10 कुंटल प्रति हेक्टेयर की दर से नीम की खली को मिट्टी में मिलाया जाता हैं। इसके पश्चात खेत को छोटी–छोटी क्यारियों में बाटना चाहिए।

रोपाई का समय एवं विधि

जिरेनियम का प्रवर्धन मुख्यतः शाकीय कलम से किया जाता हैं। इसके लिए पहले नर्सरी तैयार की जाती हैं। नर्सरी में कलम रोपाई के लिए नवम्बर से जनवरी माह तक का समय सबसे उपयुक्त रहता हैं। रोपाई के लिए 12 से 15 सेंटीमीटर लम्बी एवं रोग मुक्त कलमों का चयन किया जाता हैं। जिन पर कम से कम 3 से 4 गांठ होना आवश्यक हैं। इस कलमों को नर्सरी में 5 × 5 सेंटीमीटर की दूरी पर लगाकर प्रतिदिन सिंचाई की जाती हैं। ताकि श्रीघ जड़ों का विकास हो सकें। लगभग दो माह बाद कलम मुख्य खेत में रोपाई करने योग्य हो जाती हैं। रोपाई के लिए जड़ युक्त कलमों को सावधानीपूर्वक नर्सरी से उखाड़ना चाहिए। कलम

को उखाड़ने के लिए नर्सरी में पर्याप्त मात्रा में नमी का होना आवश्यक होता हैं। क्योंकि नमी की मात्रा कम होने पर कोमल एवं लचीली जडें टूट जाती हैं। इन कलमों को रोपाई से पूर्व 0.1 प्रतिशत बेनलेट घोल में डूबोकर उपचारित किया जाना चाहिए। कलमों को 60 × 60 सेंटीमीटर की दूरी पर रोपाई के तुरंत बाद सिचांई करनी आवश्यक होती हैं। रोपाई के बाद निरंतर तीन से चार दिन तक सिंचाई करने से पौधों की वांछित संख्या प्राप्त की जा सकती हैं। इसके बाद आवश्यकता पड़ने पर 10–15 दिन के अंतराल पर सिंचाई करनी चाहिए।

खाद एवं उर्वरक प्रबंधन

जिरेनियम से अधिक उपज प्राप्त करने के लिए 10 से 15 टन अच्छी सड़ी हुई गोबर की खाद या कम्पोस्ट खेत की अच्छी तैयारी के समय मिट्टी में मिलाना चाहिए। इसके अतिरिक्त प्रति वर्ष 25 किलोंग्राम नत्रजन, 150 किलोंग्राम फास्फोरस एवं 100 किलोंग्राम पोटाश प्रति हेक्टेयर की दर से प्रयोग करना चाहिए। खेत की तैयारी के समय फास्फोरस एवं पोटाश की पूरी मात्रा एवं नत्रजन की आधी मात्रा को मृदा में मिलाया जाता हैं। शेष नत्रजन की मात्रा को 3–4 बराबर भागों में बांटकर दो–दो माह के अन्तराल पर खड़ी फसल में प्रयोग करना चाहिए। प्रति वर्ष जून–जुलाई माह में 20 किलोंग्राम जिंक सल्फेट का प्रयोग कर सूक्ष्म पोषक तत्वों की पूर्ति की जा सकती हैं।

सिंचाई प्रबंधन

जिरेनियम की खेती मुख्यतः वर्षा आधारित क्षेत्रो में की जाती हैं। लेकिन सूखा ग्रस्त क्षेत्रो में 5 से 6 सिंचाई कर अधिक उपज प्राप्त की जा सकती हैं।

खरपतवार नियंत्रण

जिरेनियम की फसल से अधिक उत्पादन प्राप्त करने के लिए खरपतवार नियंत्रण करना आवश्यक होता हैं। रोपाई करने के प्रथम वर्ष में अधिक निराई–गुड़ाई की आवश्यकता होती हैं। लेकिन दूसरे वर्ष से पौधों के चारो ओर खरपतवार निकलने से सकर्स की संख्या में वृद्धि होती हैं।

कीट एवं रोग नियंत्रण

जिरेनियग के पौधों पर रोग एवं कीट का प्रकोप बहुत कम होता हैं। लेकिन कभी–कभी कीटों एवं रोगों का प्रकोप हो जाता हैं। इसमे दीमक, सूत्रकृमि एवं पादप मुरझान का आक्रमण होता हैं। नियंत्रण के लिए कटाई से 2 सप्ताह पहले

0.2 प्रतिशत बेनलेट घोल का फसल पर छिडक़ाव करना चाहिए। कटाई के बाद कटे हुए किनारों को फफूंदनाशक से उपचारित करना चाहिए। इसके अतिरिक्त प्रकोप अधिक होने पर 15 से 20 दिन के अंतराल पर छिड़काव को दोहराया जा सकता है। न्यूनतम सिंचाई और उचित गुड़ाई करने से भी पौधों की स्वस्थ वृद्धि सुनिश्चित की जा सकती हैं। अधिक पानी भरा रहने एवं अधिक सिंचाई करने से पादप मुरझान रोग का प्रकोप बढ़ जाता हैं। कटाई के लिए सदैव धारदार दराती का प्रयोग करना चाहिए। पौधों को जमीन की सतह के पास से नहीं काटना चाहिए क्योंकि इससे रोग का संक्रमण तेजी से फैलता हैं। हैप्टाक्लोर 25 किलोंग्राम प्रति हैक्टेयर की दर से मृदा में मिलाकर सिंचाई करने से भी दीमक को नियंत्रित किया जा सकता हैं।

कटाई–छँटाई

अधिक उपज प्राप्त करने एवं कीट–रोगों को नियंत्रित करने के लिए समय–समय पर कटाई–छँटाई करना आवश्यक होता हैं। इसलिए 4 से 5 वर्ष में एक बार 15 से 20 सेंटीमीटर की ऊचाई से शाखाओ की कटाई करना लाभप्रद होता हैं।

कटाई

रोपाई के लगभग 4 माह बाद फसल कटाई करने योग्य हो जाती हैं। पत्तियों का रग पीला एवं गुलाब की तरह सुगंध आने पर इसकी कटाई कर ली जाती हैं। इसकी दूसरी कटाई पहली कटाई के 60–90 दिनों के बाद की जाती हैं। इसकी 20–30 सेंटीमीटर ऊपरी हरी शाखाओं को काटना चाहिए। कटाई करने के बाद कटे हुए पौधों पर ताँबायुक्त फफूँदी नाशक दवाओं का छिड़काव करना चाहिए।

उपज

यह एक बारहमासी फसल हैं। जो लगभग 3–4 वर्षो तक उपज देती रहती हैं। इसकी एक वर्ष में तीन कटाईया की जा सकती है। सभी तीन कटाईयों से लगभग 15 टन प्रति हेक्टेयर ताजा हर्बेज प्रति वर्ष पैदावार प्राप्त होती हैं। जिससे आसवन विधि द्वारा 18 किलोंग्राम तेल प्राप्त किया जा सकता हैं।

सिट्रोनेला

वानस्पतिक नाम – *सिम्बोपोगॉन विन्टेरियेनस* एल.

कुल – पोएसी

गुणसूत्र संख्या (2 एन) – 20

परिचय

सिट्रोनेला एक बहुवर्षीय सुगंधित एवं तेलयुक्त घास हैं। श्रीलंका एवं जावा को इसका उत्पत्ति स्थान माना जाता हैं। इसकी खेती भारत, इण्ड़ोनेशिया, बर्मा, जावा, केलिफोर्निया एवं फ्लोरिड़ा में की जाती हैं। भारत में इसकी खेती पश्चिम बंगाल, असम, उत्तर प्रदेश, महाराष्ट्र एवं तमिलनाडू इत्यादि राज्यों में की जाती हैं। इसकी ऊँचाई 1 से 1.5 मीटर तक होती हैं। इसकी पत्तियों से आसवन विधि द्वारा तेल प्राप्त किया जाता हैं। इसके तेल में 32 से 45 प्रतिशत सिट्रोनिलेल, 12 से 18 प्रतिशत जिरेनियाल, 11 से 15 प्रतिशत सिट्रोनिलोल, 3.8 प्रतिशत जिरेनियल एसीटेट, 2 से 4 प्रतिशत सिट्रोनेलाइल एसिटेट, 2 से 5 प्रतिशत लाइमोसीन, 2 से 5 प्रतिशत एलमिसीन तथा अन्य रासायनिक पदार्थ पाए जाते हैं। इस तेल का उपयोग साबुन, ऑडोमास, एंटीसेप्टीक क्रीम एवं अन्य सौंदर्य प्रसाधन सामग्री बनाने में किया जाता हैं। सुगंधित रसायनों जैसे जिरेनियाल तथा हाइड्रोक्सी सिट्रोनेलोल के निर्माण में भी इसकी महत्वपूर्ण भूमिका होती हैं। एक अनुमान के अनुसार भारत में सिट्रोनेला की खेती लगभग 8500 हेक्टेयर में की जाती हैं। जिससे हमारा देश प्रतिवर्ष लगभग 600 टन सिट्रोनेला तेल का उत्पादन करता हैं।

जलवायु

जावा सिट्रोनेला की खेती के लिए समशीतोष्ण एवं उष्ण जलवायु अच्छी मानी जाती हैं। ऐरो क्षेत्र जहाँ औसत तापमान 9 से 35 डिग्री सेल्सियस के मध्य, वार्षिक वर्षा 200 से 250 सेंटीमीटर एवं आर्द्रता 70 से 80 प्रतिशत तक हो इसकी खेती के लिए सर्वोतम माने जाते हैं।

मृदा

जावा सिट्रोनेला की खेती के लिए दोमट तथा बलुई दोमट मृदा जिसका पी.एच. मान 6 से 7.5 के मध्य हो, सर्वोतम मानी जाती हैं। इसकी खेती अम्लीय (पी. एच. 5.8) एवं क्षारीय (पी.एच. 8.5) मृदाओं में भी सफलतापूर्वक की जा सकती हैं।

खेत की तैयारी

सिट्रोनेला एक बहुवर्षीय फसल हैं। इसको एक बार लगाने के बाद निरंतर पांच वर्ष तक उत्पादन देती हैं। इसलिए खेत की तैयारी अच्छी तरह से करनी चाहिए। फसल को लगाने से पूर्व दो–तीन जुताई कल्टीवेटर या हैरो द्वारा करने के पश्चात एक गहरी जुताई करनी चाहिए। तत्पचाश्त पाटा लगाकर खेत को समतल कर देना चाहिए।

प्रजातियाँ

इसकी दो प्रमुख प्रजातियाँ जावा सिट्रोनेला एवं सिलोन सिट्रोनेला खेती के लिए उपयुक्त होती हैं। इनमें से जावा सिट्रोनेला अधिक महत्वपूर्ण है क्योंकि इसमें जिरेनियम की मात्रा अधिक होती हैं। इसके पौधो की ऊँचाई कम, पत्तियाँ चौड़ी एवं स्लिप मोटा होता हैं।

प्रमुख किस्में

केन्द्रीय औषधीय एवं सगंध पौधा संस्थान लखनऊ द्वारा जावा घास की निम्नलिखित उन्नत किस्में विकसित की गई हैं। जिनमें सिम–जावा, बायो–13, मंजूषा, मंदाकिनी, जलपल्लवी इत्यादि प्रमुख हैं।

जोर लेब सी–5

यह जावा सिट्रोनेला की सबसे नवीनतम किस्म हैं। इसे उत्तर–पूर्व विज्ञान तथा प्रौद्योगिकी संस्थान, जोरहट, असम द्वारा सन् 2016 में विकसित किया गया हैं। इसकी खेती मुख्यतया तेल के लिए की जाती हैं। इसमें तेल की मात्रा लगभग 1.20 प्रतिशत तक पाई जाती हैं। भारतीय वानस्पतिक सर्वेक्षण (बी.एस.आई.) मानक के अनुसार सिट्रोनीलेल की मात्रा 30 प्रतिशत से ज्यादा होनी चाहिए। जबकि इसमें सिट्रोनीलेल की मात्रा लगभग 35 प्रतिशत तक होती हैं।

जोर लेब सी–2

यह सिट्रोनेल की एक पुरानी किस्म है। इसमें तेल की मात्रा लगभग 0.90 प्रतिशत होती हैं।

बायो–13 (बी.आ.ई.ओ.–13)

यह सिट्रोनेला की सबसे पुरानी किस्म हैं। इसमें तेल की मात्रा लगभग 0.80 से 0.90 प्रतिशत एवं सिट्रोनीलेल की मात्रा लगभग 35 से 38 प्रतिशत पाई जाती हैं।

खाद एवं उर्वरक

खाद एवं उर्वरको की मात्रा मृदा की उर्वराशक्ति के अनुसार प्रयोग करनी चाहिए। सामान्यतः इसकी खेती करने के लिए अन्तिम जुताई के समय 20 से 25 टन गोबर की अच्छी सड़ी हुई खाद अथवा 20 से 25 टन कम्पोस्ट खाद अथवा 10 से 15 टन वर्मीकम्पोस्ट प्रति हेक्टेयर प्रयोग करना चाहिए। तत्पश्चात प्रतिवर्ष नत्रजन 150 किलोंग्राम, फास्फोरस 60 किलोंग्राम, पोटाश 60 किलोंग्राम प्रति हेक्टेयर प्रयोग करना चाहिए। नत्रजन की आधी मात्रा तथा फास्फोरस एवं पोटाश की पूरी मात्रा बुवाई के समय प्रयोग करनी चाहिए। नत्रजन की शेष मात्रा को 2 से 3 बराबर भागों में बाटकर प्रयोग करना फसल के लिए अच्छा रहता हैं।

प्रवर्धन

जावा सिट्रोनेला का प्रवर्धन स्लिप्स द्वारा किया जाता हैं। स्लिप्स तैयार करने के लिए एक वर्ष अथवा उससे पुरानी फसल से जुट्ठों को निकालकर उनमें से स्लिप्स को अलग–अलग किया जाता हैं। इसके बाद इससे सूखी हुई पत्तियों को काटकर स्लिप्स तैयार की जाती हैं। इसके द्वारा लगभग 80 प्रतिशत स्लिप्स का जमाव होता हैं। इसलिए खाली बची हुई जगह पर दोबारा नई स्लिप्स लगाकर भर देना चाहिए।

बुवाई का समय एवं विधि

जावा सिट्रोनेला की बुवाई के लिए जुलाई–अगस्त अथवा फरवरी–मार्च का समय सर्वोतम माना जाता हैं। स्लिप्स को खेत में 5 से 8 इंच गहराई पर लगाया जाता हैं। कतार से कतार एवं पौधों से पौधों की दूरी 60 × 45 सेंटीमीटर रखना इसकी खेती के लिए उत्तम रहता हैं। बुवाई के उपरांत हल्की सिंचाई करना चाहिए। यह ध्यान रखना चाहिए कि खेत में जल भराव न हो। क्योंकि जल भराव के कारण स्लिप्स के मरने की संभावना रहती हैं। बुवाई के लगभग 2 सप्ताह बाद स्लिप्स से पत्तियाँ निकलनी शुरू हो जाती हैं।

सिंचाई प्रबंधन

जावा सिट्रोनेला की जड़ें कम गहराई तक जाती हैं। यह शाकीय प्रकृति की फसल होने के कारण फसल को पानी की अधिक मात्रा में आवश्यकता होती हैं। सिंचाईयों की संख्या एवं मात्रा मृदा की प्रकृति एवं मौसम पर निर्भर करती हैं। इसमें गर्मी के मौसम में 10 से 15 दिन एवं सर्दियों में 20 से 30 दिन के अंतराल पर सिंचाई करना लाभप्रद रहता हैं। इस प्रकार फसल को वर्षभर में औसतन 10 से 12 सिंचाईयों की आवश्यकता होती हैं।

खरपतवार नियंत्रण

जावा सिट्रोनेला की फसल में खरपतवारों का नियंत्रण करना आवश्यक होता हैं। विशेष रूप से रोपाई के प्रारम्भिक 30 से 45 दिन की अवधि में फसल खतपतवारों से मुक्त रहनी चाहिए। इसलिए प्रथम निराई–गुड़ाई रोपाई के 30 से 40 दिन बाद करनी चाहिए। इसके उपरांत फसल की प्रत्येक कटाई के बाद निराई–गुडाई करनी चाहिए। रासायनिक विधि से खरपतवारों का नियंत्रण करने लिए ऑक्सीफ्लुरोलीन नामक दवा की 250 ग्राम सक्रिय तत्व को 600 लीटर पानी में घोलकर अन्तिम जुताई से पूर्व छिड़काव करना चाहिए। छिडकाव के बाद दवा को खेत में अच्छी तरह मिला देना चाहिए।

रोग एवं कीट नियंत्रण

सिट्रोनेला की फसल में निम्नलिखित रोगों एवं कींटो का प्रकोप होता हैं।

दीमक

दीमक पौधों की जड़ो को नुकसान पहुँचाती हैं। जिससे सम्पूर्ण पौधा नष्ट हो जाता हैं। फसल को दीमक से बचाने के लिए खेत में अंतिम जुताई के समय 2 प्रतिशत मिथाइल पेराथियान चूर्ण को 20 किलोंग्राम प्रति हेक्टेयर की दर से प्रयोग करना चाहिए।

तना छेदक कीट

इस कीट का प्रकोप जावा सिट्रोनेला की फसल में अप्रैल से जून माह में अधिक होता हैं। यह कीट पौधो के तने से लगी हुई पत्तियों पर अण्डा देता हैं। जिनसे कुछ दिन बाद सूंडी निकलकर तने के मुलायम भाग से पौधो में प्रवेश कर जाती हैं। इस कीट के प्रकोप से तना एवं पत्तियाँ सूखी हुई दिखाई देती हैं। सूखे भाग को निकालकर देखने पर निचले भाग में सड़न तथा छोटे–छोटे कीट दिखाई देते

हैं। जिसे 'डेड हर्ट' कहा जाता हैं। इस कीट के नियंत्रण के लिए निराई–गुड़ाई के उपरांत 10 से 15 किलोंग्राम प्रति हेक्टेयर की दर से कार्बोफ्यूरॉन 3–जी का भुरकाव करना चाहिए।

पत्तियों का पीला पड़ना

पत्तियों का पीला पडना इस फसल में एक प्रमुख समस्या हैं। इसके समाधान के लिए फेरस सल्फेट तथा अंत:प्रवाही कीटनाशकों का छिड़काव करना आवश्यक हैं।

झुलसा रोग

बरसात के मौसम में जावा सिट्रोनेला के पौधों पर कुरवुलेरिया एंडोपोगनिस नामक फफूंद का प्रकोप होता हैं। जिससे पौधों की पत्तियाँ सूखने के साथ–साथ काली पड़ जाती हैं। इसके नियंत्रण के लिए डाइथेन एम–45 फफूंदीनाशक का 20 से 25 दिन के अंतराल पर छिड़काव करना चाहिए।

कटाई

जावा सिट्रोनेला की फसल को एक बार लगाने के बाद निरन्तर पांच वर्ष तक इससे तेल उत्पादन किया जा सकता हैं। रोपाई के लगभग 120 दिनों बाद फसल कटाई करने योग्य हो जाती हैं। इसके बाद 90 से 120 दिन बाद फसल की अगली कटाई ली जा सकती हैं। फसल की कटाई भूमि से लगभग 15 से 20 सेंटीमीटर ऊपर से करनी चाहिए। इस प्रकार लगातार 5 वर्षों तक प्रतिवर्ष 3 से 4 कटाई ली जा सकती हैं। इसमें तेल की मात्रा फसल अवधि के साथ बढती हैं। लेकीन पांचवें वर्ष के बाद तेल की मात्रा घटने लगती हैं।

तेल निकालना

सिट्रोनेला की पत्तियों से वाष्प आसवन अथवा जल वाष्प आसवन विधि द्वारा सुगंधित तेल निकाला जाता हैं। यह प्रक्रिया 3 से 4 घंटे में पूरी हो जाती हैं।

उपज

सिट्रोनेला की फसल से प्रतिवर्ष औसतन चार कटाईयाँ ली जाती हैं। इन कटाईयों से प्राप्त वानस्पतिक भाग से प्रतिवर्ष लगभग 150 से 250 किलोंग्राम सुगंधित तेल प्रति हेक्टेयर प्राप्त होता हैं।

पामारोजा

वानस्पतिक नाम – *सिम्बोपोगॉन मार्टिनी* एल.

कुल – पोएसी

गुणसूत्र संख्या (2 एन) – 20

परिचय

पामारोजा एक बहुवर्षीय सुगंधित घास हैं। इसको रोजा घास के नाम से भी जाना जाता हैं। इसका उत्पत्ति स्थान दक्षिणी पूर्वी एशिया में भारत को माना जाता हैं। इसकी खेती भारत, जावा, ब्राजील एवं अफ्रिकन देशो में की जाती हैं। भारत में इसकी खेती मध्य प्रदेश, महाराष्ट्र, गुजरात, राजस्थान, आन्ध्र प्रदेश, उत्तर प्रदेश, कर्नाटक, तमिलनाडू एवं उड़ीसा में लगभग 8000 हेक्टेयर क्षेत्रफल में की जाती हैं। इसकी ऊंचाई 150 से 200 सेंटीमीटर तक होती हैं। इसको शुष्क क्षेत्रों में आसानी से उगाया जा सकता हैं। इसकी खेती सुगंधित तेल के उत्पादन हेतु की जाती हैं। इससे प्रतिवर्ष लगभग 600 टन तेल का उत्पादन किया जाता हैं। इसके तेल की राष्ट्रीय तथा अन्तर्राष्ट्रीय बाजार में अधिक माँग रहती हैं। पामारोजा का तेल हल्के पीले रंग का होता हैं। जिसमें जिरेनियाल 75 से 85 प्रतिशत तथा जिरेनाइल एसिटेट 4 से 5 प्रतिशत तक पाया जाता हैं। इसके तेल में गुलाब के समान खुशबू आती हैं। इसका उपयोग इत्र, सौंदर्य प्रसाधनो एवं मसालों को सुगंधित बनाने में किया जाता हैं। इसके अतिरिक्त तेल का प्रयोग एंटीसेप्टिक, मच्छरों से बचाने वाली क्रीम, जोड़ों एवं त्वचा सम्बंधी रोगों की औषधीयों में भी किया जाता हैं।

जलवायु

इसकी खेती के लिए उष्ण कटिबंधिय, गर्म एवं आर्द्र जलवायु सर्वोतम मानी जाती हैं। इसके पौधे 15 से 38 डिग्री सेंटीग्रेड़ तापमान पर अच्छी वृद्धि करते हैं। परन्तु तापमान 15 डिग्री सेंटीग्रेड से कम होने पर वृद्धि रूक जाती हैं। ऐसे क्षेत्र जहाँ पर वार्षिक वर्षा 30 से 40 सेंटीमीटर तथा वायुमण्डलीय आर्द्रता 80 प्रतिशत से

अधिक हो, इसकी बढ़वार के लिए उपयुक्त माने जाते हैं। इसकी खेती मैदानी भागों से लेकर 1000 मीटर ऊँचाई वाले क्षेत्रों में भी आसानी से की जा सकती हैं।

मृदा

पामारोजा की खेती सभी प्रकार की मृदाओं में की जा सकती हैं। लेकीन उचित जल निकास एवं जीवांश पदार्थ युक्त बलुई दोमट मृदा सर्वोत्तम मानी जाती हैं। मृदा का पी.एच. मान 7 से 8.5 के मध्य उपयुक्त रहता हैं। इसकी खेती 9 पी. एच. मान वाली साधारण लवणीय, उबड़–खाबड़ एवं भारी मिट्टियों में भी सफलतापूर्वक की जा सकती हैं।

उन्नत किस्में

इसकी खेती के लिए अधिक किस्में विकसित नही हो पाई हैं। सीमैप द्वारा विकसित कुछ किस्मों का विवरण निम्नलिखित हैं।

पी.आर.सी.–1

इस किस्म में 75 से 80 प्रतिशत जिरेनियोल पाया जाता हैं। इससे प्रति हेक्टेयर 225 किलोंग्राम तेल की उपज प्राप्त होती हैं।

तृष्णा

यह किस्म उत्तर भारत के मैदानी क्षेत्रों के लिए उपयुक्त हैं। इसमें 78 से 82 प्रतिशत जिरेनियोल पाया जाता हैं। इससे प्रति हेक्टेयर 250 किलोंग्राम तेल की उपज प्राप्त होती हैं।

तृप्ता

यह बौनी एवं कम अवधि वाली किस्म हैं। इसमें 0.7 से 1.0 प्रतिशत तेल पाया जाता हैं। इससे प्रति हेक्टेयर 275 किलोंग्राम तेल की उपज प्राप्त होती हैं।

वैष्णवी

यह एक स्वपरागित किस्म हैं। इसमें 78 से 82 प्रतिशत जिरेनियोल पाया जाता हैं। इससे प्रति हेक्टेयर 160–170 किलोंग्राम तेल की उपज प्राप्त होती हैं।

हर्ष

इस किस्म में 89.5 प्रतिशत तक जिरेनियोल पाया जाता है। इससे प्रति हेक्टेयर 240–250 किलोंग्राम तेल एवं 300 कुंटल हर्ब प्राप्त होती हैं।

खेत की तैयारी

पामारोजा की रोपाई से पूर्व खेत की अच्छी तैयारी करना आवश्यक होता हैं। इसके लिए मिट्टी पलटने वाले हल से 2 से 3 बार गहरी जुताई करने के बाद पाटा लगाकर खेत को समतल करना चाहिए। खेत तैयार होने के उपरांत खेत को छोटी–छोटी क्यारियों में विभाजित करने से सिंचाई करने में सुविधा रहती हैं।

प्रवर्धन

पामारोजा का प्रवर्धन बीज एवं स्लिप्स द्वारा किया जाता हैं। व्यावसायिक खेती के लिए बीजों से नर्सरी तैयार करना उपयुक्त रहता हैं।

नर्सरी तैयार करना

नर्सरी की बुवाई के लिए अप्रैल–मई माह का समय सर्वोत्तम रहता हैं। इसके लिए 10 से 12 सेंटीमीटर ऊँची ऊठी हुई छोटी–छोटी क्यारियाँ बनाई जाती हैं। एक हेक्टेयर क्षेत्र के लिए नर्सरी तैयार करने हेतु 2.5 से 3 किलोंग्राम बीजों को 5–6 गुना मिट्टी में मिलाकर बुवाई करनी चाहिए। तत्पश्चात क्यारियों में हजारे की सहायता से 3–4 दिन तक सिंचाई करनी चाहिए। इसके बाद साधारण विधि द्वारा सिंचाई करनी चाहिए। पौध चार सप्ताह के बाद रोपाई योग्य हो जाती हैं।

रोपाई का समय एवं विधि

इसकी रोपाई मानसून आगमन (जून–जुलाई) के समय करनी चाहिए। इसकी रोपाई सामान्य दशाओं में 60 × 60 सेंटीमीटर तथा असिंचित क्षेत्रों में 30 × 30 सेंटीमीटर की दूरी पर की जाती हैं। छिटकवां विधि से बुवाई करने के लिये 10–12 किलोंग्राम बीज को 15–20 गुना बालू या सूखी मिट्टी में मिलाकर 45–60 सेंटीमीटर की दूरी पर कतारों में की जा सकती हैं। बीज की गहराई 2–3 सेंटीमीटर रखनी चाहिए अन्यथा बीजों के अंकुरण पर प्रतिकूल प्रभाव पड़ता हैं। स्लिप्स की रोपाई 30 × 60 सेंटीमीटर की दूरी पर की जाती हैं। इसके लिए प्रति हेक्टेयर लगभग 30,000 स्लिप्स की आवश्यकता होती हैं।

खाद एवं उर्वरक

सामान्यतः खाद एवं उर्वरकों का प्रयोग मृदा परीक्षण की संस्तुतियों के आधार पर करना चाहिए। लेकिन पामारोजा की अच्छी उपज के लिए अंतिम जुताई के समय 15 से 20 टन अच्छी सड़ी हुई गोबर की खाद या कम्पोस्ट डालकर मिट्टी में अच्छी तरह मिलाना चाहिए। इसके अतिरिक्त नत्रजन 100 किलोंग्राम, फास्फोरस

50 किलोंग्राम, पोटाश 50 किलोंग्राम तथा जिंक सल्फेट 20–25 किलोंग्राम प्रति हेक्टेयर की दर से प्रयोग करना चाहिए। नत्रजन की आधी मात्रा तथा फास्फोरस, पोटाश एवं जिंक की पूरी मात्रा रोपाई से पूर्व कूड़ों में प्रयोग करनी चाहिए। शेष नत्रजन को तीन बराबर भागों में बाटकर प्रत्येक कटाई के बाद प्रयोग करना चाहिए।

सिंचाई प्रबंधन

वर्षा ऋतु में पामारोजा को सिंचाई की आवश्यकता नहीं होती हैं। लेकिन उत्तर भारत के मैदानी क्षेत्रों में शरद ऋतु (नवम्बर से फरवरी) में दो एवं ग्रीष्म ऋतु में तीन सिंचाईयों की आवश्यकता होती हैं। पामरोजा को असिंचित दशाओं में भी उगाया जा सकता है। लेकिन सिंचित फसल की तुलना में लगभग 40–60 प्रतिशत तक कम उपज प्राप्त होती है। इसमें कटाई से पहले सिंचाई बंद कर देनी चाहिए। जबकी प्रत्येक कटाई के बाद सिंचाई करना अवश्य होता हैं। सिंचाई के साथ–साथ पामारोजा में जल निकास का भी उचित प्रबन्धन होना चाहिए।

खरपतवार नियंत्रण

फसल से अधिक उपज प्राप्त करने के लिए रोपाई से पूर्व खेत को खरपतवार मुक्त रखना अवश्य होता हैं। इसके अतिरिक्त प्रथम वर्ष में तीन से चार निराई–गुडाई एवं बाद के वर्षो में दो निराई–गुडाई करनी चाहिए। बिछावन (मल्चिंग) का प्रयोग करने से भी खरपतवारों की बढ़वार को रोका जा सकता हैं।

रोग एवं कीट नियंत्रण

पामारोजा की फसल में विशेष कीट एवं बीमारियों का प्रकोप नहीं होता हैं। दीमक तथा सूत्रकृमि का प्रकोप होने पर बचाव के लिए 10 कुंटल प्रति हेक्टेयर की दर से नीम की खली मिट्टी में मिलाना चाहिए। लेकिन एफिड, रस चूसने वाले कीट एवं सफेद लट का प्रकोप होने पर 2 मिलीलीटर न्यूमेरीन प्रति लीटर पानी में घोल बनाकर छिड़काव किया जा सकता है। पत्ती तुषार नामक रोग का प्रकोप होने पर परबेलेंट 0.1 प्रतिशत फफूंदनाशी रसायन का छिड़काव करना चाहिए।

कटाई

पामरोजा के सभी भागो जैसे फूल, पत्ती एवं तना मे तेल पाया जाता हैं। लेकिन फूल वाला भाग सबसे महत्वपूर्ण होता हैं। सिंचित क्षेत्रों में वर्ष में क्रमशः सितम्बर से अक्टूबर, फरवरी से मार्च एवं मई से जून में तीन कटाई की जा सकती हैं।

जबकी असिंचित क्षेत्रों से एक वर्ष में दो कटाई ली जा सकती है। जब पुष्पक्रम का रंग हल्के बादामी रंग का हो जाए तो फसल को जमीन से 15 से 20 सेंटीमीटर की ऊँचाई पर हँसिए द्वारा काट लिया जाता हैं। उसके बाद इकट्ठा कर आसवन द्वारा तेल निकाला जाता हैं।

उपज

पामारोजा की कटाई से प्रतिवर्ष 20 से 30 टन ताजा घास की उपज प्राप्त हो जाती हैं। तेल की पैदावार पहले वर्ष में कम तथा आयु के बढ़ने के साथ बढ़ती रहती हैं। सिंचित फसल से प्रतिवर्ष 125 से 150 किलोंग्राम तेल प्रति हेक्टेयर प्राप्त किया जा सकता है। वहीं असिंचित फसल से प्रतिवर्ष 75 से 80 किलोंग्राम तेल प्रति हेक्टेयर प्राप्त होता हैं। पामारोजा को एक बार लगाने के उपरांत 4 वर्ष तक उपज प्राप्त की जा सकती हैं।

भंडारण

आसवन विधि से तेल निकालने के बाद सामान्य तापमान पर पामारोजा के तेल को ऐल्युमिनियम की बोतलों में भंडारित करना चाहिए।

गुलमेहंदी

वानस्पतिक नाम – *रोजमेरीनस ओफिसिनेलिस* एल.

कुल – लेमिएसी

गुणसूत्र संख्या (2 एन) – 20/24

परिचय

गुलमेहंदी एक सुगंधित सदाबहार एंव झाड़ीनुमा पौधा हैं। इसका उत्पत्ति स्थान भूमध्य सागर एवं एशिया को माना जाता हैं। इसकी खेती सम्पूर्ण विश्वभर में औषधीय एवं सजावटी पौधों के रूप में की जाती हैं। भारत में इसकी खेती हिमाचल प्रदेश, जम्मू कश्मीर एवं उत्तराखण्ड में की जा रही हैं। यह एक सूखा सहनशील पौधा है जो लंबे समय तक जल की कमी में भी जीवित रह सकता हैं। इसकी बढ़वार धीमी एवं जीवन काल 30 वर्ष का होता हैं। इसके पौधों की ऊँचाई 1.5 से 2 मीटर तक होती हैं। इसकी पत्तियाँ सुई के समान, सदाबहार एवं हरी से रोमिल सफेद होती हैं। फूल सर्दी या बसंत ऋतु में खिलते हैं। जिनका रंग बैंगनी, गुलाबी, नीला या सफेद होता हैं। गुलमेंहदी में विभिन्न प्रकार के एंटी एजिंग गुण पाए जाते हैं। जो त्वचा को स्वस्थ बनाए रखने में सहायक हैं। गुलमेंहदी युक्त क्रीम लगाने से चेहरे की त्वचा पर झुर्रिया नहीं पड़ती हैं। गुलमेंहदी की सुगंध अच्छी होती हैं। इसकी खुशबू से मन और दिमाग शांत रहता हैं। इसकी पत्तियों में सुगन्धित तेल पाया जाता हैं। जिसका मुख्य रसायन साइनिआल होता हैं। इसके तेल का प्रयोग अरोमा थैरेपी एवं इत्र उद्योग में किया जाता हैं। सूखी पत्तियों का प्रयोग खाद्य पदार्थो तथा पिज्जा बनाने में किया जाता हैं। इसका तेल उच्च गुणवत्ता युक्त होने के कारण निर्यात भी किया जाता हैं। इसका उत्पादन मुख्यत नीलीगिरी पर्वत पर होता हैं।

जलवायु

यह एक शीतोष्ण जलवायु का पौधा हैं। यह ठण्ड को सहन करने में सक्षम होता हैं। इसकी खेती वर्ष भर ठण्ड़े तथा पाला युक्त क्षेत्रों में की जा सकती हैं। इसके

लिए 20 से 26 डिग्री सेंटीग्रेड तापमान उपयुक्त रहता हैं। इसको शुष्क जलवायु परिस्थितियों में आसानी से उगाया जा सकता हैं। इसकी अच्छी बढवार एवं उपज के लिए 550 मिलीमीटर वार्षिक वर्षा वाले क्षेत्र उपयुक्त रहते हैं।

मृदा

इसकी खेती के लिए उचित जल निकास युक्त हल्की कंकड़ एवं रेतीली दोमट मृदा उपयुक्त रहती हैं। इसका पी.एच. मान 5.5 से 8.9 के मध्य होना चाहिए। परन्तु इसे चिकनी दोमट मिट्टी में भी उगाया जा सकता हैं। जिसमें 25 प्रतिशत से कम चिकनी मिट्टी होनी चाहिए।

उन्नत किस्में

हमारे देश में इसकी खेती करने योग्य निम्नलिखित किस्में पाई जाती हैं। जिनमें ऊटी –1, बेनेडेन ब्लू, फ्लोरा रोजा, टस्कन ब्लू, मेजरका पिंक, अर्प, एल्बीफ्लोरस, हंटिंगटन कार्प, मैककोनेल ब्लू, आइरीन, होली हाइड एवं हिल हार्डी इत्यादि प्रमुख हैं।

खेत की तैयारी

गुलमेंहदी की खेती के लिए खेत की तैयारी भली–भांति प्रकार से करना आवश्यक होता हैं। इसके लिए एक गहरी जुताई मिट्टी पलटने वाले हल तथा 3–4 जुताई देशी हल या कल्टीवेटर से कर मिट्टी को भुरभुरी बना लेना चाहिए। अंतिम जुताई के समय खेत में 250 से 300 कुंटल प्रति हेक्टर की दर से देशी खाद या कम्पोस्ट का प्रयोग करना चाहिए।

प्रवर्धन

इसका प्रवर्धन बीज एवं तना कलमों द्वारा किया जाता हैं। इसकी नर्सरी तैयार करने के लिए 2 किलोंग्राम बीज प्रति हेक्टेयर की आवश्यकता होती हैं। जिसके लिये 2 ग्राम बीज प्रति वर्ग मीटर भूमि पर छिड़ककर रेत से ढक दिया जाता हैं। इसके जमाव के लिए 14 से 15 डिग्री सेंटीग्रेड तापमान सर्वोतम रहता हैं। नर्सरी लगाने के 8–10 सप्ताह बाद पौध रोपाई के लिए तैयार हो जाती हैं। इसके बीजों का अंकुरण होने में अधिक समय लगता हैं। इसलिए प्रवर्धन तना कलमों द्वारा करना उपयुक्त रहता हैं। तना कलमों से प्रवर्धन करने के लिए 10–15 सेंटीमीटर लम्बी एवं एक नोड़ युक्त कलमों का प्रयोग करना चाहिए।

रोपाई का समय एवं विधि

रोपाई के लिए सितंबर से अक्टूबर माह का समय उपयुक्त रहता हैं। इसके लिए नर्सरी में तैयार पौध या तना कलमों की मुख्य खेत में 45 × 45 सेंटीमीटर की दूरी पर रोपाई करनी चाहिए। अच्छी उपज प्राप्त करने के लिए पौधों की ईष्टतम संख्या 50,000 प्रति हेक्टेयर होनी चाहिए।

खाद एवं उर्वरक

इसका अच्छा उत्पादन प्राप्त करने के लिए 10 टन प्रति हेक्टेयर अच्छी सड़ी हुई गोबर की खाद या कम्पोस्ट को अन्तिम जुताई के समय मृदा में मिलाना चाहिए। सामान्य मृदाओं में नत्रजन 20 किलोंग्राम, फॉस्फोरस 40 किलोंग्राम एवं पोटाश 40 किलोंग्राम प्रति हेक्टेयर की दर से प्रयोग करना चाहिए। नत्रजन की आधी मात्रा, फॉस्फोरस एवं पोटाश की पूरी मात्रा को रोपाई के समय प्रयोग करना चाहिए। जबकी नाइट्रोजन की शेष मात्रा को दो बराबर भागों में बांटकर खड़ी फसल में प्रयोग करने से अधिक उपज प्राप्त की जा सकती हैं।

सिंचाई प्रबंधन

रोपाई के तुरन्त बाद हल्की सिंचाई करना आवश्यक होता हैं। यह सूखा, अत्यधिक ठंड एवं गर्म जलवायु को सहन करने में सक्षम होती हैं। लेकिन जल भराव की समस्या को सहन नहीं कर पाती हैं। सिंचाई करने से इसकी पैदावार में वृद्धि होती हैं। सर्दियों के मौसम में हल्की सिंचाई की आवश्यकता होती हैं। जबकि वर्षा ऋतु में पौधों को सिंचाई की आवश्यकता नहीं होती हैं। ड्रिप या स्प्रिंकलर के द्वारा सिंचाई करने से उपज में वृद्धि के साथ–साथ पानी की बचत भी की जा सकती हैं।

खरपतवार नियंत्रण

खेत तैयार करते समय मृदा की अच्छी जुताई करने से खेत में खरपतवारों का जमाव कम होता हैं। इसकी फसल में मुख्यतः 1 से 2 निराई–गुड़ाई की आवश्यकता होती हैं। इसलिए खरपतवारों का प्रभावी नियंत्रण करने के लिए समय–समय पर निराई–गुड़ाई करते रहना चाहिए।

कीट एवं रोग नियंत्रण

इस फसल में विशेष कीट एवं रोगो का प्रकोप नही होता हैं। लेकिन जड़ो को सड़ने से बचाने के लिये बुवाई से पूर्व बीज को जैव कवकनाशी नीम के तेल

से उपचारित करना चाहिए। कीटों का प्रकोप होने पर नीम से बने जैविक कीटनाशकों का प्रयोग किया जा सकता हैं।

कटाई

गुलमेंहदी से निरन्तर 3 से 4 वर्षो तक उपज प्राप्त की जा सकती हैं। इसके लिए प्रथम वर्ष में रोपाई के 4 से 5 माह बाद 50 प्रतिशत फूल आने पर कोमल भागों को काटकर हर्बेज एकत्र कर लिया जाता हैं। इस प्रकार प्रथम वर्ष में दो बार तथा तीसरे वर्ष से तीन से चार बार कटाई की जा सकती हैं।

उपज

सूखी हर्बेज में 0.7 से 3 प्रतिशत तेल पाया जाता हैं। जिससे प्रति हेक्टेयर 85–100 किलोंग्राम तेल प्रतिवर्ष प्राप्त किया जा सकता हैं। इसका तेल आसवन विधि द्वारा निकाला जाता हैं। जिसमें लगभग 3 घंटे का समय लगता हैं।

केसर

वानस्पतिक नाम – *क्रोकस सैटाइवस* एल.

कुल – इरिडेसी

गुणसूत्र संख्या (2 एन) – 24

परिचय

केसर एक सुगंधीय पौधा हैं। इसको सामान्य भाषा में सेफ्रॉन एवं लाल सोना के नाम से जाना जाता हैं। इसका उत्पत्ति स्थान दक्षिणी यूरोप हैं। विश्व में केसर की खेती करने वाले प्रमुख देश फ्रांस, स्पेन, भारत, ईरान, इटली, ग्रीस, जर्मनी, जापान, रूस, आस्ट्रिया, तुर्किस्तान, चीन, पाकिस्तान एवं स्विटजरलैंड हैं। विश्व के कुल केसर उत्पादन का 80 प्रतिशत भाग स्पेन तथा ईरान में उत्पादित किया जाता हैं। भारत में इसकी खेती हिमाचल प्रदेश, जम्मू–कश्मीर के पम्पोर एवं किश्तवाड जिलें तथा हरियाणा में की जाती हैं। केसर फूलों के वर्तिकाग्र से प्राप्त की जाती हैं। केसर विश्व का सबसे कीमती पौधा हैं। क्योंकि बाजार में इसकी कीमत 3 से 4 लाख रुपये प्रति किलोग्राम तक होती हैं। केसर स्वाद में कड़वा होता हैं। इसकी महक के कारण विभिन्न व्यंजनों एवं पकवानों में प्रयोग किया जाता है। गर्म पानी में यह गहरा पीला रंग देता हैं। यह पीला रंग कैरेटिनॉयड वर्णक के कारण होता हैं। केसर में कैरोटिन, लाइकोपिन, जियाजैंथिन, क्रोसिन, पिकेक्रोसिन आदि वर्णक पाए जाते हैं। केसर की फसलावधि 4 माह की होती हैं। केसर का उपयोग खाद्य व्यंजनों, दूध एवं मिठाई में स्वाद और रंग के लिए किया जाता हैं। इसके अलावा पनीर, मेयोनिज, मांस आदि बनाने में मसाले के रूप में केसर का उपयोग किया जाता है। केसर का उपयोग आयुर्वेदिक औषधीयों, पूजा, पान मसालों और गुटकें बनाने में भी किया जाता हैं। केसर कफ नाशक, मन को प्रसन्न करने वाली, मस्तिष्क को बल देने वाली, हृदय और रक्त के लिए लाभप्रद औषधि होती हैं।

जलवायु

केसर के लिए समुद्रतल से लगभग 2000 मीटर ऊंचाई वाले पहाड़ी क्षेत्र एवं शीतोष्ण शुष्क जलवायु उपयुक्त रहती हैं। इसका पौधा कली निकलने से पहले वर्षा एवं हिमपात आसानी से सहन कर लेता हैं। लेकिन कलिया निकलने के बाद वर्षा एवं हिमपात होने से उपज पर प्रतिकूल प्रभाव पड़ता हैं। केसर की अच्छी पैदावार प्राप्त करने के लिए 12 घंटे तक धूप निकलना सर्वोत्तम माना जाता हैं।

मृदा

केसर की खेती करने के लिए रेतीली, चिकनी, बलुई मिट्टी एवं दोमट मिट्टी उपयुक्त रहती है। केसर की खेती अच्छे जल निकास वाली सभी प्रकार की मृदाओं में सफलतापूर्वक की जा सकती हैं। पानी का जमाव होने के कारण केसर के कॉर्म सडने पर फसल नष्ट हो जाती हैं। जल भराव एवं भारी चिकनी मृदाएं इसकी खेती के लिए उपयुक्त नही रहती है। केसर की खेती के लिए 5.5 से 8.5 पी.एच. मान वाली मृदाएं सर्वोत्तम रहती हैं।

खेत की तैयारी

केसर की खेती के लिए भूमि खरपतवार रहित एवं कार्बनिक पदार्थ अधिक मात्रा में होने चाहिए। इससे अधिक उपज प्राप्त करने के लिए खेत की अच्छी तैयारी होना आवश्यक होता हैं। इसके लिए बुवाई से पूर्व 3 से 4 बार गहरी जुताई कर मिट्टी को भुरभुरा बना लेना चाहिए। इसके बाद आखिरी जुताई के समय 30 से 35 टन अच्छी सड़ी हुई गोबर की खाद मृदा में मिलानी चाहिए।

उन्नत किस्में

भारत मे बुवाई की जाने वाली केसर की तीन प्रमुख किस्में निम्नलिखित हैं।

एक्विला केसर

यह एक ईरानी किस्म हैं। इस किस्म के पौधों का आकार छोटा और केसर के धागे लम्बे होते हैं। इसका रंग कश्मीरी केसर की तुलना में कम लाल होता हैं। अधिक पैदावार होने के कारण बाजार में यह अधिक मात्रा में उपलब्ध रहती हैं। यह कश्मीरी केसर की तुलना में कम खर्च में तैयार होने वाली किस्म हैं।

क्रेम्म केसर

इस किस्म की खेती अमेरिका एवं अन्य देशो में की जाती हैं। यह कश्मीरी एवं ईरानी केसर की तुलना में कम गुणवत्ता वाली होती हैं। यह पीले रंग की होती

हैं। इस किस्म के फूल बहुत अधिक झड़ते हैं। जिससे फसल की बर्बादी होने से उपज कम प्राप्त होती हैं। कम गुणवत्ता होने के कारण इसका बाजार मूल्य भी कम प्राप्त होता हैं।

लाचा केसर

यह सबसे उत्तम गुणवत्ता वाली केसर होती हैं। इस किस्म की खेती केवल कश्मीरी मिट्टी में ही की जाती हैं। यह किस्म अपने विशेष रंग, सुगंध एवं स्वाद के लिए प्रसिद्व हैं। उच्च गुणवत्ता एवं अधिक माँग होने के कारण इसका बाजार मूल्य अन्य किस्मों की तुलना में अधिक होता हैं।

बुवाई का समय एवं विधि

केसर की बुवाई ग्रीष्म ऋतु की फसल हेतु जून–जुलाई तथा शरद ऋतु की फसल हेतु अगस्त–सिंतबर माह में करना उपयुक्त रहता हैं। इस फसल का विकास गर्मी में अत्यधिक गर्मी और ठंड के मौसम में अधिक ठंड होने पर ज्यादा होता है। इस प्रकार का मौसम हमारे देश में जम्मू–कश्मीर, कर्नाटक, हिमाचल एवं हरियाणा राज्य के कुछ हिस्सों में पाया जाता है। एक हेक्टेयर क्षेत्र के लिए 40 कुटंल स्वस्थ कॉर्मस की आवश्यकता होती हैं। केसर की बुवाई करते समय कतार से कतार की दूरी 20 सेंटीमीटर एवं दो कॉर्मस के बीच की दूरी 10 सेंटीमीटर रखनी चाहिए। कॉर्मस को 6 से 7 सेंटीमीटर गहराई पर लगाया जाता हैं।

खाद एवं उर्वरक

केसर से अधिक उपज प्राप्त करने के लिए 30 से 35 टन अच्छी सड़ी हुई गोबर की खाद या कम्पोस्ट खेत की तैयारी के समय मिट्टी में मिलाना चाहिए। इसके अतिरिक्त 90 किलोंग्राम नत्रजन, 60 किलोंग्राम फास्फोरस एवं 60 किलोंग्राम पोटाश प्रति हेक्टेयर की दर से प्रयोग करना चाहिए। खेत की तैयारी के समय फास्फोरस एवं पोटाश की पूरी मात्रा एवं नत्रजन की आधी मात्रा को मृदा में मिलाया जाता हैं। शेष नत्रजन की मात्रा को 2 बराबर भागों में बांटकर खड़ी फसल में प्रयोग करना चाहिए।

सिंचाई प्रबंधन

केसर की खेती के लिए 100 मिलीमीटर वार्षिक वर्षा की आवश्यकता होती हैं। हल्की वर्षा होने पर सिंचाई करने की आवश्यकता नही होती हैं। परन्तु वर्षा के अभाव में 15 दिन के अन्तराल पर 2 से 3 सिंचाई करनी चाहिए। फसल में फूल

आने की अवस्था पर सिंचाई करने से उपज पर प्रतिकूल प्रभाव पड़ता हैं। खेत में अधिक पानी जमा होने पर जल निकास का उचित प्रबंध करना चाहिए।

खरपतवार नियंत्रण

केसर की फसल में खरपतवारों से कृषि क्रियाओं में बाधा एवं उपज पर प्रतिकूल प्रभाव पडता हैं। इसलिए समय–समय पर निराई–गुड़ाई करने से खरपतवारो का प्रभावी नियंत्रण किया जा सकता हैं। केसर के खेत में खरपतवारों का नियंत्रण पलवार के प्रयोग से भी संभव हैं।

कीट एवं रोग नियंत्रण

केसर की फसल के प्रमुख कीट व रोगों के लक्षण एवं उनका प्रबंधन निम्नलिखित हैं।

फ्यूजेरियम

इस रोग का प्रकोप होने पर तना सड़ने–गलने लगता हैं। कुछ समय बाद इससे दुर्गन्ध आने लगती हैं। जिससे एक पीले रंग के तरल पदार्थ का निरंतर स्राव होता रहता हैं। रोग का प्रकोप अधिक होने पर इसके कॉर्मस भी सड़ने लग जाते हैं।

वॉयलेट रुट रोट

इस रोग की प्रारम्भिक अवस्था में पत्तियां रंग विहिन दिखाई देती हैं। इसका संक्रमण सम्पूर्ण पौधे पर तेजी से फैलता हैं। जिससे संक्रमित पौधा सूखकर मर जाता हैं।

रैजोक्टोनिया क्रोकोराम

इसका रोग का प्रकोप नीचे की पत्तियों से शुरू होता हैं। जिससे जड़े सड़कर पौधा मर जाता हैं।

इन सभी रोगों की रोकथाम के लिए रसायनो या विषयुक्त उत्पादों का उपयोग करने से केसर की गुणवत्ता पर प्रतिकूल प्रभाव पड़ता हैं। इन रोगों से बचाव के लिए बुवाई से पूर्व कॉर्मस को ट्राइकोडर्मा एवं गोबर की खाद को 1:25 के अनुपात में मिलाकर उपचारित करना चाहिए।

रस चूसक कीट

यह कीट पौधो के विभिन्न भागो से रस चूसकर नुकसान पहुँचाता हैं। जिससे केसर की गुणवत्ता प्रभावित होती हैं। इसके नियंत्रण के लिए जैविक उत्पाद जैसे नीम से बने कीटनाशी एवं गोमूत्र का प्रयोग करना लाभदायक रहता हैं।

सूत्रकृमि

केसर की फसल में सूत्रकृमि का प्रकोप अधिक होता हैं। सूत्रकृमि कॉर्मस एवं पौधों को नुकसान पहुँचाते हैं। इनके प्रभावी नियंत्रण के लिए खेत में गेंदे के पौधे लगाने चाहिए। अधिक प्रकोप होने पर खड़ी फसल में फोरेट अथवा कार्बोफ्यूरान 1 से 2 किलोंग्राम सक्रिय तत्व प्रति हेक्टेयर की दर से प्रयोग करना चाहिए।

कटाई

केसर के पौधों में अक्टूबर के प्रथम सप्ताह में फूल लगना आरम्भ हो जाते हैं और अगले एक माह तक फूल लगने की प्रक्रिया जारी रहती हैं। फूल खिलने के दूसरे दिन सुबह ही फूल को तोड़ कर रख लिया जाता हैं। फूल 3 से 4 घण्टे में सूख जाते हैं। फूल सूखने के बाद फूलों से केसर निकाला जाता हैं। प्रत्येक फूल में लाल रंग के 3 केसर होते हैं। इसके अतिरिक्त 2 नारंगी रंग के भाग भी होते है जिन्हें छांटकर अलग कर दिया जाता हैं।

उपज

इसके 150,000 फूलो से लगभग एक किलोग्राम केसर प्राप्त किया जा सकता हैं। धूप में सूखाने के बाद यह बाजार में बेचने योग्य हो जाता है। इस प्रकार केसर की एक हेक्टेयर फसल से 1.25 से 2 किलोंग्राम केसर प्राप्त किया जा सकता हैं।

बच

वानस्पतिक नाम – *एकोरस केलमस* एल.

कुल – एरेसी

गुणसूत्र संख्या (2 एन) – 35

परिचय

बच एक महत्वपूर्ण औषधीय एवं सुगंधीय पौधा हैं। अंग्रेजी में इसे स्वीट फ्लैग एवं स्थानीय भाषा में सफेद बच, उग्रगंधा एवं घोड़ा बच के नाम से जाना जाता हैं। इसका उत्पत्ति स्थान दक्षिण पूर्वी एशिया हैं। परन्तु यह सम्पूर्ण विश्व में प्राकृतिक रूप से पाया जाता हैं। वर्तमान में भारत में इसकी खेती हिमाचल प्रदेश, मध्यप्रदेश, बिहार, कश्मीर, मणिपुर, कर्नाटक एवं मध्यप्रदेश में बहुतायत से की जा रही हैं। बच की पत्तियों एवं राइजोम का औषधीय महत्व होता हैं। यह एक शाकीय पौधा हैं। जिसकी ऊंचाई 45 से 60 सेंटीमीटर होती हैं। इसकी पत्तियाँ हल्के हरे रंग की चपटी, रेखाकार, मोटी एवं मध्य शिरा युक्त होती हैं। इसका पुष्पक्रम 4.8 सेंटीमीटर का स्पेडिक्स प्रकार का होता हैं। इसके फूल हरे–पीले, फल लाल एवं गोल होते हैं। राइजोम भूमिगत, लम्बा, सफेद रंग एवं तेज गंध युक्त होता हैं। बच के राइजोम का तेल ग्रेस्ट्रिक, श्वास रोगों, बदहजमी, दस्त, मूत्र एवं गर्भ रोगों, हिस्टीरिया एवं खांसी इत्यादि रोगों में प्रयुक्त होने वाली औषधीयों में प्रयोग किया जाता हैं।

जलवायु

बच की खेती के लिए आर्द्र एवं नमी युक्त जलवायु उपयुक्त रहती हैं। इसके लिए 10 से 40 डिग्री सेंटीग्रेड तापमान एवं 70 से 250 सेंटीमीटर वार्षिक वर्षा सर्वोतम मानी जाती हैं।

मृदा

बच की खेती लगभग सभी प्रकार की मृदाओं में की जा सकती हैं। लेकिन इसके अच्छे वृद्धि एवं विकास के लिए जीवाश्म पदार्थ युक्त बलुई दोमट मृदा उपयुक्त

रहती हैं। इसकी खेती के लिए नमी एवं जल निकास की पर्याप्त व्यवस्था होना आवश्यक हैं।

खेत की तैयारी

बच की खेती के लिए मानसून से पहले खेत की दो से तीन बार गहरी जुताई कर छोड़ दिया जाता हैं। वर्षा होने पर भूमि को हल्का् दलदली बना लिया जाता हैं। इसके लिए खेत को धान की रोपाई के समान तैयार करना उपयुक्त रहता हैं क्योंकि इससे पौधों की वृद्धि एवं विकास अधिक होता हैं।

प्रवर्धन

बच की रोपाई मुख्यत राइजोम के द्वारा की जाती हैं। इसके लिए रोपण सामग्री प्राप्त करने हेतु पुराने राइजोम को नमी युक्त मृदा में दबाकर रखा जाता हैं। इसमें नया अंकुरण होने पर इन राइजोम को छोटे–छोटे टुकड़ों में काटकर रोपण हेतु प्रयोग करना चाहिए।

रोपाई का समय एवं विधि

इसकी रोपाई मानसून की शुरुआत के साथ जून–जुलाई माह में करना उपयुक्त रहता हैं। अंकुरित राइजोम के टुकड़ों को तैयार खेत में 30 × 30 सेंटीमीटर के अंतराल पर लगभग 4 सेंटीमीटर गहराई पर लगाया जाता हैं। इस प्रकार प्रति हेक्टेयर लगभग 1,11,000 पौधे लगाये जा सकते हैं। रोपाई के समय मृदा में नमी की कमी होने पर रोपाई के तुरन्त बाद सिंचाई करनी चाहिए। बच की वृद्धि त्रीव गति से होती हैं। इसलिए रोपाई के दूसरे दिन से ही पौधों में वृद्धि दिखाई देने लगती हैं।

खाद एवं उर्वरक

बच की खेती से अधिक उपज प्राप्त करने के लिए 15 से 20 टन अच्छी सड़ी हुई गोबर की खाद या कम्पोस्ट खेत की तैयारी के समय मिट्टी में मिलाना चाहिए। इसके अतिरिक्त प्रतिवर्ष 60 किलोंग्राम नत्रजन, 50 किलोंग्राम फास्फोरस एवं 60 किलोंग्राम पोटाश प्रति हेक्टेयर की दर से प्रयोग करना चाहिए। फास्फोरस एवं पोटाश की पूरी मात्रा तथा नत्रजन की आधी मात्रा खेत की तैयारी के समय गृदा में मिलाया जाता हैं। शेष नत्रजन की मात्रा को दो बराबर भागों में बांटकर रोपाई के दो माह एवं चार भाह के बाद खड़ी फसल में प्रयोग करना उपयुक्त रहता हैं।

सिंचाई प्रबंधन

बच की खेती के लिए अधिक सिंचाई की आवश्यकता होती हैं। जबकी वर्षा ऋतु में सिंचाई की आवश्यकता नहीं होती हैं। वर्षा ऋतु के बाद एक सप्ताह के अंतराल पर सिचाई करना आवश्यक होता हैं। इसकी खेती मुख्यत नदी–नालों के किनारे दलदल एवं जल भराव वाले स्थानों पर करने से कम सिंचाई की आवश्यकता होती हैं।

खरपतवार नियन्त्रण

खेत तैयार करते समय मृदा की अच्छी तरह जुताई कर मृदा को खरपतवार रहित कर देने से खरपतवारों का प्रकोप कम होता हैं। खरपतवारों के प्रभावी नियंत्रण के लिए समय–समय पर निराई–गुड़ाई कर खरपतवारों को निकालते रहना चाहिए।

कीट एवं रोग नियंत्रण

बच की फसल पर कीट एवं रोगो का प्रकोप बहुत कम होता हैं। मिलीबग का प्रकोप होने पर इसके नियंत्रण के लिए 1 मिलीलीटर मिथाइल पेराथियान, 1.5 मिलीलीटर ऑक्सिडेमेटोन मिथाईल या 2 मिलीलीटर क्विंनालफास दवा को प्रति लीटर पानी में घोलकर छिड़काव करना चाहिए।

खुदाई एवं उपज

बच की फसल 8 से 9 माह में खुदाई योग्य हो जाती हैं। मार्च–अप्रैल माह में पौधों की पत्तियां पीली पड़कर सूखने लगती हैं। इस समय पौधों को जड़ सहित जमीन से खोदकर निकाल लिया जाता हैं। जबकी व्यावसायिक खेती करने पर राइजोम हल चलाकर निकाले जा सकते हैं। इन पत्तियों को राइजोम से काटकर अलग कर लिया जाना चाहिए। इस प्रकार प्रति हेक्टेयर 40 से 42 कुंटल सूखी राइजोम प्राप्त की जा सकती हैं।

खुदाई उपरांत प्रबंधन

खुदाई उपरांत राइजोम को पानी में धोए बिना ही साफ करके छोटे–छोटे टुकड़ों में काटा जाता हैं। इसके बाद छायादार स्थान पर फैलाकर सूखाना चाहिए। जिससे इसमें उपस्थित तेल की मात्रा का हास नही होता हैं। इसके बाद बोरों में भरकर विक्रय हेतु भेजा जा सकता हैं। बच के सूखे राईजोम के द्वारा वाष्प आसवन विधि से 1.5 से 3.5 प्रतिशत तक उड़नशील सुगंधित तेल प्राप्त किया जा सकता हैं। हल्के पीले रंग के इस तेल की सुगंध पचौली के तेल के समान होती

हैं। वाष्प आसवन के पूर्व सूखे राईजोम को छोटे–छोटे टुकड़ों में काटा जाता हैं। इससे लगभग 4.6 प्रतिशत तक सुगंधित तेल का उत्पादन प्राप्त होता हैं। आसवन की इस विधि में 12 से 14 घंटे का समय लगता हैं।

संदर्भ सूची

एस. एस. पुरोहित (2004) औषधीय एवं सुगन्धित पौधेः कृषि तकनीकें, उपयोगिताएं एवं मार्गदर्शन।

एस. एस. पुरोहित (2005) मेडीसिनल प्लांट कल्टीवेशन ए साइंटिफिक एप्रोच।

धनंजय जे. देशपाण्डे (2010) ए हैण्डबुक ऑफ मेडीसिनल हर्बस।

शैयद नुदरत जुआर (2011) मेडीसिनल प्लांटस – हालिस्टिक एप्रोच।

बेदी, तनुजा एण्ड व्यास (2010) ए हैण्डबुक ऑफ एरोमेटिक एण्ड असेन्सियल ऑयल प्लांटस – कल्टीवेशन, केमेस्ट्री, प्रोसेसिंग एण्ड यूजेज।

जितेन्द्र कुमार, बी. बी. बेसक, आर. एस. जाट, नागाराजा रेड्डी (2016) मेडीसिनल एण्ड एरोमेटिक प्लांटस मेंकिग हेल्दी एण्ड वेल्दी, इण्डियन हार्टीकल्चर, नवम्बर– दिसम्बर, 2016, 61–64.

प्रजापती एण्ड कुमार (2003) एग्रोस डिक्सनरी ऑफ मेडीसिनल प्लांटस।

सुप्रिया कुमार भट्टाचार्य (1998) हैण्डबुक ऑफ मेडीसिनल प्लांटस।

वी. के. गुप्ता, जी. डी. सिंह, सुरजीत सिंह, ए. कौल. (2010) मेडीसिनल प्लांटस।

वेबसाइटस

केन्द्रीय शुष्क क्षेत्र अनुसंधान संस्थान, जोधपुर।

केन्द्रीय औषधीय एवं सगंध पौधा संस्थान, लखनऊ।

विकासपीडिया, फसल उत्पादन।

भारतीय कृषि अनुसंधान परिषद, नई दिल्ली।

राजस्थान राज्य औषधीय पौधा बोर्ड, जयपुर।

Colour Photos

ईसबगोल

सफेद मूसली

अश्वगंधा

गिलोय

ग्वारपाठा

अफीम

तुलसी

आँवला

सर्पगंधा

सनाय

गुग्गुल

स्टीविया

नीम

मुलेठी

सतावर

रतनजोत

मकोय

छोटा गोखरू

धतूरा

कलिहारी

बेल

भू–अम्लकी

पीपली

कालमेघ

पत्थरचूर

हल्दी

काली मिर्च

सहजन

ब्राह्मी

भृंगराज

सिनकोना

बेलाडोना

मेंथा

लेमन घास

खस घास

जिरेनियम

सिट्रोनेला

पमारोजा

गुलमेहंदी

केसर

बच